测绘行业职业教育工学结合一体化规划教材

建设用地管理实务

张萍丽　王　莉　赵思佳　朱圣世　薄伟伟　编著

黄河水利出版社
·郑　州·

内 容 提 要

本书以国土资源管理业务实务流程为主线,采取案例导入的方式,将理论与实践结合。内容包括:农用地转用管理、土地征收管理、国有建设用地管理、国有土地使用权管理、农村集体建设用地管理、专项建设用地管理、建设用地集约利用等。

本书可作为高、中等职业院校国土资源调查专业,以及其他相关专业教材使用;也可作为国土管理部门教育培训教材使用。

图书在版编目(CIP)数据

建设用地管理实务/张萍丽等编著.—郑州:黄河水利出版社,2015.8

ISBN 978-7-5509-1109-3

Ⅰ.①建…　Ⅱ.①张…　Ⅲ.①建设-土地征用-管理-中国-中等专业学校-教材　Ⅳ.①F321.1

中国版本图书馆 CIP 数据核字(2015)第 084236 号

出 版 社:黄河水利出版社

地址:河南省郑州市顺河路黄委会综合楼 14 层　　邮政编码:450003

发行单位:黄河水利出版社

发行部电话:0371-66026940、66020550、66028024、66022620(传真)

E-mail:hhslcbs@ 126.com

承印单位:河南承创印务有限公司

开本:787 mm×1 092 mm　1/16

印张:19.75

字数:490 千字　　印数:1—3 000

版次:2015 年 8 月第 1 版　　印次:2015 年 8 月第 1 次印刷

定价:42.00 元

前 言

本书是根据测绘企事业单位的生产情况，采用基于工作过程的项目引领、任务驱动的模式，由学校骨干教师与黄河勘测规划设计有限公司的行业专家组成的教材开发团队完成编写的，可作为高、中等职业院校国土资源调查专业核心课程教材，也可供相关专业的社会学习者参考。

本书编写打破传统的学科体系教材编写方式，以任务驱动模式编写，坚持任务引领，以国土资源管理业务实务流程为主线，采取案例导入的方式，将枯燥的理论知识与实际案例结合，力求将理论知识融入实际操作中，实现“做中学，学中做”的职业教育特色，增加了大量的案例教学，力求学做合一，理实一体，可以使学生掌握土地管理的基础理论知识及基本技能；培养其分析问题和解决问题的能力，形成良好的学习方法，具备优良的职业素养，为今后解决实际生产问题及职业生涯的发展奠定基础。

本书依据国土资源管理专业岗位技能要求共编写了 10 个项目，包括：建设用地管理基础知识准备、农用地转用管理、土地征收管理、国有建设用地管理、国有土地使用权管理、农村集体建设用地管理、外商投资企业用地管理、国有企业改制中土地使用权管理、专项建设用地管理、建设用地集约利用。

本书由张萍丽主编并负责全书统稿，参加本书编写的有张萍丽（项目 2、项目 3、项目 4、项目 5、附录）、王莉（项目 8、项目 9、项目 10）、赵思佳（项目 1、项目 6、项目 7），朱圣世、薄伟伟负责实训项目的资料收集与编写工作。

本书作为校企合作开发教材，得到了黄委会勘测设计有限公司、山东东营市垦利县国土资源局的大力支持（提供大量案例及调研支持），本书由郑州市国土资源局的项晓静审稿。对审稿专家及文献资料原作者表示诚挚的谢意！本书在编写过程中，也得到郑州测绘学校及地形地籍测量教学部老师们的大力支持，在此一并致以诚挚的谢意！

由于作者水平有限，书中不足之处恳请读者指正。

编 者

2015 年 2 月于郑州

目　录

项目1　建设用地管理基础知识准备

【学习目标】

1.能够了解我国建设用地的形势及任务；

2.能够明确我国建设用地宏观调控的体制。

【知识目标】

1.掌握建设用地概念及其特性；

2.了解我国建设用地现状及其管理计划的意义；

3.掌握建设用地管理的概念、内容体系。

视频播放（五问土地市场之一：土地供应少？闲置土地多！）

【背景知识】

1　建设用地概述

1.1　建设用地

自改革开放以来，我国国民经济的持续快速增长和城市化对土地的开发和有效利用产生了显著而深远的影响。国土资源部发布的《国土资源主要统计数据》显示，2013年全国国有建设用地批准面积为近3年同期最低水平，供地结构出现变化。具体来看，全年共供应建设用地60.9万hm^2，同比下降16.5%。其中，工矿仓储用地14.7万hm^2，同比下降29.9%；房地产用地15.1万hm^2，同比下降25.5%；基础设施等其他用地31.1万hm^2，同比下降1.9%。

从总体上分析，我国近年来快速的工业化和城镇化，直接加快了土地由农地向建设用地的转化。一方面，从市区外迁的工业企业和无数新办的开发区大都布局在紧邻城区的城乡接合边缘地带，占用了城郊大量优质农田。另一方面，城镇居住用地和农村居民点用地随着经济水平和生活条件的改善而不断向水平和垂直方向扩张，并带动相关联的交通用地、商服用地和公共用地（绿地、道路、广场等）摊大饼式不断外延。

1.1.1　建设用地的概念

《土地管理法》第四条规定：建设用地是指建造建筑物、构筑物的土地，包括城乡住宅和公共设施用地、工矿用地、交通水利设施用地、旅游用地、军事设施用地等。

狭义的建设用地通常是指通过工程措施和资源开发，为人类的生产、生活和一切社会经济活动提供操作场地和建筑空间的土地。包括商服用地、工矿仓储用地、住宅用地、公共管理与公共服务用地、特殊用地、交通运输用地、水利设施用地等。

广义的建设用地则是指一切不以取得生物产品为主要目的的土地,是已利用土地中的一切非农业生产用地。如采矿业中露天开采需要的土地、地下开采时采空区塌陷引起地面下沉不能继续耕种的土地、自然保护区用地等。建设用地利用的结果,基本上是以非生态附着物的形式,如建筑物、道路、桥梁等存在于土地上;农业用地则是依赖于土地的肥力,直接从耕作层中生产农作物,它对土壤、气候等自然条件有十分严格的要求,具有生态利用性。建设用地按土地的所有权性质,可划分为国有建设用地和农民集体所有建设用地两个大类。

1.1.2 建设用地的特性

1.1.2.1 承载性与非生态利用性

狭义的建设用地是指付出一定投资(土地开发建设费用),使其具备一定的建设条件,用来建筑的土地,它所利用的是土地的承载力或空间,不以取得生物产品为主要目的;广义的建设用地是指一切不以取得生产产品为主要目的的土地,不仅包括建筑用地,也包括利用土地的自然景观等功能,起到特殊场所、基地作用的土地,如风景旅游区用地、自然保护区用地等,即土地承载功能。

建设用地的承载性与非生态利用性决定了在选用建设用地时,主要考虑土地的非生态因素,而影响土地肥力的生态因素等,与建设用地则没有多大关系。因此,在实际工作中,当建设用地与农业用地发生争地时,应首先考虑把肥力较高的土地优先用于农业生产。

1.1.2.2 土地利用逆转的相对困难性

农业用地和建设用地是可以相互逆转的,但从农业用地变为建设用地较为容易,是大多数土地用途的流动方向,而从建设用地变为农业用地则较为困难,是少量的。如,由农田变为公路,所涉及的只是工程质量问题;但如果要将废弃的公路重新开垦为农田,则相当困难,需要消除所有沥青、石子、水泥等,甚至可能包括一些特殊的有毒物质。土地利用逆转的相对困难性告诉我们,搞建设时,特别是把农业用地转变为建设用地时应十分慎重,应注重建设项目的可行性研究,进行充分的论证分析,最终作出正确的决策。

1.1.2.3 土地利用的高度集约性

土地集约利用是粗放利用的对称,均指土地的利用方式,最早来自于对农业土地利用的研究。综观历史,早在两千多年以前,我国古代文献就有集约经营思想的论述。在最早的农书《齐民要术》中提到"凡人家营田,须量己力,宁可少好,不可多恶",强调土地的经营不能广种薄收,宁可少而精,直接表达了精耕细作、集约经营的思想。

农用地或未利用地变为建设用地后,就具有利用的高度集约性和资金的高密性,可以产生更高的经济效益。

所谓农业土地集约经营,一方面是指在一定面积的土地上,集中地投入较多的生产资料和活劳动,使用先进的技术和管理方法,以求在较小面积的土地上获得高额产量和收入的一种农业经营方式。按照生产要素投入的构成不同,分为资金集约型、劳动集约型和技术集约型。另一方面,由于城市化进程的加快,导致土地供给的稀缺程度加剧,引起城市土地价格不断上扬,从而迫使人们不得不设法高度集约利用土地,如尽量合理安排城市布局以产生聚集效益,从而节约大量基础设施和交通占用土地;以批租形式获得城市中心区地块使用权的土地受让人,只有发挥土地的集中性用途,建造较高容积率的写字楼或商用楼才能弥补巨额的土地出让金。因此,强调城市土地集约利用与农业土地集约利用的目的基本一致,主要是获得更高的经济效益,通过增加对土地的投入,以达到提高土地的利用率和生产率的目的。

1.1.2.4　区位选择的重要性

农用地或未利用地变为建设用地后,就具有利用的高度集约性和资金的高密性,可以产生更高的经济效益。

在建设用地的选择中,区位始终扮演着第一重要的角色。因为土地的承载力对于大多数的建设项目而言不构成一种制约,只是在涉及诸如高层建筑、大型水坝建(构)筑物中才有特殊要求。而区位则不同,它处处影响着建设用地的选址。各种矿产开发主要由位置决定,道路主要考虑位置,城市发展也是依据其合理的区位,有污染的企业布局更是一个位置问题。需要指出的是,位置是一个相对的概念,它的相对性表现在两个方面:一方面是对一种用地是好位置的土地,对于另一种用地则可能是不好的位置。另一方面是位置可能通过周围环境的改变而改变,经济活动对于位置本身的影响也是巨大的。例如:交通的改善可以将一块位置不好的土地变成位置较好的土地。

1.1.2.5　再生性与无限性

土地是自然的产物,其不可再生性已为人们共识。土地的不可再生性表现在两个方面:一方面土地作为自然的产物,其面积是有限的;人类的劳动可以改良土壤,提高土地的质量,但对土地面积的影响却是微不足道的。另一方面,土地作为农业生产最重要的生产资料,农作物通过根系吸收土壤的各种养分、水分、空气和热量而生长发育,最后结出丰硕的果实。具有肥力的土地在农作物整个生长过程中,自始至终都发挥着极其重要的作用,但是土地的肥力一旦丧失,将永久失去种植能力,这就是农业用地的不可再生性。

建设用地的再生性是指建设用地能够从现有的建设用地即存量建设用地中经过再开发重新获得。对于建设用地而言,建设活动与土地肥力完全无关。建设需要使用的土地可以在具有肥力的土地上进行,亦可以在不具有肥力的土地上进行。通过工程的手段,营造的各种建(构)筑物等工程实体,当这些工程实体年代已久不能为人类再利用时,人类可通过工程的手段在这块土地上进行重复的开发、利用。这种把现有建设用地中的部分土地经过再开发变成新建设用地的过程,就是充分发挥和利用建设用地能再生的特性。这一特性告诉人们,对建设用地的需求,可以从不断开发的过程中,获得新的操作场地和建筑空间。

建设用地的无限性是指除去农业生产之外包括工业、运输业以及人类一切生产、生活的物质需求所使用的土地,它总是在不断地延伸、扩大。建设用地的数量是一个巨大的未知数,对农业用地构成了巨大的威胁。

1.1.2.6　空间性与实体性

建设用地与农业用地在土地利用的相互关系上有着显著的本质区别,农业用地一般来说只能算是平面或单层的利用,而建设用地不仅可以平面利用,同时还可以多层、高层或超高层利用。建设用地充分利用了土地的三维空间,例如摩天大楼和地铁等。

1.1.3　建设用地的分类

1.1.3.1　按附着物的性质分类

按附着物的性质分类,建设用地可分为:

(1)建筑物用地。建筑物是指人们在其内能够进行生产、生活或其他活动的房屋或场所。

(2)构筑物用地。构筑物是指人们一般不能直接在其内进行生产、生活或其他活动的建筑物。

1.1.3.2　按建设用地的利用方式分类

按建设用地的利用方式分类,建设用地可分为:

(1)农业建设用地。是指农村集体经济组织和个人修建的直接用于农业生产的或规定用于农业生产配套的、长期的、固定的工程设施用地。

(2)非农业建设用地。是指用于农业生产和建设之外的一切工程建设以及其他经济设施所需要占用的土地。

非农业建设用地具体可分为:城乡住宅和公共设施用地;工矿用地;交通水利设施用地;旅游用地;军事设施用地;其他建设用地。

1.1.3.3　按土地所有权分类

按土地所有权分类,建设用地可分为:

(1)国有建设用地。是指国家为了进行各项经济、文化、国防建设及兴办各项社会公共事业所需要的建设用地,属于国家所有即全民所有的用于建造建筑物、构筑物的土地。包括城市市区的土地、铁路、公路、机场、国有企业、港口等国家所有的建设用地。

(2)集体所有建设用地。是指农村集体经济组织和农民个人利用集体所有土地,进行投资建设的建设项目用地。包括农民宅基地、乡(镇)村公共设施、公益事业、乡村办企业使用农民集体所有土地中的建设用地。

1.1.3.4　按建设用地的用途分类

按建设用地的用途分类,建设用地可分为:

(1)民用建设用地。是指用于解决城乡人民物质生活需要及其配套设施建设所需要使用的土地。例如交通用地等。

(2)工业建设用地。是指用于进行工业项目或为其配套的其他工程设施建设所需使用的土地。例如:乡镇企业、农村作坊、机械化养殖场、采矿区、废石场、垃圾堆场等。按其对象又可分为采掘工业建设用地和加工工业建设用地,按其特点还可分为重工业建设用地和轻工业建设用地。

(3)军事建设用地。是指用于根据国防和战备要求进行各项军事工程建设所需要使用的土地。

1.1.3.5　按建设用地的规模分类

按建设用地的规模分类,建设用地可分为:

(1)大型项目建设用地。根据规定的建设规模和建设投资确认为大型项目进行建设所需要使用的土地。

(2)中型项目建设用地。根据规定的建设规模和建设投资确认为中型项目进行建设所需要使用的土地。

(3)小型项目建设用地。根据规定的建设规模和建设投资确认为小型项目进行建设所需要使用的土地。

1.1.3.6 按建设用地的状况分类

按建设用地的状况分类,建设用地可分为:

(1)新增建设用地。是指新近某一时点以后由其他非建设用地转变而来的建设用地。

(2)存量建设用地。是指新近某一时点以前已有的建设用地。

这两类建设用地在进入市场交易过程中,有不同的方式和审批要求。

1.1.3.7 按建设用地的使用期限分类

按建设用地的使用期限分类,建设用地可分为:

(1)永久性建设用地。是指建设项目一经建成使用后,就很难恢复到原来的状态,从而丧失了垦殖和耕种能力的土地。

(2)临时建设用地。是指在实施过程中,需要临时性使用的土地。

1.2 建设用地取得方式

1.2.1 征收集体土地所有权

征收集体土地是指国家根据经济、文化、国防建设兴办公益事业的需要,以补偿为条件,依照法律规定,将集体所有土地转变为国家所有土地的过程。

1.2.2 划拨国有土地使用权

因国家建设和公共事业需要,把机关、企事业单位、部队等正在使用的国有土地或国有未开发利用的后备土地、依照法律规定的程序和批准权限经批准后,划拨给另一个建设单位使用的用地方式。

1.2.3 出让国有土地使用权

出让国有土地使用权又称批租国有土地使用权,是指国家以土地所有者的身份将土地使用权在一定年限内让与土地使用者,并由土地使用者向国家支付土地使用权出让金的行为。通过出让方式取得使用权的用地者,对土地使用权有转让、出租、抵押的权利。土地使用期届满时应退还土地所有者。需要延期使用的,则应按规定办理延期使用手续。

1.2.4 国有土地使用权租赁

国有土地使用权租赁指国家将一定时期内的土地使用权让与土地使用者使用,而土地使用者按年度向国家缴纳租金的行为。

这种方式的优点:

(1)解决了国有土地使用权出让中用地单位一次性支付出让金的困难;

(2)对于中小投资者和不需要长时期使用土地的土地使用者,更具灵活性;

(3)同时对现有划拨土地使用权逐步纳入有偿使用轨道也是一种很好的办法。

1.2.5 国有土地使用权作价入股

国有土地使用权作价入股指将一定时期的国有土地使用权出让金作价,作为国家的投资计作国家的股份。这种方式在目前的国有企业改制改组中较多,既解决了国有土地资产的流失,又为国有困难企业的改制改组创造了条件。

1.2.6 转让国有土地使用权

转让国有土地使用权指土地使用者将土地使用权再转移的行为,包括出售、交换与赠与。转让国有土地使用权有两种途径:一种是通过出让方式取得的国有土地,受让方经过一定的投资开发、利用后转让出让年限余期内的土地使用权。另一种是原行政划拨国有土地的用地者在补办出让手续后再转让的行为。

1.2.7　集体土地使用权转移

集体土地使用权转移指因村镇建设(包括农村居民建房)而使用农村集体经济组织所有的土地,但不改变土地所有权性质的用地方式。其中乡(镇)办企业使用村民集体土地或城镇公共设施、公益事业需要使用集体所有土地的,均需参照国家建设用地征收办理,并按照省、自治区、直辖市的规定给予适当的补偿。

建设用地取得方式关联图见图 1-1。

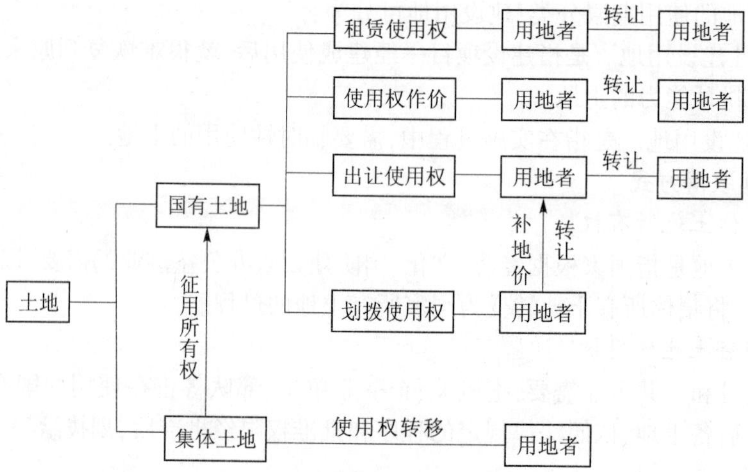

图 1-1　建设用地取得方式关联图

2　建设用地管理

中国建设用地的总面积约为 3 000 万 hm^2,占全国土地总面积的 3%,远低于农业用地(63 400 万 hm^2)或未利用土地 (24 500 万 hm^2),然而,同年的非农业人口却占总人口的 24%。相对于其广泛用途(如城镇建设、农村居民点及道路、交通运输等),建设用地的占地面积及比例无疑令非农业活动只限于高密度及高使用度。从总体上分析,我国近年来快速的工业化和城镇化,直接加快了土地由农地向建设用地的转化。从数据上来看,随着城市化进程的加速,中国必须要高效利用现有的建设用地以及科学合理地管理建设用地,以应对愈加紧张的用地需求。

2.1　建设用地管理的概念

建设用地管理是指国家为维护社会主义土地公有制、调整建设用地关系、合理组织建设用地利用而采取的行政的、法律的、经济的和工程技术的综合性措施。

(1)调整建设用地关系是指建设用地权属的确立与变更,以及理顺和协调在解决建设用地的分配和再分配过程中,所产生的各种关系。

建设用地权属的确立与变更是指国有土地使用权和集体土地使用权的确立与变更,一般是通过土地征用、划拨、城镇国有土地使用权出让、转让以及集体土地使用权的转移来实现的。而土地分配与再分配过程中所产生的各种关系是指建设用地与农业用地之间的关系、城镇与郊区之间的关系;建设单位与主管部门之间的关系;各部门之间的用地关系;征地单位与被征地单位之间的关系;建设用地与环境保护、生态平衡之间的关系等。

(2)合理组织建设用地利用是指对建设用地进行组织、利用、控制、监督。具体表现为以下几个方面:

①建设用地的组织是指对建设项目的可行性研究、布局、选址、规划以及设计方案的实施,参与组织指导工作;

②建设用地的利用则是指国家对建设用地的开发以及再开发所采取的引导和约束的措施;

③建设用地的控制是指对建设用地采用宏观调控和微观管理的措施;

④建设用地的监督则是对建设用地的动态变化趋势的监测,以及对规划方案的实施和建设用地计划指标执行情况进行的监督,是国家对一切非农业用地的开发和再开发以及合理利用的控制、指导和监督。

2.2 建设用地管理的内容

建设用地管理的内容按其工作过程和业务要求主要分为以下几类。

2.2.1 建设用地的规划和计划管理

土地利用规划和计划是建设用地管理的基本依据,尤其涉及农用地转为建设用地时,首先要看其是否符合土地利用总体规划的要求,其次要看其是否符合土地利用年度计划的要求。主要内容有:

(1)编制土地利用总体规划、土地利用年度计划,建立健全建设用地管理宏观调控体系;

(2)参与建设项目的前期用地审查,依法进行建设用地的审批,参与建设用地批后跟踪管理工作,推行建设用地的全程管理;

(3)会同有关部门拟订建设用地管理的行政法规、经济管理办法和技术标准规范,组织有关部门和地方编制、修订工程建设项目用地指标和乡镇企业用地定额指标,逐步实现建设用地定额管理,科学合理地利用土地。

2.2.2 建设用地的供应管理

建设用地供应是指根据我国现行的有关法律法规规定,国家土地行政主管部门将土地使用权提供给建设单位使用的过程。供应行为主要涉及是否提供建设用地,提供建设用地的方式、数量、位置以及所需要的条件等问题。我国建设用地的供应方式主要有两大类:有偿使用与行政划拨。有偿使用又分为三种:土地使用权出让、土地使用权作价、出资入股与土地使用权租赁。

2.2.3 建设用地的征收管理

建设用地征收管理过程中的主要内容包括农用地转用审批、土地征收审批和农民安置补偿等。

2.2.4 农村集体建设用地的管理

农村集体建设用地是指由农村基层政权组织或者农村各级农业集体经济组织以及农村居民个人投资,依据农村建设规划进行各项非农业建设依法使用的农村集体土地。如乡镇企业用地、村镇公共设施建设用地、农民宅基地用地等。农村集体建设用地管理包含乡

(镇)村建设使用土地实施的规划、审批、监督等行政行为。

2.3 建设用地管理的任务

(1)通过建设用地科学管理,缓解当前我国存在的尖锐的人地矛盾。

(2)深化土地使用制度改革,有计划、有步骤地全面推行建设用地有偿使用。

①编制和实施建设用地计划,促进土地利用总体规划目标的实现。

②合理确定各类建设用地计划指标,改善并建立较为合理的建设用地结构,促进国民经济各部门、各行业有计划、按比例、均衡、协调地发展。

③研究。制订实施建设用地计划的各种政策措施,采取行之有效的调节控制手段,确保建设用地计划的顺利落实。

(3)继续推行建设用地的全程管理,在充分发挥建设用地计划管理宏观调控作用的同时,切实做好建设用地的审批管理,进一步健全各项规章制度,完善配套措施,增强服务意识,把建设用地管理提高到一个新水平。

任务1 建设用地宏观调控

【任务目标】

1.理解建设用地宏观调控的概念;
2.掌握建设用地宏观调控的内容;
3.了解建设用地宏观调控的措施。

【学习过程】

1.课件演示
2.视频播放(新闻评论 2011:苏培科:该反思一下楼市调控政策)
3.分组讨论

【背景知识】

建设用地宏观调控

1 建设用地宏观调控的概念

宏观调控是相对微观管理而言的一种管理方式,是为了使宏观经济发展中实现社会总供给及其结构与社会总需求及其结构相协调而进行的总量控制和调节。宏观调控的目标:一是为了实现整个国民经济社会总供给和社会总需求在总量上的平衡;二是为了实现社会总需求与社会总供给在结构上的平衡,进行宏观调控可以减少由于市场缺陷和市场失灵而引起的经济波动,使整个国民经济向着预定的目标平衡运行。

建设用地宏观调控是指在宏观经济发展中,实现土地资源总供给及其结构与建设用地总需求及其结构相协调所必须进行的总量控制和调节。土地是人类生活和从事各项生产活动所不可缺少的基地和场所,而建设用地则是人类生活和从事生产所不可缺少的先决条件。我国人口多,土地资源数量有限,尤其是耕地严重不足,“吃饭”和“建设”的矛盾日益尖锐,必须实行建设用地的宏观调控。

我国经济建设正逐步进入新的发展时期,资源供需矛盾将进一步加剧,保护土地资源与保障经济发展的任务也将更加艰巨,其中暴露出的矛盾进一步清晰,利益协调难度越来越大,改善群众居住条件等涉及民生的问题也更加突出,这些都对土地资源管理工作提出了新的、更高的要求。党中央、国务院把土地资源管理作为宏观调控的重要手段,放到了事关国家可持续发展的战略高度。

2　建设用地宏观调控的内容

我国经济发展规律导致经济建设已经大量挤占了耕地,再加上我国土地面积有限,可作建设用地的土地更有限,因此土地资源的稀缺性和使用的排他性使我们必须在建设用地管理中采取宏观调控的措施,合理控制建设用地过度扩展,保护耕地。严格控制建设用地的总量,在各部门、各行业间合理分配和使用。从总体上看,建设用地宏观调控的主要内容表现为以下三个方面。

2.1　控制建设用地总量

首先必须保持人口和耕地之间宏观比例的平衡与协调,必须保持农业在国民经济发展中宏观比例的平衡和协调。从土地利用上来看,尽量提高非农用地土地利用率,运用政策手段等,有效地将建设用地引导到大量非耕地中去,扩大潜在的建设用地供给能力,减少占用耕地,促使建设用地总需求和总供给之间在一个更高水平上维持平衡。

2.2　调节建设用地结构

使建设用地结构符合市场经济发展的需要,符合各部门、各行业发展对用地的需要。

2.3　改革建设用地分配方式

实行建设用地统一管理,有计划、有偿、有期限、流动地使用土地。

3　建设用地宏观调控的措施

3.1　直接调控

直接调控是国家通过强制性行政手段,对建设用地的供需总量和结构进行调节和控制活动的总称。如对建设用地实行的计划管理、工程建设项目用地指标管理都属直接调控的范畴。

3.2　间接调控

间接调控是国家运用经济手段,通过调节利益关系,引导用地单位从自身经济决策出发建立自我约束机制,调节和控制建设用地活动。主要有财政、税收、价格、信贷等手段,如征收耕地占用税、新菜地开发建设基金等。

3.3　建设用地宏观调控的手段体系

3.3.1　经济手段

经济手段是指政府根据宏观调控的目标,利用经济政策、经济参数调节建设用地供需总量和结构的一种管理手段。经济手段是政府实施建设用地宏观调控的一种重要手段。经济手段具有适用性、间接性、灵活性、及时性和综合性等特点。

3.3.2　法律手段

法律手段是指国家通过立法和司法，运用法律的强制力来调控建设用地的一种手段。法律规范表现为针对建设用地管理所制定的一系列法律、法规，法律规范的实质是以法律的权威性为作用机制，调整人们在建设用地管理中的各种关系。法律手段具有权威性、强制性、稳定性和统一适应性等特点。

3.3.3　行政手段

行政手段是指政府依靠行政权力，通过命令、指示、计划等形式，按照行政组织系统和行政隶属关系，对宏观经济进行调控的方法。行政手段是建设用地宏观调控中常用的手段。行政手段具有强制性、直接性和层次性等特点。

构建土地宏观调控政策体系，应当从当前的土地管理体系出发，综合土地宏观调控政策的系统特征，确定土地宏观调控体系的核心内容，以便顺利地实现调控目标。土地宏观调控政策体系基本框架构建见表1-1。

表1-1　土地宏观调控政策体系基本框架构建

目标层	操作层	调控目标
土地资源供应调控	土地征地制度调控 土地供应规模调控 土地结构优化调控 土地收购储备机制调控	协调区域发展，调整和优化产业布局结构，调控资源供应总量和结构，有效保护和合理开发利用土地资源，保证中低价位商品房用地供应，有力推进社会主义新农村建设
土地价格管理与土地收益调控	土地价格管理调控 土地收益分配机制调控 土地补偿制度调控 土地出让金收支调控 土地税费政策调控	规划土地市场，优化土地资源配置，合理调配中央与地方的土地收益，保障农民利益，加大耕地复垦力度，引导合理需求，抑制投机行为，促进土地集约高效利用
土地利用与耕地保护	土地利用规划调控 土地利用计划调控 土地分类管理机制 土地用途流转机制 耕地利用保护机制	科学制定土地利用规划，加强耕地保护，严格土地用途管制，禁止土地非法流转，防止土地闲置
土地管理的权责监管	土地审批制度监督 土地执法监督 土地管理考核机制 土地违法问责制度 土地监察制度	加大宣传与执法力度，防治土地囤积与非法转让，落实考核机制与问责制度，保障土地监察制度的有效实施

对于土地管理体系的分析，主要是从土地政策参与宏观调控的具体手段着手。从系统

的角度来看，当前的土地管理体系大致包括土地利用规划和计划、土地用途管制、土地储备、地价管理、土地流转监管、土地税费调节、土地收益调整、土地专项治理整顿、土地执法监查、土地权责监督等多个方面，针对土地宏观调控的不同目标，结合土地管理体系的结构性和层次性，并根据土地调控政策的功能特征和相互之间的内在关系，可以将土地宏观调控政策体系分成目标层和操作层两大部分，体系的基本框架也如表 1-1 所示。框架构建的基本思路为：

(1)强化土地供应政策的调控力度，优化资源结构。

当前，由于国家掌握着一级土地市场的供应权，因此放在土地宏观调控政策第一位的是土地供应政策。因为运用土地供应调控政策可以控制土地利用和开发的源头；可以协调区域发展、调整和优化产业布局结构；可以调控资源供应总量和结构；可以有效保护和合理开发利用土地资源，有力地推进社会主义新农村建设，保障经济协调、平稳和较快的发展。

(2)建立科学的土地价格管理体系与土地收益分配机制。

土地价格管理的作用非常重要，它主要应是针对土地使用权有偿出让过程中的地价政策而制定的，它涉及土地的补偿制度、土地价格评价制度、土地流转和使用过程中的税费政策等。地价管理同时又是土地市场的核心内容，它应在推进土地有偿使用、优化配置土地资源、合理分配土地收益、实现土地资产价值、保证国有土地收益不流失、促进土地市场建设等方面都发挥着重要作用。

(3)严格落实土地利用与耕地保护的相关政策。

耕地的保护工作要放在土地利用规划的第一位，因为它是关系国计民生的重大政策。国土资源部于 2006 年颁布了《耕地占补平衡考核办法》，根据这一考核办法，国家将开展年度耕地占补平衡考核工作，此举旨在加强耕地保护工作，严格执行占用耕地补偿制度，确保耕地占补平衡。

目前我国土地利用规划管理主要分三项制度：一是以年度计划进行总量控制；二是以用地预审对具体项目是否符合规划，是否符合国家产业政策，是否符合用地标准等进行审核；三是农用地转用审批的规划审查。通过对土地利用总体规划的调控，可以加强对农用地耕地的转用规模、速度、结构的控制、计划和引导，将建设用地的利用纳入计划管理过程中。要严格控制土地利用计划中的农用地转用和耕地占用指标，做到严格执行、统筹安排；要在指标的分配上，适当压缩工业用地，增加民生用地，保证必不可少的基础设施用地，对于实际用地超计划的地区要按规定扣减下一年度计划指标；要通过对土地利用的规划和监管，提高城市土地集约利用水平，鼓励和引导工业项目向开发区集中，商业项目向商贸区集中，住宅项目向社区集中；要在工业、商业、住宅集中的基础上，合理地提高建筑密度，引导向空中、地下发展，增加容积率，提高公共用地的使用率。

(4)建立土地管理的权责监管机制，严格落实各项土地调控政策。

建立土地管理的权责监管机制，是落实土地宏观调控的重大后盾，对于土地调控政策的落实和土地法律法规的贯彻，将会起到巨大的推动作用。2006 年 7 月 24 日，国务院《关于建立国家土地督察制度有关问题的通知》正式出台，国家土地督察制度也开始全面实施，这表明，中央下决心以更大的行政力量，来制衡地方政府的土地资源支配权力。国家土地督察局应对农用地转用和土地征收两项审批事项是否符合法律法规权限、标准、程序等进行审查。对农用地转用审批的合法性审查，其主要目的是控制农用地转为建设用地的总量和速度，切实保护耕地；对土地征收的合法性审查，其主要目的是规范地方政府的征地行为，保护被征地农民的合法权益。国家土地督察机构负责人多次强调，合法性审查不影响省级和计划单列市政府现有土地管理职权的行使，不改变中央与地方政府职权的划分；对本行政区域内发生土地违法、违规案件造成严重后果的，对土地违法、违规行为不制止、不组织查处的，对土地违法、违规问题隐瞒不报、压案不查的，应当追究有关地方人民政府负责人的领导责任。

任务2 建设用地计划管理

【任务目标】

1.理解建设用地计划的概念；
2.了解建设用地计划体系及编制程序；
3.掌握建设用地计划的实施。

【学习过程】

1.课件演示
2.思考活动
3.视频播放（国土资源部：特大城市严控新增建设用地（［新闻早报］））
4.分组讨论

活动1

由于城市发展，某市近三年基本建设投资占地系数分别为5、8、10，求计划年第四年的基本建设投资占地系数是多少？

活动2

河南省新乡市王寨村集体耕地总面积为200 hm^2，全村人口400人，人均耕地面积为0.5 hm^2，假设按此人均耕地面积量规定每年建房占用耕地量为0.1 hm^2，那么王寨村计划农村个人建房用地面积是多少？

活动3

某县进行规划期为五年的建设用地计划编制，该县人均粮食需要量为500 kg/人，规划年内人口为100万，规划年份内需要商品粮的数量为20 000万kg，该地区单位面积粮食产量为7 000 kg/hm^2。规划年内确保蔬菜和其他经济作物耕地面积2万hm^2。该县现有耕地总面积为10万hm^2，规划期内垦荒面积总数为2万hm^2。规划期内增加耕地面积

① 1亩=1/15 hm^2，下同。

为2.5万 hm^2，由于其他原因损失的耕地面积为 2 万 hm^2，求耕地保护量及每年占用耕地的计划指标。

【背景知识】

1　建设用地计划的概念

建设用地计划是指建设用地管理者对将来某一特定期限内的建设用地所作的在时间和空间上的具体布置和安排，是事先对建设用地所作的具体部署和安排。建设用地计划是国民经济和社会发展计划中土地利用计划的组成部分，是加强土地资源宏观管理、调控固定资产投资规模和实施产业政策的重要措施，是审核建设项目可行性研究报告和初步设计及审批建设用地的重要依据。

建设用地计划管理是指对建设用地计划的编制、执行、监察、修改和总结等各个工作环节所进行的管理活动。它是建设用地管理的一项重要职能，又是建设用地宏观调控的重要组成部分，是建设用地管理工作的重要内容。只有通过建设用地计划管理，才能做好各个环节的工作，使建设用地计划真正得到落实。

计划与计划管理的关系：

(1)建设用地计划不仅为建设用地管理活动制定了最佳的工作程序，同时也为建设用地管理活动提供了标准、准则和尺度。

(2)只有通过建设用地计划管理，才能做好各个环节的工作，使建设用地计划真正得到落实。

2　建设用地计划的体系

建设用地计划的分类有以下几种。

(1)按计划的期限不同分为：

长期计划是指计划期在十年以上的建设用地计划。

中期计划是以五年为期的建设用地计划。

年度计划是以一年为期的建设用地计划。

(2)按管理序列(层次)不同分为：

国家计划是全国的建设用地计划。它是由国家土地行政主管部门制订的计划，它规定计划期内全国建设用地控制的战略目标和任务，以及国民经济各部门、各行业及城乡个人建设用地总控制规模和比例，并提出实现计划的重大措施。国家计划具有全局性和战略性。

地方计划是指省(自治区、直辖市、计划单列市)、市、县等各级人民政府的用地计划。

(3)按调节控制的程度不同分为：

指令性计划：由国家统一制定并直接控制的，具有行政约束力和法律强制力，计划执行单位必须坚决执行，并保证完成的计划。

指导性计划：是指只规定发展方向、总体要求或一定幅度，用以指导建设用地管理活动的计划。

(4)按建设类别不同可分为:

国家建设用地计划:指全民所有制和城镇集体所有制投资列入国家固定资产投资计划或准许建设的各项基本建设用地计划。

乡镇集体建设用地计划:指乡镇企业、乡镇村公共设施和公益事业的建设用地计划。它是指乡(镇)企业、公共设施和公益事业,列入地方政府集体或个体建设投资计划或准许建设的各项建设用地计划。

农村个人建房用地计划:指农村农民和城镇非农业人口(包括回乡落户的离退休、退职干部职工和军人,回乡定居的华侨和港澳台同胞等)使用农村集体土地建造住宅的用地计划。

3　建设用地计划的编制

建设用地计划是整个国民经济计划的组成部分,编制建设用地计划必须和土地利用计划一起,按照国民经济计划编制程序和方法来进行。

建设用地计划以各级土地管理部门为主,在不突破国家制订的土地利用计划指标的前提下,会同有关部门(特别是计划部门)一起拟订,然后报同级发展和改革委员会综合平衡,要与其他计划平衡。建设用地计划一旦制订,固定资产投资的安排、重大项目的安排等都要与每年占用耕地的计划指标等协调一致。

3.1　编制建设用地计划遵循原则

3.1.1　统筹兼顾的原则

(1)正确协调处理好农业生产用地与建设用地之间的矛盾,按“一要吃饭,二要建设”的先后次序安排好农业生产用地和建设用地的需要。

(2)在国家确定的用地计划指标范围内,合理分配各部门、各系统、各地区的用地指标,保证各类建设必不可少的建设用地。

(3)正确处理好整体与局部、眼前和长远的关系。

3.1.2　节约用地、保护基本农用地的原则

遵循“十分珍惜和合理利用每寸土地、切实保护耕地”的基本国策。尽量挖掘现有建设用地的潜力,能利用荒山、荒地的,尽量少占或不占耕地,切实保证建设占用耕地计划的实现。

3.1.3　与土地管理其他措施相协调的原则

建设用地计划必须与土地利用计划中的其他用地计划相协调,必须符合土地利用总体规划和上级下达的建设用地计划的要求,在其控制和指导下进行。建设用地计划必须与土地开发、复垦计划相结合,做到建设用地计划与土地开发、复垦计划相协调、平衡。

3.2　建设用地计划的编制程序与实施

我国建设用地计划的编制分四级:国家级、省级(自治区、直辖市、计划单列市)、省辖市级(地区、自治州)、县级(县级市、区)。县级为基层计划单位。编制具体工作步骤为:准备工作,申报用地计划,计划控制数下达,编制计划草案,汇总、综合平衡。

具体工作步骤如下。

3.2.1　准备工作

各级建设用地计划由各级土地管理部门编制,在编制计划之前,明确编制计划的范围、级别和计划期。

建设用地计划编制时间和计划期应与国民经济和社会发展计划相同,同时通过收集资料或调查,掌握制订计划所需的第一手材料,其中主要有:计划期内的经济形势、固定资产投资形势、工农业生产发展速度、当地土地资源情况及总供给量、以往建设用地需求量、上年度的建设用地计划执行情况、预期开发和用地重点的预测等。

3.2.2　申报用地计划

首先由地方各级土地管理部门根据计划期内国民经济和工农业生产的发展速度、固定资产投资规模、重大项目的安排及当地土地资源的状况,参考上年度计划执行情况,提出本地区计划期的用地计划建议数,经与同级计划部门协调、综合平衡后,联合逐级汇总上报上级计划部门和土地管理部门,形成建设用地的初级计划数。

3.2.3　计划控制数下达

国家计划部门和土地管理部门将各省上报的用地计划以及中央各部门用地计划方案进行初步的汇总平衡,提出用地计划控制数,由国家计委初步平衡后,下达到各省。

3.2.4　编制计划草案

省及省以下的各级土地管理部门按国家下达的控制数编制用地计划草案,对原上报数进行修改、订正后,经同级计划部门综合平衡,联合报送上级计划部门和土地管理部门。计划单列市的计划指标纳入所在省的计划指标,并单独列出;国务院各部门及军队建设项目的用地计划,报国务院计划部门和土地管理部门,同时抄报建设项目所在地的省级计划部门和土地管理部门。省级计划和土地管理部门在编报用地计划时,应把部门用地计划包括在内。

3.2.5　汇总、综合平衡

国家土地管理部门在各省和各部门用地计划草案的基础上,进行统筹合理安排,编制全国用地计划草案,经国家计划部门综合平衡,纳入国民经济和社会发展计划。

4　建设用地计划指标确定方法

4.1　国家建设用地计划指标的确定

4.1.1　基本方法

城市(城镇)和村庄的用地指标。该指标简单测算方法如下:

城市(城镇)用地总量=城市(城镇)总人口×人均用地

总人口、城镇人口的准确预测是用地规模预测的关键。人均用地严格按国家标准要求计算。其中城市(城镇)人均用地规模严格按照《城市用地分类与规划建设用地标准》(GBJ 137—90)和《村镇规划标准》(GB 50188—93)执行。

根据《城市用地分类与规划建设用地标准》(GBJ 137—900),现有城市和县城人均建设用地指标应符合如下规定并服从相关说明(见表1-2)。

表 1-2 现有城市的规划人均建设用地指标

人均建设用地（m^2/人）	允许采用规划指标		允许调整幅度（m^2/人）
	指标级别	规划人均建设用地（m^2/人）	
≤60.0	Ⅰ	60.1～75.0	+0.1～+25.0
60.1～75.0	Ⅰ	60.1～75.0	>0
	Ⅱ	75.1～90.0	+0.1～+20.0
75.1～90.0	Ⅱ	75.1～90.0	—
	Ⅲ	90.1～105.0	+0.1～+15.0
90.1～105.0	Ⅱ	75.1～90.0	−15.0～0
	Ⅲ	90.1～105.0	—
	Ⅳ	105.1～120.0	+0.1～+15.0
105.1～120.0	Ⅲ	90.1～105.0	−20.0～0
	Ⅳ	105.1～120.0	—
>120.0	Ⅲ	90.1～105.0	<0
	Ⅳ	105.1～120.0	<0

注：(1) 现有城市和县城人均建设用地指标应同时符合表 1-1 中指标级别和允许调整幅度因子的限制要求。调整幅度是指规划人均建设用地比现状人均建设用地增加或减少的幅度。

(2) 人均耕地面积小于 1 亩的地区，在现状人均建设用地水平允许采用的规划指标等级中，只能采用最低一级。

(3) 新建城市和县城的规划人均建设用地指标应在第Ⅲ级内确定，人均耕地小于 1 亩的地区应在第Ⅱ级内确定。

(4) 边远地区和少数民族地区中地多人少的城市和县城，可根据实际情况确定规划人均建设用地指标，但不得大于 150.0 m^2/人。

4.1.2 其他方法

4.1.2.1 系数法

系数法是指用反映国民经济相关指标之间相对稳定的比例关系，来测算计划期内有关指标的方法。国家建设用地计划的编制，一般采用基本建设投资额与用地数量之间的比例关系来测算计划期的用地数。

步骤：首先要进行统计调查，收集历史上基本建设投资与用地的有关资料。然后对这些资料进行系统的整理分析，确定一个大体系数。最后，对计划期内这一系数可能发生的变化及其趋势进行预测，在此基础上对这一系数进行修正，确定一个适当的系数。

公式：

$$\text{计划期的用地数} = \text{每万元投资用地量} \times \text{投资额}$$

当近期宏观决策缺乏详细编辑的数据资料时，这不失为一种简单可行的方法。但由于这种方法把与用地有关的基本建设投资作为单一因素来研究，忽略了其他因素的作用，过于笼统，不可能很精确，因此系数法只能够作为大范围的编制国家建设用地计划的方法之一。

4.1.2.2 加权移动平均系数法

加权移动平均系数法认为，越接近该时期的数据对现实的影响越大，因而要给以较大的“权”；而远离本时期的数据的作用就弱，给以较小的“权”。在此基础上利用前几年的基建投资占地系数求加权平均数，作为计划年的基建投资占地系数。以此系数乘以计划期基建投资额，从而计算出计划年的国家建设用地数。

若国家最近三年的基建投资占地系数分别为 $d_{(i-3)}$，$d_{(i-2)}$，$d_{(i-1)}$，求第四年（计划年）的国家建设用地计划指标。令第四年的占地系数(m_i)为前三年用地系数的加权平均数,假设第一、第二、第三年的权数分别是1、2、3,则可以用下式计算出第四年的占地系数。

$$m_i = \frac{1}{1+2+3}(d_{i-3} \times 1 + d_{i-2} \times 2 + d_{i-1} \times 3)$$

$$= \frac{1}{6}d_{i-3} + 2d_{i-2} + 3d_{i-1}$$

式中　m_i——计划年基建投资占地系数;

d——各年基建投资占地系数;

i——年份。

4.1.2.3　演算法

演算法就是把计划期内的各项基本建设项目用地逐项累计计算,其数量之和就是计划期间的用地数。

运用这种方法,必须全面掌握基本建设和更新改造项目及项目的选址和用地定额或业已批准的用地面积,才能对计划期间的用地数量做出准确的测算。其优点是准确度高,缺点是工作量大、烦琐、复杂。目前,大部分地区还不具备运用这种方法的前提条件。

4.2　村镇集体建设用地计划指标的确定

村庄人均用地规模严格按照《村镇规划标准》(GB 50188—93)执行,县城以外的建制镇及村庄人均建设用地指标应符合如下的规定并服从相关说明(见表1-3)。

表1-3　村镇人均建设用地指标

人均建设用地(m^2/人)	允许采用规划指标		允许调整幅度(m^2/人)
	指标级别	规划人均建设用地(m^2/人)	
≤50	Ⅰ	50.1~60	应增加5~20
	Ⅱ	60.1~80	
50.1~60.0	Ⅰ	50.1~60	可增加0~50
	Ⅱ	60.1~80	可增加0~50
60.1~80	Ⅱ	60.1~80	可增加0~10
	Ⅲ	80.1~100	
80.1~100	Ⅱ	60.1~80	可增加0~10
	Ⅲ	80.1~100	可增加0~10
	Ⅳ	100.1~120	
100.1~120	Ⅲ	80.1~100	可减少0~15
	Ⅳ	100.1~120	可减少0~15
120.1~150	Ⅳ	100.1~120	可减少0~20
	Ⅴ	120.1~150	
>150	Ⅴ	120.1~150	应减到150以内

注:(1)已有的村镇应以现状建设用地的人均水平为基础,根据人均建设用地指标级别和允许调整幅度确定。允许调整幅度是指规划人均建设用地指标对现状人均建设用地水平的增减数值。

(2)人均耕地面积小于1亩的地区,在现状人均建设用地水平允许采用的规划指标级别中,只能采用最低一级。

(3)新建村镇规划人均建设用地指标应按第Ⅲ级内确定;人均耕地小于1亩的地区,应按第Ⅱ级内确定。

(4)地多人少的边远地区,应根据所在省、自治区政府规定的建设用地指标确定。

村庄的用地指标。该指标简单测算方法如下：

村庄用地总量=农村总人口×农村人均用地

4.3　农村个人建房用地计划指标的确定

4.3.1　因素分析法

因素分析法是把定量分析和定性分析有机结合起来，确定某项经济指标的方法。用这种方法比较适用于编制乡（镇）集体建设用地和农村个人建房用地计划。该法通过对影响农村个人建房用地的因素的分析找出影响因素与用地间的关系，推导出计算公式，将计划年有关因素代入公式，即可计算出计划用地数。目前影响农村个人建房用地的因素有：人口、耕地、总户数、目前农户居住状况、户均宅基地标准、空闲地面积、人均收入增加情况及其他经济和社会因素。

在编制农村个人建房用地计划时，运用因素分析建立的计算公式为：

计划期总户数=计划期农户人口/基期户均人数

计划期新增农户数=计划期总农户数-基期农户数

计划期建房用地面积=计划期新增农户数×每户宅基地标准

计划期建房新增用地面积=计划期建房用地面积-占用空闲地和原宅基地面积

4.3.2　耕地面积控制法

耕地面积控制法主要是根据人均耕地面积的多少，按照每年建房占用耕地的百分比来计算个人建房面积。公式如下：

$$P = P_{总} \times K$$

式中　P——计划年农村个人建房用地面积；

$P_{总}$——耕地总面积；

K——按人均耕地面积的多少规定每年建房占用耕地与总耕地的百分比。

4.4　建设用地计划中占用耕地计划指标的确定

确定耕地保护量的计算公式：

$$M(0) = (C \times Y + D)/A + M(5)$$

式中　$M(0)$ ——规划期内必须确保的最低限度的耕地面积，即耕地保护量，hm^2；

C——人均粮食需要量，kg/人；

Y——规划年份内的人口规模，人；

A——单位面积粮食产量，kg/hm^2；

D——规划年份内所需商品粮的数量，如调入取负值，储备、调出取正值，kg；

$M(5)$ ——规划年份内必须确保的蔬菜地和其他经济作物所需的耕地面积，hm^2。

每年占用耕地的计划指标的计算公式：

$$M = M(1) + M(2) + M(3) - [M(0) + M(4)]$$

式中　M——规划期内允许占用耕地的计划指标总数，hm^2；

$M(1)$——现有耕地面积总数，hm^2；

$M(2)$——规划期内垦荒面积总数，hm^2；

$M(3)$——规划期内通过其他途径增加的耕地面积总数，hm^2；

$M(0)$——规划期内必须确保的最低限度的耕地面积，即耕地保护量，hm^2；

$M(4)$——规划期内由于其他原因损失的耕地面积(如沙漠化,水土流失,退耕还林、还草、还湖、还渔,"三废"污染,水利工程淹没,地下采空区引起的塌陷以及其他自然灾害造成的耕地减少数量),hm^2。

$$m = \frac{M}{N}$$

式中　m——每年占用耕地的计划指标,hm^2/年;

M——规划期内允许占用耕地的计划指标总数,hm^2;

N——规划年限,年。

5　建设用地计划管理的实施要求

(1)各项建设用地必须纳入用地计划,必须严格按用地审批程序和权限报批。凡未纳入年度用地计划的建设项目,不得批准用地,项目不得开工建设。

(2)建设项目在可行性研究报告评估和初步设计审查时,须有土地管理部门参加,并提出对项目用地的意见。土地管理部门对不符合土地管理法规和建设用地有关规定,不同意供应土地的建设项目不得批准。

(3)国家建设项目申请年度用地,必须持有国家主管部门批准的初步设计或其他文件。乡(镇)村集体建设用地项目,必须有计划主管部门批准文件,方可申报用地。农村个人建房用地,必须符合村(镇)总体规划,并经乡(镇)以上人民政府批准,方可申请用地。

(4)用地计划中的耕地指标属指令性指标,不得突破。国家在编制用地计划时,可适当留有机动指标(包括在总指标内)。各省、自治区、直辖市确需调整计划、增加指标时,按计划编报程序报批。

6　建设用地计划实施的监督检查

(1)建立建设用地计划执行情况报告制度。各级土地管理部门每半年必须将用地计划的执行情况向上级部门作出报告,同时抄报同级人民政府及其计划部门,并附计划执行情况分析报告。国务院土地管理部门综合逐级汇总的土地变更调查结果,于每年2月底前将上年的实际建设用地情况报告国务院,抄报计划主管部门。

(2)处罚。对超出国家计划用地的地区和单位,由计划主管部门负责核减其下年度的用地计划指标,由土地管理部门负责注销其土地使用权,并根据情节轻重予以通报批评,追究当地政府和单位主要负责人的责任。

任务3　建设用地定额指标管理

【任务目标】

1.理解建设用地定额指标管理的概念;

2.掌握建设用地定额指标管理的指标类型及管理方法。

【学习过程】

1.课件演示
2.视频播放(央视国际:全国建设用地5.25亿亩 部分城市开发强度大)
3.分组讨论

【背景知识】

建设用地定额指标管理

1 建设用地定额指标管理的概念

建设用地指标是在综合考虑国家经济发展状况、土地资源状况、当前社会经济活动采用的先进技术和工艺平均水平等情况下,对建设项目用地规模作出的定性和定量的规定,是衡量建设项目用地是否科学、合理和集约的综合指标,是核定、审批建设项目用地和进行工程勘察、设计、咨询的重要依据。

建设用地定额管理是指国家通过对每类建设项目制定具体的、统一的数额规定,作为建设用地的最高限额约束。这种以科学技术为依据,依靠行政权力、采用行政命令,对建设用地实行定额指标控制的方法称为建设项目用地的指标管理。

从宏观角度来看,建设用地定额指标管理为编制国民经济计划、土地利用规划和建设用地计划提供了科学的手段,并且为宏观上控制土地的利用提供了可靠的保证。同时为各级领导在项目决策中确定土地使用数量方面提供了可靠的依据,避免了各级领导由于不掌握情况而造成的失误。从微观角度上看,又是编制、审批项目建议书、设计任务书,确定建设项目用地规模的依据。是编制审查初步设计文件、核定审批用地面积的尺度,同时还可以提高建设项目用地审批的质量和效率。

2 建设用地定额指标管理的指标类型及管理方法

2.1 建设用地定额指标的分类

2.1.1 建设用地指令性定额指标

指令性用地定额指标具有强制性、法律权威性和不可退让性,指令性用地定额指标分高限指标和低限指标。

(1)高限指标主要是对建设项目的总用地数量实行严格约束,是不允许突破的用地指标。在工业企业项目中,主要包括厂矿主要生产设施、辅助设施,动力公用设施,仓库贮运设施,行政管理设施,厂内交通设施及绿化设施等的总占地面积的定额。至于厂矿外部的辅助设施以及生活福利设施,采用相关行业的定额指标。

(2)低限指标主要用于建设项目内部各单项工程的布局时,对用地方式进行约束,它规定最小数值,使用地只能增加,不能减少,具有规范性的特点,故又称为规范性定额指标。对于建设项目,内部各单项工程之间,为了确保防火、防爆、防震及各种卫生、安全上的要求,为了满足地上、地下工程管网的铺设和交通运输上的要求，规定了各种最小的水平间距，这种决定各单项工程及建筑物之间的最小工程间距的用地指标属于低限指标。

2.1.2 建设用地指导性定额指标

指导性定额指标不具有强制性，可根据建设项目的具体情况参照执行。指导性定额指标可分为参考性定额指标和建议性定额指标。对于一部分工程建设用地，在影响用地的因素较多、波动幅度较大等无规律的情况下，根据积累的经验结合国内实测这类工程项目占地面积，确定一个大体的项目用地指标，供项目审批、设计时参考。

2.2 建设用地定额指标管理的方法

建设用地定额指标是编制和审批建设项目可行性研究报告的重要依据，是编审初步设计文件、核定建设用地规模的尺度，各级土地行政主管部门和建设行政主管部门及工程项目建设单位，各勘察、设计、咨询单位均应贯彻执行。

2.2.1 建设用地现有定额指标的特点

(1)一律采用国家法定的计量单位；

(2)各行业汇编的建设用地标记条文说明都明确阐述了各行业的生产规模、工艺设备形式、产品类型、厂房结构，并指出了厂区所包含的主体和配套工程；

(3)各行业都根据各自的不同行业特点、不同的项目，考虑最佳的技术经济方案，选用不同的较为合理或最合理的建设规模；

(4)由于建设规模有不同的表现形式，反映到建设用地指标数值具体的表现形式也有所不同。

多数行业的建设用地指标都是由厂区用地指标和分项用地指标组成的。厂区用地指标是各分区用地指标之和，是建设用地指标的主要内容。分项用地指标是各个单项工程用地面积，是厂区用地指标产生的依据。

2.2.2 建设用地指标管理类型

建设用地指标分三种类型进行管理。

2.2.2.1 有定额指标的用地项目

国土部门要严格执行《控制指标》与相关工程项目建设用地指标，从严控制供地。不符合《控制指标》要求的工业项目，不予供地或对项目用地面积予以核减。对因工艺流程、生产安全、环境保护等有特殊要求确需突破《控制指标》的，在项目用地预审和用地报批时应提供有关论证材料，确属合理的，方可通过预审或批准用地。对已有用地定额指标规定的，无特殊情况，一律严格按定额指标标准审批用地。如有特殊情况不能按定额审批，需作专题论证。

2.2.2.2 无定额指标，有同类工厂用地对照的用地项目

对没有相应定额指标标准的建设项目，在审批用地时，土地行政主管部门可要求用地单位或设计单位对该项目的用地尽可能提出与之同类工厂的地点、规模和用地面积的对比材料，便于国土资源管理部门进一步调查核实。调查结果如多占土地，设计单位又无充足的理由从技术上说明时，多余的面积应予核减。在调查中，应考虑同类工厂布局特点及用地节约情况。

2.2.2.3 无定额指标，又无同类工厂用地对照的用地项目

如果既无用地指标可查又无同类项目作对比的，可以根据项目计划任务书及初步设计

文件中所规定的建筑面积，按一般工厂建筑系数不小于30%的情况，用反推法计算出该建设项目应占用的土地总面积，如果该项目占地超过反推出来的土地总面积，在没有可靠论证的情况下，超出的面积应予核减。

思考题

1.什么是建设用地？其特性有哪些？

2.什么是建设用地管理？其内容体系有哪些？

3.什么是建设用地宏观调控？其内容包括哪些？

4.什么是建设用地计划？简述建设用地计划的编制过程。

5.什么是建设用地定额指标管理？建设用地定额指标管理的指标类型有哪些？

项目 2　农用地转用管理

【学习目标】

1.能够明确我国农用地转用管理的相关法律法规；
2.能够运用农用地转用管理的相关法律法规解决问题。

【知识目标】

1.掌握土地用途管制的含义、意义、基本要素、内容及实施土地用途管制需采取的措施；
2.掌握农用地转用的概念、应符合的条件、批准权限、审批程序及农用地方案的编制；
3.熟悉耕地占补平衡落实的措施、补充耕地方案的编制与审核及补充耕地数量质量按等级折算；
4.了解耕地占补平衡的考核方法。

任务 1　土地用途管制制度

【任务目标】

1.掌握土地用途管制的含义及基本要素；
2.掌握土地用途管制的内容；
3.熟悉实施土地用途管制需采取的措施。

【学习过程】

1.案例导入
2.视频播放([焦点访谈]移花接木建别墅)
3.分组讨论

【案例导入】

一起新型违法批准农用地转用案件

山东省莱阳市城乡办事处七里地村位于莱阳市区东郊,北邻 204 国道,801.45 亩耕地全部被城乡办事处以建设工业园为由变更为乡镇企业建设用地，以建设用地流转的方式出租给企业建设工厂。其中涉及基本农田 571.45 亩，园地 230 亩。

2005 年 3 月起，莱阳市城乡办事处为建设工业园，指使村委会与村民签订耕地《返租协议》，解除原土地承包关系，达到剥夺村民诉权的目的，再由城乡办事处与村委会签订《租赁土地协议》，每年向村委会支付土地租金，村委会再依据《返租协议》每年为村民支付租金。

莱阳市城乡办事处为了将农用地变更为建设用地，向企业提供建设用地使用权，与莱阳市国土资源局共同在农民耕种的土地上虚拟了 6 个所谓的村办企业违法占用耕地建设厂房的虚假事实，烟台市政府采取“处罚后同意补办农用地转用手续”的形式，批准了莱阳市国土资源局、城乡办事处虚假的农用地转用申请，致使一起典型的违法转用农用地行为披上“合法”的外衣。

本案村民得知《返租协议》的真相后，依法向山东省人民政府提出行政复议申请，要求撤销烟台市政府的农用地转用批准行为，山东省政府以其合法为由，维持了烟台市政府的错误批准行为。村民提起行政诉讼。

烟台市人民政府认为：莱阳市 10 个镇（处）的 49 个村办企业违法占用土地 194.688 4 hm^2，其中农用地 183.990 6 hm^2，该做法违反了《土地管理法》的有关规定，错误是严重的，鉴于项目需要，用地单位已写出检查，莱阳市国土资源局已对其依法处罚，故同意莱阳市国土资源局为其补办农用地转用手续。用地面积不计入 2004 年农用地转用计划指标。

【分析】

本案存在如下严重违法行为。

（1）烟台市批准农用地转用所依据的事实为虚假事实。

该宗土地在企业占用前一直由村民进行耕种，地上除果园看护房外，没有任何建筑，更没有任何企业使用此处土地办厂，是以返租的形式交给村委会经营。代理律师曾经在工商机关核实 6 个企业的登记情况，经查被处罚的 6 个企业根本没有登记资料，所谓的村办 6 个企业完全是由城乡办事处以及莱阳市国土资源局为了达到违法转用农用地目的而虚构出来的。

（2）批准用地的企业均不属于乡镇企业范围。

《土地管理法》规定的集体建设用地范围仅限定在乡镇企业、村民住宅、乡村公共设施、公益事业用地，鸿达重工有限公司等三家企业均属民营性质，不属于乡镇企业范围。城乡办事处属于政府机关，更不属于乡镇企业范围。城乡办事处租赁集体建设用地用于工业园区建设的行为明显是“以租代转”行为。依据《国务院关于加强土地调控有关问题的通知》规定，未依法办理农用地转用审批，属非法批地行为。烟台市政府批准不属于乡镇企业范围的民营企业用地行为，是一种非法批地行为。

（3）补办农用地转用审批手续的依据违法。

烟台市政府以经过处罚，项目需要为由批准转用的做法没有法律依据，2004 年 10 月 21 日《国务院关于深化改革严格土地管理的决定》第二十四项中明确规定，坚决纠正违法用地只通过罚款就补办合法手续的行为。对违法用地及其建筑物和其他设施，按法律规定应当拆除或没收的，不得以罚款、补办手续取代。烟台市政府以经过“罚款”为由批准补办农用地转用手续的做法,应作为严重违法、顶风违法事件典型严肃处理,直接追究有关责任人的法律责任,构成犯罪的,应追究刑事责任。

(4)涉及的租用土地协议一律无效。

国土部《关于清理各类园区用地加强土地供应调控的紧急通知》(国土资发〔2003〕45号)明确规定:严禁任何单位、个人与乡村签订协议圈占土地。对于签订这种协议,要求办理用地手续的,要进行认真清理,所签协议一律无效。因此,不得以有所谓的协议为由遮掩违法批准农用地转用的违法事实。

(5)批准转用基本农田属于超权的违法行为。

《基本农田保护条例》第十五条规定:基本农田保护区经依法划定后,任何单位和个人不得改变或者占用。国家能源、交通、水利、军事设施等重点建设项目选址确实无法避开基本农田保护区,需要占用基本农田,涉及农用地转用或者征用土地的,必须经国务院批准。烟台市政府批准流转的耕地大部分属于基本农田,依法应经国务院批准,烟台市政府的批准行为显然超越了批准权限。

(6)城乡办事处擅自设立工业园区应严肃处理。

《国务院办公厅关于清理整顿各类开发区加强建设用地管理的通知》(2003年7月30日)第三项规定:对未经国务院和省级人民政府批准擅自设立的各类开发区,以及虽经省级人民政府批准,但未按规定报国务院备案的各类开发区,先整改,对缺乏建设条件,项目、资金不落实的,要坚决停办。《关于清理各类园区用地加强土地供应调控的紧急通知》(国土资发〔2003〕45号)第一项规定:清理违规设立的各类园区。凡是违反土地利用总体规划批准设立的园区,不管什么名称,都必须进行认真清理。对违反土地利用总体规划批准设立的园区,必须撤销,并追究批准者的责任。城乡办事处未经省或国务院批准,属于擅自设立城乡工业园区。

烟台市政府、莱阳市政府、莱阳市国土资源局、莱阳市城乡办事处作为政府机关,故意规避国家法律,违法用地面积巨大,给七里地农民造成了难以弥补的损失,造成800余亩耕地无法恢复耕种(基本农田500余亩),性质严重,手段恶劣。执法监督部门应彻底清查责任,对直接责任人员作出严肃处理,坚决抵制违法批准土地行为。

【背景知识】

1　土地用途管制的含义及基本要素

1.1　土地用途管制的含义

土地用途管制是指国家为保证土地资源的合理利用,经济、社会和环境的协调发展,通过编制土地利用规划,划定土地用途区、确定土地使用限制条件,并要求土地的所有者、使用者严格按照国家确定的用途利用土地的制度。其核心是:依据土地利用总体规划对土地用途转变实行严格控制。按照土地用途管制的要求,对土地资源的利用,特别是各类非农建设占用耕地,要严格按土地利用总体规划和年度计划供地,严格把好农用地转用、土地征收审批关,严格执行耕地"占一补一"的补偿制度,严格依法征地和执行征地补偿安置制度。

1.2　土地用途管制的基本要素

土地用途管制是指严格保护耕地,有效配置土地资源,提高土地利用集约水平等一系列的行为过程。在这个行为过程中,必然会出现土地用途管制的主体、客体、目标、手段等构成其基本要素。

1.2.1　土地用途管制的主体

土地用途管制的主体是国家,其主要的表现形式是政府。修订后的《土地管理法》加强了中央和省级政府的土地管理职能。土地利用总体规划编制的审批权、土地利用年度计划审批权、农用地转用批准权、土地征收批准权都集中在省、中央两级政府。与此同时,在已经批准的农用地转用范围内,具体项目的用地交由市、县级政府审批。在土地用途管制行为过程中体现强化国家管理土地的权力是实现土地用途管制的重要保证。

1.2.2　土地用途管制的客体

土地用途管制的客体是已确定用途、数量、质量和位置的土地。这就是说,土地用途管制的客体,必须确定用途、数量、质量和位置,这些资料由土地利用总体规划提供。这就要求土地利用总体规划具有科学性和实践性。

1.2.3　土地用途管制的目标

土地用途管制的目标是严格限制农用地转为建设用地,控制建设用地总量,对耕地实行特殊保护,确保耕地总量不减少。

1.2.4　土地用途管制的手段

土地用途管制的手段是编制土地利用总体规划,规定土地用途,划分土地利用区,实行分区管制。将土地分为农用地、建设用地和未利用土地。制订土地利用年度计划,实施农用地转用审批制度。在各土地利用区内制定土地使用规则,限制土地用途。

2　建立土地用途管制制度的意义

土地用途管制制度是1998年修改《土地管理法》新增加的内容,也是《土地管理法》修订的重点。建立土地用途管制制度是我国土地管理工作实践的正确选择。

(1)建立土地用途管制制度符合中国的国情。

土地是十分宝贵的资源和资产,人多地少是中国的基本国情,耕地数量越来越少,总体质量水平低,土地后备资源不足,土地的人口承载超重,这是中国的基本地情。建立土地用途管制制度有利于加强土地利用的管理,保护有限的土地和耕地资源。

(2)建立土地用途管制制度,可以解决我国分级限额审批制的弊端。

当前土地管理突出的问题是:基层政府由于局部、眼前利益的驱动,急功近利,随意用地造成浪费土地等现象。造成这种现象的原因是缺乏合理用地、合理批地、合理管地的自我约束机制,缺乏上级对下级的约束机制。解决这一问题的途径是对土地认真规划,界定土地用途,按土地用途来划定各级政府的土地管制权限。

(3)建立土地用途管制制度,能科学反映土地利用规律。

土地利用最基本的要求是按照土地的最佳用途,最有效地利用和保护土地资源,建立科学的用地结构,保证经济建设和社会的全面持续发展对土地的需求。从中国的国情出发,首先要保证农业用地,而重中之重是保证粮食生产用地。土地用途管制就是为实现土地资源的最优配置和合理利用,在土地利用分区基础上,制定和公示土地利用规划,并据此对土地利用作出许可、限制许可或不许可的规定,改变土地用途要符合土地利用总体规划确定的用途并必须依法经过审批,严格限制农用地转为建设用地,控制建设用地总量,对耕地实行特殊保护。所以,土地用途管制制度科学地反映了土地利用规律。

(4)建立土地用途管制制度,协调"吃饭"与"建设"的矛盾。

土地是人类赖以生存和生活的基础,具有有限性和不可再生性的特点,因此它是最珍贵的自然资源、最宝贵的物质财富。在征收土地时,必须坚持"一要吃饭、二要建设"的方针,必须坚持"十分珍惜、合理利用土地和切实保护耕地"的基本国策。

(5)建立土地用途管制制度,消除土地利用中不利的外部性影响,保护环境,实现土地的可持续利用。

随着经济的发展,工业化和城市化程度提高,土地的不合理利用和浪费现象十分严重,必须强化土地利用的政府调控力度,逐步形成以土地规划为依据,对土地用途变更实行严格控制的土地用途管制制度,保护环境,实现土地的可持续利用。

3 土地用途管制的内容

3.1 按用途对土地进行分类

为实施土地用途管制,《土地管理法》将土地按用途分为三大类型,即农用地、建设用地和未利用地,不同用途的土地,其用途管制的具体内容不同。

3.1.1 农用地用途管制

农用地用途管制可分为农地农用管制和农地非农用管制两个方面。农地农用管制是使用土地的单位和个人必须严格按照土地利用总体规划确定的农用地用途使用土地,农用地内部地类变更必须依据土地利用总体规划,经依法批准后进行;农地非农用管制在于限制农地转化为非农地,特别是严格限制耕地转化为非农地。

3.1.2 建设用地用途管制

建设用地用途管制是要按土地利用总体规划规定的用途合理使用土地;控制建设用地总量;城市建设用地规模符合国家规定的标准,充分利用现有建设用地、不占或少占农用地;严格建设用地审批管理。

3.1.3 未利用地用途管制

未利用地用途管制包括禁止不符合土地利用总体规划,破坏自然生态环境的土地开发;鼓励对未利用地进行科学的开发利用;鼓励对废弃渠道、公路、零星坑塘水面、盐碱地的利用,利用各种方式进行土地整理。

3.2 土地利用总体规划规定土地用途

国家通过法律途径赋予土地利用总体规划高度的调控权威。全国性和省级规划是在全国或省域范围内从宏观上统筹安排用地,重点是制定土地利用政策、确定土地利用约束性控制指标,确保各类用地结构、规模与布局的宏观控制,实现土地的合理利用。县、乡级土地利用总体规划依据上级规划下达的控制指标和本地的土地利用状况、自然条件、经济发展状况划分土地利用区,确定各区利用规模与布局,制定分区管制规则,为土地用途管制提供依据。土地利用总体规划划分的土地用途分区一般有基本农田保护区、一般农田区、园地利用区、林业用地区、牧草地用地区、城镇建设用地区、农村居民点用地区、工矿用地区、交通水利等基础设施用地区、生态保护用地区等。

3.3 土地登记注册土地用途

土地用途登记是土地用途管制的权利保障。实行土地用途管制,要求明确土地权利人的土地用途,进行土地用途登记,使权利人土地用途的权利内容在法律上得到保障。这样,既保证土地权利人的土地权利,又规定权利人土地用途义务,在土地权利登记中实现土地用途管制。城镇土地登记中土地用途主要分为工业用地、居住用地和商业用地,每类用地中还可以进一步细分。农村土地登记中土地用途主要有宅基地,乡镇企业用地参照城镇用地用途划分,农村集体土地所有权登记土地用途按土地利用现状分类用途和面积进行登记。

3.4 土地用途变更实行审批

农用地转用审批是实现土地用途管制的关键。建设需要占用农用地的,必须在土地利用总体规划确定的建设用地范围内安排,符合土地利用总体规划和产业政策的建设项目,按照法定审批程序和权限,依法批准后,方可将农用地转为建设用地;不符合土地利用总体规划的不予批准,确需占用的必须按《土地管理法》的有关规定,调整土地利用总体规划,并经原批准机关批准后,方可办理农用地转用审批手续。

3.5 对不按照规定的土地用途使用土地的行为进行处罚

国家制定严厉的土地管制法律,特别是对国家如何管理耕地应有法律依据,法律责任是土地用途管制的强有力后盾。对于非法占用土地,擅自改变土地用途的行为要按照《土地管理法》等有关法律法规严厉处罚。

4 土地用途管制中分区管制的内容

土地用途分区管制从大的方面主要包括农用地区管制、建设用地区管制和未利用土地区管制。

4.1 农用地区管制

农用地的管制应包括农用地转为建设用地的管制和农地农用的管制两个方面。坚持的原则是“农地、农有、农用”,即限制农用地非农化,鼓励维持农用,有限制地许可农用地区内部用途的变更。农用地区分为耕地区和农用非耕地区。

4.1.1 耕地区的管制内容

耕地区是根据规划期内耕地保有量来确定的,包括基本农田和一般农田两部分。

基本农田,是指按照一定时期人口和社会经济发展对农产品的需求,依据土地利用总体规划确定的不得占用的耕地。其主要管制内容有以下几个方面:

(1)任何单位和个人不得擅自改变或占用基本农田保护区。

(2)国家重点建设项目选址无法避开保护区的,应取得基本农田占用许可,批准占用的,经规划修订后按占用建设规划区的耕地管制。

(3)设立开发区不得占用基本农田保护区。

(4)禁止在保护区内建窑、建房、建坟或擅自挖沙、采石、采矿、取土、堆放固体废弃物。

(5)利用基本农田从事农业生产的应当保护和培肥地力,鼓励施用有机肥料。

(6)不得占用基本农田发展林果业及畜牧业。

(7)保护区内耕地承包经营权变更时,对耕地等级进行评定。

(8)保护农田生态环境等。

一般农田是指包括规划确定为农业使用的耕地后备资源和其他零星耕地,坡度大于

25°但未列入生态退耕范围的耕地，泄洪区内的耕地和其他劣质耕地。其主要管制内容有以下几个方面：

（1）一般农田中的耕地禁止被建设占用，确需占用的，批准转用后修改规划，调整分区，再视为占用建设规划区内的耕地管制。

（2）确需占用一般农田中非耕地的，修改规划后视为占用非耕地办理许可。

（3）鼓励一般农田中的耕地后备资源和其他零星非耕地转为宜农耕地。

（4）保留现状用途的地类不得扩大面积，需撤并的村庄不得翻建。

（5）除生态保护需要外，限制占用本区的耕地发展园、林、牧业，严禁用于发展水产养殖业和建窑、建房、建坟及堆放固体废弃物。

（6）鼓励实施土地整理，通过对田、水、路、林的综合整治，搞好土地建设，提高土地质量，改造中低产田等。

4.1.2　农用非耕地区的管制内容

农用非耕地区的土地主要用于园林生产和生态环境保护、畜牧业生产及各自必要的服务设施建设。该区土地利用管制内容主要有以下几方面的内容：

（1）各类土地不得擅自改变用途，农业内部结构调整应符合规划。

（2）划入本区的耕地转用应与本区外的非耕地转为耕地建立对应置换关系，否则不得改变耕地用途。

（3）严禁非农建设占用名、特、优、新种植园地和水土保持林、防风固沙林等防护林用地及优良草场，限制占用一般园林牧用地。

（4）鼓励通过水土综合整治，治理水土流失、荒漠化、盐渍化，扩大园林牧业用地面积。

4.2　建设用地区管制

无论是城镇还是村镇抑或独立工矿区，都包括建成区和规划区。这里不细分，只笼统讨论建成区和规划区的管制内容。

4.2.1　建成区的管制内容

建成区是指城市行政范围内，实际建成或正在建成的、相对集中分布的地区。建成区的管制内容有以下几个方面：

（1）建成区土地利用结构的调整和功能定位。

（2）现有建设用地和闲置废弃地挖潜；以某区域（或单位）土地利用率的高低确定是否对该区域（或单位）投入增量土地，具体体现在土地的平面利用（建筑密度）和立体利用（容积率）等方面，建立评价体系。

（3）以地价水平和土地产出率引导各产业布局，以一定土地级别圈内的一定基准地价带作为控制标准，来体现土地利用的经济性。

（4）保证公益事业建设对一部分土地的需要。

4.2.2　建设规划区的管制内容

（1）确定建设规划区界限和用地数量，确保人均占地或总规模不突破规定标准。

（2）分阶段保护建设规划区内耕地，确需新增用地的优先供给非耕地或劣质耕地。

（3）建设未经批准，耕地及其他农用地不得擅自转用，耕地转用前必须在本区外开发复垦不少于所占面积且符合质量标准的耕地，或缴纳相当的耕地造地费。

（4）规划区内农用地转为建设用地后再执行上述建成区的管制内容。

4.3 未利用土地区管制

未利用土地区主要管制内容有以下几个方面：

(1)禁止任何不符合规划、破坏自然生态环境的江河挖土或填土行为，不得擅自围湖造田。

(2)鼓励江河流域综合整治和河道疏浚；鼓励对废弃河道、零星坑塘水面进行土地整理。

(3)鼓励多渠道、多形式开发利用“四荒”土地资源，但应在取得开发许可前提下，根据土地适宜性保证一定的耕地开垦率。

(4)鼓励在陆地水域根据市场需要设立水产养殖区。

(5)防洪区外的滩涂、苇地及其他表层有土质的土地为农业后备土地资源，限制用于非农建设，开发利用应避免生态恶化。

5 实施土地用途管制的保证

针对“分级限额审批”用地管理制度的缺陷，借鉴国外及港台地区的有益经验，我们必须建立符合中国国情的土地用途管制制度。新《土地管理法》在总则中明确规定：“国家实行土地用途管制制度”，全文自始至终体现了用途管制的原则。为了保证土地用途管制制度的实施，必须采取下列措施和手段密切配合土地用途管制制度。

5.1 分类确立土地用途是土地用途管制的基础

将土地按用途分为农用地、建设用地和未利用土地。为了实行土地用途管制，不论土地所有权如何，都应明确将获得的土地使用权分为农用地的使用权和建设用地的使用权，两者的权利内容不同。农用地的使用权是指对土地进行种植、垦殖、养殖的权利，不得从事建筑，从事建设的土地发展权属于国家。新《土地管理法》划分农用地和建设用地，在两类土地上所获得的土地权利不同，这有利于土地的所有者、使用者在土地用途管制的前提下依法使用土地。

5.2 土地利用总体规划是政府管制土地用途的依据

土地利用总体规划是指在一定区域内，根据国家社会经济可持续发展要求和当地自然、经济、社会条件，对土地开发、利用、治理、保护在时间上、空间上的总体、战略的安排和布局，是国家实行土地用途管制的依据。土地利用应当符合国家和社会的整体利益，必须由国家通过制定土地利用总体规划来确定土地用途。为了克服土地利用上的地方和行业的局部利益，必须由中央政府来制定全国的土地利用总体规划，下级土地利用总体规划要依据上级土地利用总体规划制定。地方各级土地利用总体规划中的建设用地总量不得突破上一级土地利用总体规划确定的控制指标，耕地保有量不得低于上一级土地利用总体规划确定的控制指标。县、乡、镇级土地利用总体规划还要规划土地利用区，明确土地用途，落实到地块，实行地块控制。土地利用总体规划的审批权限应当适当提高，在与城市规划相交叉时，土地利用总体规划的审批权限应当高于或等同于城市规划的审批权限，便于城市规划与土地利用总体规划相衔接，城市、村庄和集镇规划不得突破土地利用总体规划中限定的建设用地规模。土地利用总体规划一经批准，就具有法定效力，使用土地的单位和个人必须严格按照土地利用总体规划确定的用途使用土地。

5.3　农用地转用审批是实现土地用途管制的关键

建设需要占用农用地的必须在土地利用总体规划确定的建设用地范围内安排，符合土地利用总体规划的方可批准农用地转为建设用地；不符合土地利用总体规划的，不予批准。使土地利用总体规划确定的用途真正能落实到地块上，按用途实行管制。

5.4　土地用途登记是土地用途管制的关键

明确土地权利人的土地用途，进行土地用途登记，使权利人土地用途的权利内容在法律上得到保障。登记为农用地的，享有农用地的使用权，登记为耕地的享有耕作权，登记为林地的，享有种植林木的权利，但农用地不得随意转为建设用地。登记为建设用地的，就享有在土地上建筑的权利。实行土地用途登记，明确权利人的土地用途的权利内容，既保障了权利人土地用途的权利，又规定了权利人土地用途的义务，在土地权利登记中实现了土地用途管制。

5.5　保护农用地是国家实行土地用途管制的目的

实行土地用途管制制度，可以严格控制建设用地总量，促进集约利用，提高资源配置效率，有利于建设用地市场的正常化和规范化；可以严格控制农用地流向建设用地，有利于从根本上保护农用地。

5.6　切实保护耕地，保证耕地总量动态平衡是国家实行土地用途管制的核心

土地用途管制的核心是切实保护耕地，保证耕地总量动态平衡，对基本农田实行特殊保护，防止耕地的破坏、闲置和荒芜，开发未利用地、进行土地的整理和复垦。

5.7　强化土地执法监督，严肃法律责任是土地用途管制的强有力的后盾

对于非法占用土地新建建筑物和其他设施的，要按是否符合土地利用总体规划作出不同处理。对于符合土地利用总体规划的，可以没收建筑物及其他设施；对于违反土地利用总体规划擅自将农用地转为建设用地的，则必须拆除；对于在土地利用总体规划制定前已经建成的建筑物、构筑物，不符合土地利用总体规划的，不得重建、扩建，待建筑物、构筑物自然折旧后，恢复土地利用总体规划确定的土地用途。

【补充阅读】

“分级限额审批”的用地管理制度的弊端

我国一直实行的是“分级限额审批”的用地管理制度。这种制度最大的弊端是不能控制土地供应总量，难以抑制对耕地的占用。分级限额审批的审批权绝大部分集中在市、县，有些甚至到乡(镇)。市、县同时作为独立的利益主体，是本地区经济发展的组织者，主要考虑的是本地经济的快速发展。当土地资源的巨大价值日益显现，“以地生财”可以有效缓解建设资金不足的问题时，市、县所处的特殊地位，必然导致其在土地利用和管理上只考虑本地经济发展的需要，不考虑全局和长远的利益。市、县充分运用法律赋予的土地限额审批权，无限制地大量征地、出让土地，却很难履行保护耕地的职责和义务。特别是在保护耕地和保障建设用地发生矛盾时，普遍是“牺牲耕地，牺牲农业，牺牲农民利益”。对中央保护耕地的法律、政策和各项措施，市、县采取“上有政策，下有对策”的做法。统计资料表明，仅1986~1996年短短10年时间，全国31个特大城市规模平均增长50%，是人口增长的2.29倍。这种建设用地的粗放利用方式致使全国耕地面积急剧下降，而这个问题在“分级限额

审批”用地管理制度下是不可能解决的。

(1)市、县违反耕地限额审批权,用“化整为零”等办法非法批地。

1991~1994年,地方应报国务院审批的建设用地项目1 080件,实际报批只有202件,仅占18.7%。

(2)不按建设用地计划办事,耕地难以得到保护。

虽然国家每年下达建设用地计划,对耕地实行指令性控制,但经过对一些部门和市、县调查发现,计划经济体制下形成的建设需求决定土地供应,投资项目决定土地计划的问题十分严重,计划外用地大量存在,建设用地计划形同虚设。特别是中央三令五申,禁止修建高级别墅和高档消费娱乐设施,禁止乱设开发区,但许多地方照样为高级别墅和高档消费娱乐设施等禁止性项目供地,还普遍采用更改名称等做法“抵制”清理。

(3)土地利用总体规划难以控制建设用地规模。

许多市、县在编制城市规划时不考虑与土地利用总体规划相衔接,有的市、县编制的土地利用总体规划只是“纸上画画,墙上挂挂”,对非农建设用地规模和布局未形成有效的规模控制,城镇和村庄建设任意扩张,耕地保有总量失控。有些领导认为建设搞得越大,政绩就越显著。特别是在同一区域内,相邻地区相互攀比,大量占用耕地,低价出让,形成恶性竞争。据某省调查,当时该省某区域各城市规划到2010年城镇用地9 500 km^2,按人均占地100 m^2 计算,能够居住近1亿人口,而同期该省的人口规模只有8 000万人。同时,近几年该省闲置撂荒土地已达3.8万 hm^2。

(4)各地在划定基本农用保护区时,普遍存在“划远不划近,划劣不划优”的问题,把城镇近郊和交通沿线两侧的优质高产、稳产粮田划作城镇建设预留地。

从上面的分析我们可以看出,以往实行的分级限额审批的用地制度,由于一些地方采用“化整为零”或“下放土地审批权”等办法非法批地和用地,国家和省级政府的权力基本上架空,农用地大量转为建设用地造成了建设用地总量的失控,耕地面积减少过快。为了切实保护耕地,1997年4月15日,中共中央下发了《中共中央 国务院关于进一步加强土地管理切实保护耕地的通知》,决定在冻结非农业建设项目占用耕地的前提下研究办法;特别是抓紧立法,以保证耕地总量只能增加不能减少。

1998年修订的《土地管理法》第四条规定,“国家实行土地用途管制制度”。确立了以土地用途管制为核心的新型土地管理制度,并将土地利用总体规划审批权、农地转用和土地征收审批权、耕地开垦监督权、土地供应量控制权集中在中央和省政府,同时将执行性的权力下放到市、县政府。在法律上规定了土地利用总体规划的地位、作用及审批程序,以土地利用总体规划作为土地用途管制的依据,规定了农用地转为建设用地的审批权限,上收征地审批权和完善乡村建设用地管理,以法律形式确定了土地用途管制,作为我国土地管理的根本制度。

任务2 农用地转用审批管理

【任务目标】

1.掌握农用地转用的概念、应符合的条件;

2.掌握农用地转用的批准权限,会根据案情分析批准权限;

3.熟悉农用地转用的审批程序。

【学习过程】

1.案例导入

2.视频播放([焦点访谈]“土地置换”之后)

3.分组讨论

【案例导入 1】

农用地转用制度

2007 年 8 月,某村委会为了发展乡镇企业,经研究在本村东北角国道西侧 600 亩承包土地上建设大型物流市场,决定收回承包土地,每年支付给承包户口粮款每亩 800 元,并与 135 户承包户签订了反租倒包合同,于 2007 年 9 月动工修建物流市场,2008 年 2 月建成并开业。开业后有人举报该村委会非法占地,经县国土局调查:该村委会在耕地上搞非农业建设,未申请办理农用地转用审批,不符合土地利用总体规划,属于违法占地行为。国土局下达了处罚决定书,责令拆除违法建筑恢复原貌,并处以罚款。村委会以改土地所有权属于集体所有,有权决定自主经营为由起诉到法院,要求撤销国土局的处罚决定。法院判决维持国土局处罚决定,国土局依法申请强制执行,该村委会自行拆除了违法建筑,恢复了耕种,但是村委会受到严重经济损失。

【分析】

农用地转用是指依照法定程序,将农用地即旱地、水浇地、园地、林地的用途批准改为建设用地。这是我国土地管理中的主要制度,通过严格的审批程序,依法限制擅自毁耕进行非农业建设,该制度也是国家征收土地的前提审批程序,也就是说,国家征收土地的客体不能直接征收耕地,需要征收耕地时必须先将农用地转为建设用地后才可征收。《土地管理法》第四十四条规定:建设占用土地,涉及农用地转为建设用地的,应当办理农用地转用审批手续。在土地利用总体规划确定的城市和村庄、集镇建设用地规模范围内,为实施该规划而将农用地转为建设用地的,按土地利用年度计划分批次由原批准土地利用总体规划的机关批准。在已批准的农用地转用范围内,具体建设项目用地可以由市、县人民政府批准。第六十条明确规定:农村集体经济组织使用乡(镇)土地利用总体规划确定的建设用地兴办企业的,涉及占用农用地的,依法办理审批手续。农用地转为建设用地由省级人民政府批准。

村委会以该耕地自主经营为由是不成立的,已经超出了农业生产范围,违反了禁止使用耕地进行非农业建设的强制性规定。经营物流市场不属于农业生产范围,依法应办理农用地转用手续。

从农用地转用的法律后果上,还可以看出农用地转用必须符合土地利用总体规划,已经将农用地规划成建设用地,但仅仅有规划还不是已经完成了转用,不能说有了规划就是建设用地了,在规划的前提下,还要有转用指标即新增建设用地指标,否则,转用审批就缺乏补充耕地的事实依据,就违背"先补后征"的法律原则。当征收土地涉及耕地时必须先行办理农用地审批手续,未经转用的农用地改变用途或征为国有都是违法行为。

《土地管理法》规定:农村集体经济组织兴办企业涉及占用农用地的,应在乡镇土地利用总体规划范围内选址,向县政府提出申请,由县政府组卷依法向有权批准的部门办理审批手续,这是村委会兴办集体企业使用本集体土地的唯一途径。法律赋予集体土地所有权人使用土地兴建企业,应服从法律的管理,以土地所有权人享有、占有、处分、收益的所有权概念使用土地违反我国土地管理的基本制度。

【案例导入 2】

土地未办理农用地转用前不得非法占用

——某投资公司租用农用地建厂房被土地管理部门查处案

如皋市林梓镇甲村的卢先生向"政风热线"反映,该村村民承包的责任田被强行租用 20 年。现在要盖厂房,但并未征得村民同意。

省国土资源厅责成南通市国土资源局调查处理。经过调查,2007 年 5 月中旬,香港某投资管理有限公司决定投资 2 950 万美元,在如皋市林梓镇白雪线一级公路西侧某地段,创办南通 A 纺织服装产业园,该产业园一期工程规划用地 248 亩,拟建 20 万 m^2 标准化厂房。该项目落实后,在如皋市林梓镇政府的推动下,由该镇甲村经济合作社与用地范围内的 88 户(共涉及 91 户,另有 3 户不同意土地流转)村民签订了农村土地承包经营权流转合同。合同约定:流转时间从 2007 年 6 月 10 日起至 2027 年 12 月 31 日止,流转期间,每年按每亩 500 kg 大米的市场价格折算对被租地村民进行补偿。2007 年 7 月中旬,香港某投资管理有限公司开始圈建围墙并建设区内道路。经如皋市国土资源局林梓监察中队实地勘测,该工业园一期工程实际圈占 104 亩,其中符合土地利用总体规划面积 24 亩,不符合土地利用总体规划面积 80 亩,用地范围内的三面围墙和区内道路已基本形成。林梓镇人民政府于 2007 年 7 月 20 日致函如皋市国土资源局,强调已与开发商协商一致,请求暂在沿白雪线一侧的建设预留地范围内先行组织施工,原用地涉及基本农田的部分先不施工,待土地利用总体规划调整后再依法申请用地。如皋市国土资源局于 2007 年 8 月 13 日致函林梓镇人民政府,明确即便是符合土地利用总体规划,在未按规定办理农用地转用和土地征收等手续前,不得非法占用,并于 2007 年 8 月 3 日下发《停工通知书》,责令其停止违法用地行为。

【分析】

未依法办理农用地转用审批,国家机关工作人员批准通过"以租代征"等方式占地建设的,属非法批地行为;单位和个人擅自通过"以租代征"等方式占地建设的,属非法占地行为。相关依据可参照《土地管理法实施条例》第十九条。

活动 1　农用地审批的程序

资源:案例 2

本活动两个人一组,通过案例 2 内容,结合背景知识,试列出香港某投资管理有限公司该如何依法办理农用地转用的审批程序。

活动 2　农用地转用方案的编制

资源:下述案例

本活动两个人一组,通过案例内容,结合背景知识,填写农用地转用方案表(表格见附录)。

宿迁市人民政府征收土地与农用地转用相关信息

〔2014〕第 09 号

2014 年 8 月 19 日,江苏省人民政府根据《中华人民共和国土地管理法》第四十六条、《中华人民共和国土地管理法实施条例》第二十五条和《江苏省土地管理条例》的有关规定,批准建设用地 28.696 7 hm^2(征收土地 28.696 7 hm^2、转用农用地 4.207 2 hm^2)。宿迁市国土资源局依据宿迁市人民政府宿政复〔2014〕12 号《宿迁市政府关于授权市国土资源局发布征用土地方案公告的批复》,现将江苏省人民政府批准的《征用土地方案》内容和有关事项公告如下。

一、建设用地项目名称:宿迁市宿豫区 2014 年度第 3 批次村镇建设用地

二、征用土地位置:顺河镇、蔡集镇、井头乡、陆集镇、大兴镇、关庙镇、侍岭镇、新庄镇

三、被征地村(组)及面积

(1)蔡集镇蔡集居委会建设用地 0.940 8 hm^2。

(2)蔡集镇蔡集居委会二组建设用地 0.033 hm^2。

(3)蔡集镇蔡集居委会四组其他农用地 0.000 1 hm^2、建设用地 2.761 8 hm^2。

(4)蔡集镇樊湾居委会四组建设用地 4.473 7 hm^2。

(5)蔡集镇漏河居委会八组其他农用地 0.001 6 hm^2、建设用地 1.553 4 hm^2。

(6)蔡集镇朱李村七组其他农用地 0.003 3 hm^2。

(7)大兴镇大兴居委会建设用地 0.729 9 hm^2。

(8)关庙镇关庙居委会建设用地 5.658 5 hm^2。

(9)井头乡井头居委会其他农用地 0.000 5 hm^2、未利用地 0.000 1 hm^2。

(10)井头乡井头居委会八组建设用地 1.336 hm^2。

(11)井头乡井头居委会九组园地 0.428 3 hm^2、其他农用地 0.024 6 hm^2、建设用地 0.364 0 hm^2。

(12)井头乡井头居委会五组园地 0.914 6 hm^2、其他农用地 0.031 hm^2、建设用地 0.098 9 hm^2。

(13)井头乡井头居委会一组建设用地 0.522 6 hm^2。

(14)陆集镇河塘村建设用地 0.043 6 hm^2。

(15)陆集镇河塘村六组耕地 0.621 7 hm^2、园地 0.073 hm^2、其他农用地 0.268 4 hm^2、建设用地 0.299 2 hm^2。

(16)陆集镇河塘村十组耕地 0.880 5 hm^2、其他农用地 0.250 7 hm^2、建设用地0.137 8 hm^2、未利用地 0.050 2 hm^2。

(17)井头乡马楼居委会王庄组建设用地 2.248 5 hm^2。

(18)陆集镇陆集居委会其他农用地 0.000 1 hm^2、建设用地 0.872 0 hm^2

(19)顺河镇高滩居委会八组园地 0.605 6 hm^2、其他农用地 0.103 2 hm^2。

(20)顺河镇高滩居委会一组建设用地 0.053 5 hm^2。

(21)新庄镇新庄居委会建设用地 1.359 8 hm^2。

(22)侍岭镇吴圩村四组建设用地 0.952 2 hm^2。

另附,该农用地转用方案编制机关为宿迁市人民政府土地行政管理部门,责任领导的名字为边志方,拟占用土地在土地利用总体规划中确定的用途分别为:农用地 4.207 2 hm^2,建设用地 24.439 2 hm^2,未利用地 0.683 5 hm^2,该项目中农用地转用分配计划指标为 10 hm^2,耕地 3 hm^2,农用地转用分配计划指标已使用 2.1 hm^2,耕地 0.5 hm^2。

【背景知识】

农用地转用审批管理

农用地转用审批是我国总结了土地管理的经验和教训,又借鉴了国外管理土地的先进经验,控制农用地转为建设用地的重要措施,是土地用途管制制度的关键环节,在中央 11 号文件和《土地管理法》中都作了明确规定,这将成为今后我国土地管理的又一重要措施,长期贯彻下去。

1 农用地转用的概述

1.1 农用地转用概念

《土地管理法》将土地分为农用地、建设用地和未利用地。农用地转用即农用地转为建设用地的简称,是指依据土地利用总体规划和年度利用计划,按照法律规定的审批权限,将耕地、林地、草地等直接用于农业生产的土地转变为用于建造建筑物、构筑物的土地即建设用地的行为,是国家实施土地用途管制的具体实现形式。

农用地转用是新《土地管理法》中增设的内容,也是市场经济条件下,国家控制建设用地增长、保护农用地,尤其是耕地而普遍采用的手段。在世界各国和地区,名称不尽相同,但含义基本相似。有的称为"土地开发许可",有的称为"建筑许可",还有叫"非都市土地使用管制",但目的都是根据土地利用总体规划或城市规划,控制建设项目占用农用地,尤其是占用耕地的行为。

1.2 与农用地转用相关的几个基本概念

(1)批次项目:在土地利用总体规划确定的城镇村建设用地范围内,为实施规划建设,在农用地转用审批中由县、市人民政府统一汇总后按批次形式(而不是按照建设项目用地)分批上报审批的农用地转用。

(2)单独选址项目:土地利用总体规划确定的城市规划区范围外,在农用地转用审批中按项目单独编制方案,单独上报的交通、能源、水利、军事等重大基础设施建设项目。

(3)一书四方案:是农用地转用申报中的核心资料,包括建设项目用地呈报书、农转用方案、征地方案、补充耕地方案、供地方案。具体根据项目涉及的审批事项选择编写。

2　农用地转用应符合的条件

2.1　规划区范围内建设项目应符合的条件

在土地利用总体规划确定的城市、村庄和集镇规划区范围内农用地转为建设用地的,在符合城市规划和村镇规划的同时,还必须符合以下条件。

2.1.1　符合土地利用总体规划

土地用途管制制度的核心是土地利用总体规划,通过土地利用总体规划划分每一块土地的用途和土地使用的条件,向社会公告。农用地能否转为建设用地,首先应当看是否符合土地利用总体规划,如果符合土地利用总体规划确定的用途,即在建设用地区范围内,可以转为建设用地,否则将不得转为建设用地。我国的土地利用规划分为五级,即国家、省、地(市)、县(市)和乡级。国家和省级土地利用总体规划主要是宏观控制的规划,而县、乡各级土地利用总体规划应划分土地利用区和明确土地使用条件,属于实施性规划,因此农用地转用的主要依据是县、乡级土地利用总体规划。

但是,有一些大型的能源、交通、水利等项目,由于选址有特殊要求,在制定土地利用总体规划时很难确定其准确的位置,也就很难在土地利用总体规划图上反映出来,如果这些项目的建设都要通过修改规划后再办理农用地转用手续将会很复杂。因此,规定了国务院批准的大型能源、交通、水利等基础建设用地需要改变土地利用规划的,可先批准建设项目用地,再根据国务院批准的文件修改规划,省级人民政府批准的能源、交通、水利等项目与土地利用总体规划不符的,也可以先批准项目用地,后修改规划。这既保证了规划的有效实施,也较好地协调了规划与建设项目用地之间的矛盾。

2.1.2　符合土地利用年度计划

土地利用年度计划是国家实行建设用地管理的宏观控制措施。土地利用年度计划中包括农用地转为建设用地的计划。其目的是控制建设大量占用农用地,造成耕地大量减少和农业生态环境的破坏。有人认为,只要有土地利用总体规划控制就可以了,可以取消土地利用年度计划。实际上,土地利用总体规划是一个较长时期的土地利用的总体安排,一般土地利用总体规划的规划期为10~15年。如果没有年度计划,就有可能将10~15年的建设占用农用地的指标在1~2年内全部用完。而今后几年建设还将需要用地,必然造成土地利用突破土地利用总体规划。再者,建设用地增长过快也会造成土地的闲置和冲击土地市场,造成土地资源的浪费和国有土地资产的流失。因此,必须通过土地利用年度计划对每年可以新增的建设用地实行总量控制,不得突破。

2.1.3　保质足额补充所占耕地

建设占用多少耕地,各地人民政府就应补充划入多少数量和质量相当的耕地。占用单位要负责开垦与所占用耕地的数量和质量相当的耕地;没有条件开垦的,应依法缴纳耕地开垦费,专款用于开垦新的耕地。耕地占补平衡是占用耕地单位和个人的法定义务。耕地占补平衡制度的落实,主要通过土地整治工程的实施,因地制宜,采取耕作层剥离和移土培肥技术,对田、水、路、林、村进行综合治理等多种方式,使新补充与被占用的耕地数量与质量相匹配。耕地占补平衡在数量与质量要求上严格立足"占一补一、占优补优",对于确因自然条件无法达到被占用耕地质量的,实行数量与质量按等级折算,通过增加一定的面积,达到占补耕地的产能综合平衡。

2.1.4 符合建设用地供应政策

建设用地供应政策是控制建设用地方向的主要手段,通过制定建设用地的供应政策,不但有利于控制建设用地总量,防止大量占用农用地,同时还可以优化投资结构,防止重复建设,促进国民经济的协调发展。

建设用地政策由国务院土地行政主管部门根据国家产业政策制定。国土资源部根据国家产业政策将供地分为鼓励、限制、禁止等几种情况。对国家明确禁止建设的项目,要禁止为其办理农用地转用和供地;对国家鼓励投资的建设项目,应当优先为其办理农用地转用和供地。在国家对建设用地供应不足的条件下,优先保证国家急需建设项目的用地,使建设用地供应政策对国家经济起到调控的辅助作用。

2.2 规划区范围外建设项目应符合的条件

在土地利用总体规划确定的城市、村庄和集镇规划区范围以外的建设项目,确需占用农用地的,还应当符合下列条件之一:

(1)土地利用总体规划已经明确预留的项目用地;

(2)经国务院和省人民政府批准的交通、能源、水利、军事等建设项目用地;

(3)供水、供电、排污等确实无法在土地利用总体规划确定的城市、村庄和集镇建设用地范围内的特殊建设项目用地。

3 农用地转用的批准权限

农用地转用必须依法办理审批手续。根据中央确定的土地要实行集中统一管理的原则,新《土地管理法》对农用地转为建设用地实行两级审批的原则,即国务院和省级人民政府审批,但考虑到我国的实际情况,将乡镇企业、农村公共设施、公益事业和农民宅基地等新增建设用地占用农用地的,可授权设区的市、自治州人民政府审批。

3.1 国务院的批准权限

(1)国务院批准的建设项目占用土地,涉及农用地转为建设用地的,包括:按照国家基本建设程序规定,由国务院及国务院有关部门批准可行性研究报告的项目,并且是在城市建设用地区之外需要单独选址的项目,国务院和国务院有关部门批准的能源、交通、水利、矿山等项目及中央军委批准建设的军事项目用地。

(2)省、自治区、直辖市人民政府批准可行性研究报告的铁路、公路、各种管线及大型的能源、交通、水利等基础设施项目占用城市建设用地区外的土地,涉及农用地转为建设用地的。

(3)省、自治区、直辖市人民政府所在地城市,城区人口在100万以上的其他城市以及国务院指定的其他城市的城市扩展用地。

(4)涉及基本农田的。根据《基本农田保护条例》第十五条规定,基本农田保护区经依法划定后,任何单位和个人不得改变和占用。国家能源、交通、水利、军事设施等重点建设项目选址确实无法避开基本农田保护区,需要占用基本农田,涉及农用地转用或征用土地的,须经国务院批准。

3.2 省级人民政府的批准权限

(1)除报国务院审批外的其他城市的市区扩展占用农用地的。

(2)县和县级市所在的城镇及其他建制镇建设扩展占用农用地的。

(3)地、市以下政府批准可行性研究报告的建设项目需要占用农用地的。

3.3 省级人民政府授权设区的市、自治州的批准权限

(1)土地利用总体规划确定的村庄、集镇建设用地区内,为实施村镇规划而需要农用地转用的。

(2)已批准的农用地转用范围内,具体建设项目用地安排可由市、县人民政府批准。

4 农用地转用的审批程序

4.1 提出申请

(1)农用地转用必须符合土地利用总体规划、城市建设总体规划和土地利用年度计划,首先向国土资源局、建设部门、规划部门咨询该农用地是否符合上述的各项规划。

(2)确认该农用地可以用于建设,再根据建设部门的要求,进行建设项目可行性论证,向建设部门提交用地申请,建设部门审查符合的,颁发建设项目的《选址意见书》,用地单位应按规定缴纳选址规费。

(3)用地单位持该《选址意见书》向同级国土资源局提出用地预审申请,由该国土资源局核发《建设项目用地预审报告书》。

(4)用地单位凭《建设项目用地预审报告书》向建设部门、环保局等办理立项、规划、环保许可等手续,并缴纳各项审批费用。

(5)用地单位再持以上审批文件,向有批准权的县级以上国土资源管理部门提出建设用地申请,填写《建设项目用地申请表》,并提供相关资料:

①建设项目用地申请报告;

②建设项目用地预审意见;

③建设项目批准文件;

④城市规划部门出具的选址意见;

⑤其他相关资料。

具体建设项目需要使用土地的,建设单位应当根据建设项目的总体设计一次申请;分期建设的项目,可以根据可行性研究执行确定的方案分期申请建设用地,分期办理建设用地有关审批手续。

4.2 受理

县级以上国土资源管理部门根据土地利用总体规划、土地利用年度计划等,对申请用地的项目进行审查,符合农用地转用条件的,予以受理。

4.3 逐级上报审批

市、县人民政府土地行政主管部门在一定时间内拟定《建设项目用地呈报书》、《农用地转用方案》、《补充耕地方案》。对同时实施土地征收、规划修改的建设项目,一并拟订《土地征收方案》、《规划修改方案》(单独选址项目的同时提供《供地方案》),经市、县人民政府审核同意后,逐级上报省级人民政府或国务院审批。省级人民政府或国务院土地行政主管部门根据土地利用总体规划、土地利用年度计划、国家产业政策及补充耕地等情况对"一书四

方案”进行审查,提出审查意见,省级人民政府或国务院批准。

依法由省级人民政府审批的城镇村建设项目,涉及农用地转用地(包括土地征收),由县、市人民政府分批次提出申请。依法由国务院审批的城市建设涉及农转用(包括土地征收),每年由省级人民政府汇总后一次申报。单独选址项目按项目上报。

4.4 组织实施

农用地转用批准后,由实施土地利用总体规划的地方人民政府及其土地行政主管部门具体组织农用地转用的事项。如果占用耕地,必须履行补充耕地的义务和责任。

农用地转用批准后,满两年未实施具体征地或用地行为的,批准文件自动失效。

5 农用地转用方案的编制

在申请农用地转用时,应拟订《农用地转用方案》,占用耕地的还应拟定《补充耕地方案》。

5.1 农用地转用方案编制的主体

农用地转用方案由实施规划的县、市人民政府土地行政主管部门负责编制。

5.2 农用地转用方案的内容

农用地转用方案应当说明:拟占用农用地的种类、位置、面积、质量、补充的期限、资金落实情况等,以表格的形式填写。同时,另附以下材料:

(1)上级下达的土地利用年度计划或土地整理折抵建设用地指标的使用台账(复印件)。

(2)乡(镇)土地利用总体规划图,比例尺为1:10 000。

(3)建设项目可行性研究时,县级人民政府负责土地利用规划工作的部门提出具体的预审意见,即《农用地转用审查意见表》。

任务3 耕地占补平衡管理

【任务目标】

1.掌握耕地占补平衡的含义、责任;

2.熟悉耕地占补平衡落实的措施、补充耕地方案的编制与审核及补充耕地数量质量按等级折算;

3.了解耕地占补平衡的考核。

【学习过程】

1.案例导入

2.视频播放(1.[焦点访谈]土地整理惠农家;2.[河南新闻联播]河南保发展保红线连续13年实现耕地占补平衡)

3.分组讨论

【案例导入】

耕地占补平衡必须“先补后占，占一补一”

——补充耕地弄虚作假案

四川省德阳市 A 镇 B 街道办事处的部分耕地，已经由四川省人民政府批准征收为国有并转为建设用地进行商业开发建设。北京市农权律师事务所调查中心查明，此次征地中报批的补充耕地方案弄虚作假，并未进行补充，存在严重违法。德阳市 A 镇 B 街道办事处补充耕地的违法表现主要有：

(1) 未进行补充，谎报已经补充完毕；

(2) 同一块补充耕地，在若干个征地批复的补充耕地方案中出现；

(3) 实际补充面积少，补充耕地方案中的面积明显大于实际补充面积。

【分析】

根据《土地管理法》第三十一条及其配套规定，耕地占补平衡实行“先补后占”，必须先实行补充后再批准占用，且补充耕地须满足“占一补一”规定，补充耕地的数量须与占用耕地面积相等，补充耕地的质量须不低于占用耕地质量。没有条件开垦或者开垦的耕地不符合要求的，应当按照省、自治区、直辖市的规定缴纳耕地开垦费。

活动　补充耕地方案的编制

资源：案例

某建设用地项目名称：宿迁市宿豫区 2014 年度第 3 批次村镇建设用地

占用耕地的土地位置：顺河镇、蔡集镇、井头乡、陆集镇、大兴镇、关庙镇、侍岭镇、新庄镇，被占用耕地面积为 1.502 2 hm^2，已通过土地复垦完成补充耕地 0.502 2 hm^2，验收单位为宿迁市国土资源局，验收文号国土资发〔2009〕168 号，验收意见为合格。拟通过土地整理完成补充耕地面积为 1 hm^2，缴纳土地开垦费为 48 万元，2013 年度完成 0.502 2 hm^2，复垦资金为 24.105 6 万元，2015 年度完成 0.5 hm^2，整理资金为 24 万元，2016 年度完成 0.5 hm^2，整理资金为 24 万元。

补充耕地地块规划选址分别为：蔡集镇未利用地 0.502 2 hm^2，井头乡未利用地 0.25 hm^2，侍岭镇未利用地 0.5 hm^2，陆集镇未利用地 0.25 hm^2。

本活动两个人一组，通过案例内容，结合背景知识，填写补充耕地方案表（表格见附录）。

【背景知识】

耕地占补平衡管理

为了保障耕地总量动态平衡，农用地转用后，非农业建设用地批准占用耕地的，还应对耕地进行补充。《土地管理法》第三十一条规定，国家实行占用耕地补偿制度。非农业建设经批准占用耕地的，按照“占多少、垦多少”的原则，由占用耕地的单位负责开垦与所占耕地的数量和质量相当的耕地；没有条件开垦或者开垦的耕地不符合要求的，应当按照省、自治区、直辖市的规定缴纳耕地开垦费，专款用于开垦新的耕地。耕地占补平衡制度可以极大地抑制企业占用耕地，控制耕地面积的迅速减少。

1 耕地占补平衡的责任

1.1 单独选址的建设项目占用耕地的

在土地利用总体规划确定的城市和村庄、集镇建设用地区外，单独选址的建设项目占用耕地的，由建设单位负责补充耕地；没有条件开垦或者开垦的耕地不符合要求的，按照省、自治区、直辖市的规定缴纳耕地开垦费。耕地开垦费由批准农用地转为建设用地的人民政府土地行政主管部门收取。其中，依法应当报国务院批准的，由省土地行政主管部门收取。收取的耕地开垦费按规定缴省财政，专用于开垦新的耕地。

1.2 城市建设用地区内为实施规划建设占用耕地的

市、县人民政府为实施土地利用总体规划和城市总体规划，在土地利用总体规划确定的城市建设用地区内占用耕地进行建设的，由当地人民政府负责在本行政区内通过开发整理补充耕地；若在本行政区内无耕地后备资源可开发整理，则可按规定缴纳耕地开垦费，由所属的省、自治区、直辖市人民政府负责在本行政区域内统筹安排开发整理补充耕地。

1.3 村镇建设用地区内耕地转为建设用地的

依法批准将土地利用总体规划确定的村庄和集镇建设用地区内耕地转为建设用地，由用地的农村集体经济组织或建设单位负责补充耕地。

2 确保耕地占补平衡落实的措施

2.1 落实补充耕地责任

市、县国土资源部门申报建设用地前，按照“谁占用、谁补充”的原则，落实建设占用耕地单位补充耕地的责任。

在土地利用总体规划确定的城市和村庄、集镇建设用地区外单独选址的建设项目占用耕地的，原则上先补后占，新增加耕地经验收合格后，方可办理用地报批手续。确实难以做到先补后占的，应由建设单位与项目所在地的市、县人民政府国土资源部门共同拟订补充耕地方案，签订耕地补充协议并缴纳耕地补充保证金，其标准不应低于省、自治区、直辖市规定的耕地开垦费的标准，建设单位在补充耕地时可按耕地补充协议的具体规定使用耕地补充保证金；若建设单位不能履行协议的，则由县级国土资源部门用耕地补充保证金，组织完成耕地占补平衡。

在土地利用总体规划确定的城市和村庄、集镇建设用地区内占用耕地进行建设的，必须先补后占。通过土地开发整理新增加的耕地，经省级人民政府土地行政主管部门验收合格后，方可申请农用地转用。

2.2 建设项目与补充耕地项目挂钩

市、县国土资源部门在申报建设用地拟订补充耕地方案时，按照“先补后占”要求，将建设项目与已报部备案确认的补充耕地项目挂钩，落实耕地占补平衡。建设单位自行补充耕地的,应与对应的补充耕地项目挂钩;缴纳耕地开垦费的,由国土资源部门安排补充耕地项目挂钩。应在土地整理复垦开发项目信息备案系统中就挂钩的补充耕地项目,按要求补充填报建设项目有关信息,确认补充耕地项目编号,将项目编号填报在补充耕地方案中并附确认信息。

报国务院批准的城市建设用地,在城市拟订农用地转用和土地征收实施方案时,落实挂钩的补充耕地项目。

2.3 严格审查耕地占补平衡

国土资源部和省级国土资源部门在建设用地审查时,对建设单位自行补充耕地的,严格审查建设项目占用耕地数量、挂钩的补充耕地项目备案编号及确认信息、补充耕地数量等;对缴纳耕地开垦费的,还要核实耕地开垦费缴纳标准、金额和缴费凭证。未按规定要求落实耕地占补平衡的,不得通过用地审查。

2.4 建立耕地占补平衡日常管理台账

省级国土资源部门应加强耕地占补平衡日常管理,根据批准的建设用地和完成的补充耕地,建立和完善占补平衡台账。国土资源部在运行好省级批准建设用地备案系统、城市建设用地实施方案备案系统、部建设用地审批信息系统和土地整理复垦开发项目信息备案系统基础上,结合土地利用"一张图"工程和国土资源综合信息监管平台建设,形成全国统一的耕地占补平衡台账和动态监管机制,及时掌握各地耕地占用、补充、储备和占补平衡情况。派驻地方的国家土地督察局通过国土资源业务网,利用国土资源综合信息监管平台,对有关地方落实耕地占补平衡情况进行督察。发现问题,及时督促整改,做到耕地占补平衡实时监管、底数清晰、真实可信。

注:"一张图"是遥感、土地利用现状、基本农田、遥感监测、土地变更调查以及基础地理等多源信息的集合,与国土资源的计划、审批、供应、补充、开发、执法等行政监管系统叠加,共同构建统一的综合监管平台,实现资源开发利用的"天上看、网上管、地上查",从而实现资源动态监管的目标。

3 补充耕地方案的编制与审核

保质足额补充建设用地所占用的耕地是农用地转用的必要条件之一。因此,农用地转用申请、受理、审查的整个过程都必须附有补充耕地方案。只有在建设项目使用土地整理折抵指标时,不需要编制耕地补充方案。

3.1 补充耕地方案编制的主体

补充耕地方案一般由县级人民政府土地行政主管部门负责编制。

直辖市或省辖市人民政府申请城市建设用地占用耕地的,由直辖市或省辖市人民政府土地行政主管部门负责编制。

3.2 补充耕地方案的内容

补充耕地方案的内容包括建设用地名称、被占用耕地面积、补充耕地责任单位、补充耕地实施单位、已经完成补充耕地情况、拟完成补充耕地位置及数量,补划基本农田地块的位置、面积情况等内容,并以表格的形式填写。同时必须提交以下材料:

(1)附图:标明补充耕地位置、范围的土地利用总体规划图,比例尺为1∶10 000。若建设占用耕地和补充耕地在同一图幅内表达,则只要在《农用地转用方案》的附图中表明补充耕地位置、范围即可,不必再附图。若是土地整理新增耕地的,则需附比例尺为1∶2 000的土地整理现状图和规划图。占用基本农田的还必须附补划基本农田保护规划图。

(2)若补充耕地任务是由建设占地单位自选完成的,则上述附图必须是已经完成的补充耕地图及验收报告。若是用地单位委托土地行政主管部门负责选址或建设用地单位自选负责开垦补充耕地的,但未开工或未完工的则必须缴纳或预缴耕地开垦费,同时提交以下三份材料:

①土地开发、整理补充耕地的可行性研究报告或项目建议书;

②缴纳耕地开垦费的收款收据(复印件);

③土地开发、整理补充耕地协议,工程投资数额和具体的奖罚措施,双方规定的责、权、利等。

3.3 补充耕地方案审核的内容

(1)补充耕地责任单位、实施单位是否落实。

(2)补充耕地地块位置、面积是否确定。

(3)补充耕地的方式方法是否得当。

(4)补充耕地的保证措施是否得力。

(5)若建设占用基本农田,则须审查补划基本农田的位置是否已落实,质量是否符合要求。

审核补充耕地方案的目的是保证被建设占用的耕地必须切实得到补充,被占用的基本农田也必须从一般农田或新开垦的耕地中划出同等生产能力的耕地作为基本农田。

4 耕地占补平衡中补充耕地数量、质量按等级折算

1998年修订的《土地管理法》实施以来,在各级政府和国土资源部门的努力下,耕地占补平衡工作成绩显著,各省(自治区、直辖市)基本实现了总体平衡,但在一些地方按建设用地项目考核还存在"占多补少"、"占优补劣"的现象,质量问题一直是耕地占补平衡工作中的薄弱环节。补充耕地数量、质量实行按等级折算是严格执行占用耕地补偿制度,解决当前耕地占补平衡工作中存在的突出问题,督促建设单位履行法定义务,确保补充耕地与被占用耕地数量和质量相当的必要手段;是贯彻落实中发〔2005〕1号文件和中央人口资源环境工作座谈会精神,履行国土资源部门职责,严格保护耕地特别是基本农田,提高农业综合生产能力,实现国家粮食安全战略的重要措施。

补充耕地数量、质量实行等级折算,是按照农业综合生产能力不降低的原则,利用农用地分等定级成果和方法,将补充耕地数量、质量与被占用耕地等级挂钩并进行折算,实现耕地占补数量和质量平衡。根据我国生态环境建设的需要,受后备耕地资源不足的制约,不宜倡导增加补充耕地数量抵顶质量;为确保土地利用总体规划确定的耕地保有量不减少,在现阶段,不允许以补充高质量耕地为由减少补充耕地数量。开展补充耕地数量、质量实行按等级折算应立足于"占一补一",提高补充耕地等级;受自然条件等因素影响,补充耕地等级无法达到被占用耕地等级的,须按等级折算增加补充耕地面积。

5 耕地占补平衡的考核

为加强耕地保护,规范耕地占补平衡考核工作,督促非农业建设占用耕地的单位履行补

充耕地的法定义务，根据《土地管理法》和《国务院关于深化改革严格土地管理的决定》，2006年6月8日第3次国土资源部部务会通过了《耕地占补平衡考核办法》，自2006年8月1日起耕地占补平衡考核，是指县级以上国土资源管理部门按照“占多少，垦多少”的原则，对依法批准占用耕地的非农业建设用地补充耕地方案的落实情况进行检查核实。

5.1　耕地占补平衡考核的责任单位、原则、范围和考核年度

5.1.1　考核的责任单位

国土资源部负责全国耕地占补平衡的考核工作。

县级以上地方国土资源管理部门负责本行政区域内耕地占补平衡的考核工作。

5.1.2　考核原则

耕地占补平衡考核，坚持统一标准、分级负责，实事求是、客观公正，严格规范、违者查处的原则。

5.1.3　考核范围和考核年度

经依法批准的非农业建设用地，按照补充耕地方案的实施计划需在考核年度内完成补充耕地义务的，列入年度耕地占补平衡的考核范围。

考核年度为上年11月1日至本年10月31日。

耕地占补平衡考核，以建设用地项目为单位进行，主要考核经依法批准的补充耕地方案确定的补充耕地的数量、质量和资金。

建设用地项目，包括能源、交通、水利、矿山、军事设施等单独选址的建设项目用地和城市、村庄、集镇分批次建设用地。

5.2　耕地占补平衡考核的主要内容

耕地占补平衡考核，以建设用地项目为单位进行，主要考核依法批准的补充耕地方案确定的补充耕地的数量、质量和资金。

(1)补充耕地的土地开发整理项目，应当符合土地利用总体规划和土地开发整理专项规划，实现数量、质量和生态保护相统一。

土地开发整理项目应当根据项目管理规定进行可行性研究和设计；根据项目所在区域的自然、经济条件优化设计方案，努力提升补充耕地的等级。土地开发整理项目竣工后，由国土资源管理部门会同农业等部门按照土地开发整理项目验收的有关规定组织验收。

(2)通过实施土地开发整理项目补充的耕地数量，不得少于挂钩的建设用地项目所占用的耕地数量。

实施补充耕地的土地开发整理项目，应当与被占用的耕地等级相同或者高于被占用耕地的等级，按照占用耕地面积确定补充耕地面积；确实无法实现等级相同，难以保证补充耕地质量的，应当选择等级接近的项目，并按照数量、质量等级折算方法增加补充耕地面积。

实施补充耕地的土地开发整理项目，应当达到设计确定的有关道路、渠系、林网和耕作层厚度及坡度等技术标准，并按有关规定验收合格。

(3)补充耕地资金落实到位。

单独选址建设项目用地占用耕地的，补充耕地资金应当足额列人工程预算。

城市分批次建设用地占用耕地的，由当地人民政府提供补充耕地资金，通过实施土地开发整理项目先行落实补充耕地，但不得使用新增建设用地土地有偿使用费。

村庄、集镇分批次建设用地占用耕地的，由农村集体经济组织筹集有关资金或者组织农

民投工投劳实施土地整理项目补充耕地。

(4)县级以上地方国土资源管理部门对纳人年度考核范围的建设用地项目进行考核,应当对挂钩的土地开发整理项目的立项文件、设计、验收报告、补充耕地资金缴纳凭证等进行检查,并对补充耕地进行实地核查,确定考核结果,填写年度建设用地项目补充耕地考核表,逐级上报省、自治区、直辖市国土资源管理部门。

补充耕地的实地核查工作应当与土地开发整理项目的竣工验收、土地变更调查工作相结合。已验收合格且已通过变更调查或者变更登记确定补充耕地数量的,可不再进行实地核查。

上级国土资源管理部门应当对下级国土资源管理部门耕地占补平衡考核工作和报送的建设用地项目补充耕地情况进行检查和抽查。

省、自治区、直辖市国土资源管理部门应当将本行政区域内各市、县国土资源管理部门上报的年度建设用地项目补充耕地考核情况进行汇总,填报有关报表,并附说明材料,随同年度耕地占补平衡考核工作报告,于本年度十一月底前报国土资源部。

国土资源部对省、自治区、直辖市国土资源管理部门上报的年度耕地占补平衡考核情况进行汇总分析,并结合建设用地项目补充耕地抽查情况,对省、自治区、直辖市耕地占补平衡情况提出意见,并在全国进行通报。

省、自治区、直辖市国土资源管理部门应当对本行政区域内年度耕地占补平衡工作进行总结,对建设用地项目补充耕地合格率较低的市、县提出通报,研究改进措施,并向国土资源部提交书面报告。

上级国土资源管理部门有权责令建设用地项目补充耕地合格率较低的地区限期整改。对整改不合格的,暂缓受理该地区的农用地转用和征地审批。

建设用地项目补充耕地经考核确定为不合格的,县级以上国土资源管理部门应当责令补充耕地责任单位限期改正;逾期拒不改正的,比照《中华人民共和国土地管理法》第七十五条和《中华人民共和国土地管理法实施条例》第四十一条的规定处罚。

(5)国土资源管理部门工作人员在耕地占补平衡考核工作中玩忽职守、滥用职权、徇私舞弊、弄虚作假的,对直接负责的主管人员和其他直接责任人员依法给予行政处分;构成犯罪的,依法追究刑事责任。

思考题

1.土地用途管制的概念、内容是什么?

2.实施土地用途管制的保证措施有哪些?

3.什么叫农用地转用,农用地转用应符合哪些条件?

4.农用地转用的审批权限是如何规定的?

5.耕地占补平衡考核的原则是什么?

6.耕地占补平衡考核的责任单位是如何规定的?

7.耕地占补平衡考核的主要内容有哪些?

项目 3　土地征收管理

【学习目标】

1.能够明确我国土地征收管理的相关法律法规；
2.能够运用土地征收管理的相关法律法规解决问题。

【知识目标】

1.掌握土地征收与征用的含义及异同点，熟悉土地征收的法律特征、原则及程序；
2.掌握土地征收的审批权限及征收土地审批与农用地转用审批之间的关系；
3.掌握征地补偿费用的概念、构成，土地征收的补偿标准及安置途径；
4.熟悉征地补偿的步骤；
5.熟悉土地征收方案的编制、审批及批后实施。

土地征收流程

建设项目用地单位（报市、县国土行政主管部门申请）——→办理用地申请（国土部门拟定）——→征地方案（国土部门报同级人民政府）——→征地审查（逐级上报）——→征地审核与批复（被征地所在人民政府）——→征地方案的公告（被征地所在人民政府及其国土部门）——→制订征地补偿安置方案（被征地所在人民政府）——→公告征地补偿、安置方案（被征地所在人民政府及其国土部门）——→补偿、安置实施（国土部门确权）——→建设项目用地单位获发《建设用地批准证书》

任务 1　土地征收概述

【任务目标】

1.掌握土地征收与征用的含义及异同点；
2.熟悉土地征收的法律特征、原则及程序。

【学习过程】

1.案例导入
2.视频播放（[盐城电视台维权]土地征用（征收）之后）
3.分组讨论

【案例导入】

发放征地补偿款不是乡人民政府的法定职责

——临澧县朱某等 35 人诉柏枝乡人民政府违法发放征地补偿款案

临澧县朱某等 35 人认为临澧县人民政府、临澧县柏枝乡人民政府有依法发放土地征用补偿费的法定职责，认为被告在没有六房冲组组民会议决议的情况下，将土地补偿款违法发给了原青龙生产作业组的农户，要求确认被告行为违法。

经法院审理认为，2009 年 4 月，二广高速公路澧县（东岳庙）至常德段（以下简称东常高速）建设征用了临澧县柏枝乡老屋坪村的土地 124.3 亩。临澧县人民政府报经湖南省人民政府批准后，对该征用的土地进行了公告等法定程序后，于 2009 年 7 月 21 日由临澧县柏枝乡财税所、柏枝乡老屋坪村委员会共同出具收款收据，临澧县征地拆迁事务所将应支付老屋坪村土地补偿、劳力安置补偿、青苗补偿费共 295 万元支付至临澧县柏枝乡财税所。2009 年 8 月，临澧县政府规定村级财务由乡代管。同年 10 月 29 日，柏枝乡老屋坪村将东常高速公路征用青龙村民小组土地补偿款分配花名册交临澧县柏枝乡政府，临澧县柏枝乡政府根据老屋坪村出具的土地征用补偿款分配花名册打卡到青龙村民小组各农户。这种支付土地补偿款的行为，是老屋坪村的行为，不是临澧县人民政府和临澧县柏枝乡人民政府的行政行为。临澧县人民政府将土地补偿款支付给老屋坪村，并未委托临澧县柏枝乡人民政府发放土地征用补偿款。因此，临澧县柏枝乡人民政府不是本案适格被告，且发放土地补偿款不是行政机关的法定职责，行政机关也未依职权行使了发放土地补偿款的行为，原告也无证据证明临澧县人民政府给老屋坪村青龙村民小组发放了土地补偿款，原告所诉临澧县人民政府、临澧县柏枝乡人民政府违法发放土地补偿款的行为不成立，没有法律依据和事实依据，如对村民委员会发放土地补偿款的行为有争议，可以通过民事诉讼解决，本案不属行政审判受案范围。

【分析】

国土资源管理部门应将征地补偿款支付给原集体土地所有权人，即被征地集体经济组织，相关补偿费用在集体经济组织成员内部的分配属于集体资产管理范畴。相关依据可参照《土地管理法实施条例》第二十五条、第二十六条。

【背景知识】

土地征收概述

1　土地征收和征用

1.1　土地征收和征用概念

2004 年 3 月 14 日，第十届全国人大二次会议对《宪法》进行修改时，将《宪法》第十条第三款"国家为了公共利益的需要,可以依照法律规定对土地实行征用"修改为"国家为了公共利益的需要,可以依照法律规定对土地实行征收或征用并给予补偿"。首次在《宪法》中明确规定征收的概念。2004 年 8 月 28 日,全国人大常委会第十一次会议作出了修改《土地管理法》的决定,在《土地管理法》中也规定了征收的概念。

土地征收是指国家为了社会公共利益的需要,依据法律规定的程序和批准权限,并依法给予农村集体经济组织及农民补偿后,将农民集体所有土地变为国有土地的行为。征收土地是一种国家行为,是法律授予政府专有的权力,除国家可以依法对农民集体所有的土地实行征收外,其他任何单位和个人都无权征收土地。

土地征用则是指国家依据公共利益的需要强制取得民事主体土地使用权的行为。

1.2　土地征收和征用异同点

1.2.1　土地征收和征用相同点

土地征收和征用都是为了公共利益需要,都要经过法定程序,都要依法给予补偿,都具有强制性的特点。

1.2.2　土地征收和征用不同点

(1)征收土地是以转移土地所有权为条件,即集体所有变成国有;征用土地是以暂时转移土地使用权为条件,土地所有权不发生变化,仍然为集体所有。

(2)补偿的项目不一致。征收土地除土地补偿、青苗及地面附着物补偿外,还包括被征地农民的安置补助费,而征用土地只是补偿原土地使用者在征用期间不能从事农业生产的土地补偿和青苗及地上附着物的补偿,没有安置补助费。

(3)审批权限不一样。征收土地的审批权集中在国务院和省级人民政府两级;征用土地的审批权是县级以上人民政府国土资源管理部门。

(4)土地用途的性质不一样。征收的实质是强制收买,主要是土地所有权的改变,征用的实质是强制使用,只是使用权的改变,征收土地主要是将被征收土地变为施工建设用地,可以修建永久性的建(构)筑物;而土地征用主要是将土地用于临时性的施工建设场地,地质勘探、抢险救灾、建设施工材料堆场等,不能修建永久性的建(构)筑物,并在使用期满后要恢复土地原状,交还给土地使用者使用。

2　土地征收的法律特征

2.1　征收主、客体的确定性

征地是一种国家行为,是政府专有权力,只有国家才能在征收土地法律关系中充当征收主体,因为只有国家才享有因国民经济和社会发展需要依法征收集体所有土地的权利。尽管直接需要使用土地的并非国家,而是具体的国家机关、企事业单位、社会团体以及个人。但是,一切单位及个人均不能成为征收土地的主体,因为它(他)们本身不享有这种权利。至于它(他)们取得的土地使用权,只是国家征收了集体所有土地后依法采用的批准行为所产生的结果。另外,国家虽是征收土地的主体,但是实际行使征收土地权力的是各级土地管理机关和人民政府,它们代表国家来具体行使此权力。

《土地管理法》明确规定,中华人民共和国实行土地的社会主义公有制,即全民所有制和劳动群众集体所有制,并且规定征收土地的客体(标的)只能是集体所有的土地。

2.2 征收过程的程序性

征收土地必须按照法定程序办理,并且必须依法取得批准。

2.3 征收行为的有偿性

征收土地与没收土地不同,它不是无偿地强制地进行,而是有偿地强制地进行。被征收土地的集体经济组织应当依法取得经济上的补偿。建设征收土地与土地征购不同,它并不是等价的特种买卖,而是有适当补偿的征收。所谓适当补偿,就是严格依据《土地管理法》的规定给予补偿,征地补偿以被征收土地单位的农民生活水平不降低为原则。

2.4 征收性质的强制性

土地征收的前提是社会公共利益需要,带有强制性,被征地单位必须服从,不得阻扰。

2.5 征收行为的公开性

征地行为必须向社会公开,接受社会的监督。特别是土地征收方案的公告和公开,可以增强征收土地的透明度。

2.6 权属转移性

国家建设征收集体土地后,原来属于集体所有的土地转变为国家所有。

3 征收土地的原则

依据《土地管理法》规定,我国国家建设征收土地的原则有以下几个方面。

3.1 要严格维护土地的社会主义公有制原则

要严格维护土地的社会主义公有制原则包括两个方面的意思。一是集体土地所有权受法律保护。《土地管理法》第二条规定:任何单位和个人不得侵占、买卖或者以其他形式非法转让土地。土地使用权可以依法转让。二是国家建设征收集体所有土地,征收后所有权属于国家,用地单位或个人只享有土地的使用权。征收土地的法律后果之一就是土地所有权的转移,但是用地单位和个人依法取得对国有土地的使用权,决不意味着这些单位或个人将土地据为已有。

3.2 十分珍惜、合理利用土地和切实保护耕地的原则

我国人口多,耕地少,随着人口的逐年增长,耕地将继续减少,这是一个不争的事实。因此,《土地管理法》第三条明确规定:十分珍惜、合理利用土地和切实保护耕地是我国的基本国策。各级人民政府应当采取措施,全面规划、严格管理,保护、开发土地资源,制止非法占用土地的行为。在征收土地中要做到这一要求,必须坚持:

(1)要加强规划、严格管理、严格控制各项建设用地;

(2)要优先利用荒地、非农业用地,尽量不用耕地;

(3)要优先利用劣地,尽量不用良田,凡是有荒地可以利用的,不得占用良田,尤其不得占用菜地、园地、天然养鱼塘等经济效益高的土地;

(4)加大土地监查和土地违法行为的打击力度,切实制止乱占耕地和滥用土地的行为。

3.3 要兼顾国家利益和集体利益原则

征收土地补偿标准要兼顾国家和集体的利益。征地是一种国家行为,也是农民对国家应尽的一种义务,不是农民向国家"卖地"。国家征用的土地再出让时,决定不同地价的级差地租是国家投资形成的,原则上这项收益应当属于国家。征地补偿以使被征地单位的农民生活水平不降低为原则。国务院根据社会经济发展水平,在特殊情况下,可以提高征收耕

地的土地补偿费和安置补助费的标准。

3.4　征收土地要符合法律规定原则

征收土地不仅要符合《土地管理法》,还要符合环保、矿产、水土保持等方面的法律、法规。要保护和改善生态环境、防止土地沙化,严格依据《土地管理法》的审批权限、程序办理。

4　土地征收的程序

严密、可行的工作程序,对于提高工作效率、防止工作失误、保证工作质量有着重要的作用。根据《土地管理法实施条例》和《建设用地审查报批管理办法》(国土资源部令第3号),征收土地一般按照下列工作程序办理。

4.1　拟订土地征收方案

建设单位应当向土地所在地的市、县人民政府国土资源行政主管部门提出用地申请。市、县人民政府国土资源行政主管部门对材料齐全、符合条件的建设用地申请,应当受理,并在收到申请之日起30日内拟订农用地转用方案、补充耕地方案、征收土地方案和供地方案。

4.2　审查报批和公告

市、县人民政府国土资源行政主管部门拟订"一书四方案",即为农用地转用方案、补充耕地方案、征收土地方案和供地方案后,编制建设项目用地呈报说明书,经同级人民政府审核同意后,报上一级国土资源行政主管部门审查。

有批准权的人民政府国土资源行政主管部门,应当自收到上报的农用地转用方案、补充耕地方案、征用土地方案和供地方案并按规定征求有关方面意见后30日内审查完毕。实行国土资源行政主管部门内部会审制度审批土地。报有批准权限的上级政府批准后,由市、县人民政府对经批准的征地方案在被征收土地所在地的乡(镇)、村予以公告。公告的主要内容包括:征地方案批准机关、批准文号,征地用途、范围、面积,征地补偿标准,农业人员安置办法及补偿登记的期限等。被征收土地的所有权人和使用权人应当在公告规定的期限内,持土地权属证书到当地人民政府国土资源行政主管部门办理征地补偿登记。

4.3　制订补偿和安置方案

由市、县国土资源行政主管部门会同有关部门根据批准的征收土地方案及土地所有者和使用者的登记情况(经核实)制订,即把征地方案中确定的各种补偿的总费用分配到各所有者和使用者,以及具体落实人员安置方案。

4.4　组织实施

经批准的建设用地,由被征收土地所在地的市、县人民政府组织实施。根据《土地管理法实施条例》规定精神,征收土地的各项费用应当自征地补偿、安置方案批准之日起3个月内全额支付。

任务2　土地征收的审批

【任务目标】

1.掌握土地征收的审批权限;

2.征收土地审批与农用地转用审批之间的关系。

【学习过程】

1.案例导入
2.视频播放([法治中国]土地上的角逐)
3.分组讨论

【案例导入】

未经审批,县政府不得对农用地实施征收

——云南省寻甸县政府非法批地案

2011 年 11 月,寻甸县政府未经农用地转用和土地征收审批,违法对羊街镇新街村委会羊毛河村 92.63 亩集体土地实施征收。12 月,羊街镇政府与寻甸县土地储备交易中心、鹏腾公司签订《土地现场移交书》,将上述土地移交给鹏腾公司,明确必须办理相关用地手续方可开工。2012 年 1 月,鹏腾公司未经批准平整场地、圈建围墙。经现场勘测,该公司平整土地 98.57 亩,其中 31.5 亩不符合土地利用总体规划。2012 年 2 月,寻甸县国土资源局对此案进行了立案查处,并作出行政处罚决定,限期复耕已平整的土地,恢复种植条件。

【分析】

在这起案件中,寻甸县政府副县长李祥、羊街镇政府镇长胡春海、县园区管委会土地规划建设和环境保护局局长李吉春被行政记过处分,昆明市和寻甸县监察机关责令羊街镇政府副镇长毕堃停职检查。《土地管理法》第七十八条规定,无批准权的单位非法批准占用土地、超越批准权限非法批准占用土地、违反土地利用总体规划批准用地,违反法律规定的程序批准占用、征收土地,均构成非法批地行为,应依法接受行政处罚、行政处分乃至追究刑事责任。

活动 1　土地征收省级人民政府审批权限

资源:上述案例

本活动两个人一组,通过上述案例中内容,结合背景知识,讨论对羊街镇新街村委会羊毛河村 92.63 亩集体土地实施征收的审批权限应为国务院还是省级人民政府?

活动 2　土地征收国务院审批权限

资源:(1)基本农田 10 hm^2 以下的;

(2)基本农田以外的耕地不超过 35 hm^2 的;

(3)基本农田以外的耕地超过 70 hm^2 的;

(4)其他土地不超过 35 hm^2 的;

(5)其他土地超过 70 hm^2 的。

本活动两个人一组,结合背景知识,试讨论上述土地征收的五种情况,哪种情况不需国

务院批准？

【背景知识】

土地征收的审批

1 土地征收的审批权限

《土地管理法》从法律上加强了征收土地的审批，上收了征地的审批权，取消了省级以下地(市)和县级人民政府的征地审批权。实行征收土地由国务院和省级人民政府两级审批。按《土地管理法》第四十五条的规定，国务院和省级人民政府在征地审批权限上的划分为以下几个方面。

1.1 征用下列土地，由国务院批准

(1)基本农田，即依照土地利用总体规划和《基本农田保护条例》划入基本农田保护区，禁止占用的耕地。将所有占用基本农田的申请都由国务院批准，主要是为了切实加强对基本农田的保护，禁止一般性项目和城市、村庄、集镇建设占用基本农田。对于一些国家重点建设项目，确实无法避开而必须占用基本农田的，必须经过严格的审批并按规定重新补划基本农田。这是严格管理基本农田的主要措施。

(2)基本农田以外的耕地超过35 hm^2 的。比原规定占用耕地1 000亩(66.7 hm^2)的批准权缩小了一半。这里不包括同时征收基本农田的行为。

(3)其他土地超过70 hm^2 的。包括耕地之外的土地超过70 hm^2 的，同时也包括征收耕地35 hm^2 以下，其他土地70 hm^2 以下，两项之和超过70 hm^2 的，都必须报国务院批准。

征用上述规定以外的土地，由省人民政府批准，并报国务院备案。

1.2 建设项目需要使用土地利用总体规划确定的城市、村庄、集镇建设用地规模范围内的国有建设用地、集体建设用地以及国有未利用土地和未确定土地使用权土地的，按下列审批权限办理

(1)国家重点建设项目、军事设施和跨省、自治区、直辖市行政区域的建设项目以及国务院规定的其他建设项目需占用国有未利用土地的，以及一次性开发未确定土地使用权的国有荒山、荒地、荒滩600 hm^2 以上的由国务院批准(以河南省为例)。

(2)其他建设用地1 hm^2 以下(含本数，下同)的，由县级人民政府审批；1 hm^2 以上，8 hm^2 以下的，由地区行政公署、设区的市人民政府审批(郑州市为10 hm^2 以下)并报省人民政府备案；超过上述面积的，由省人民政府审批(以河南省为例)。

1.3 建设项目施工或地质勘探需要临时使用土地利用总体规划确定的建设用地区以外耕地的

建设项目施工或地质勘探需要临时使用土地利用总体规划确定的建设用地区以外耕地的，由省人民政府土地行政主管部门批准。

1.4 有关临时用地的批准权限

临时使用建设用地区内耕地的由地、市人民政府土地行政主管部门批准；临时使用其他土地由县、市人民政府土地行政主管部门批准。

2　征收土地审批与农用地转用审批之间的关系

征收农用地的，应当首先依照《土地管理法》第四十四条的规定办理农用地转用审批：

(1)农用地转用属于国务院批准权限内的，而征收土地批准权属于国务院或省级人民政府，国务院批准农用地转用时，同时办理征地审批手续，不再另行办理征地审批。

(2)农用地转用和征收土地审批权都在省级人民政府的，省级人民政府在批准农用地转用时，同时办理征地审批手续，不再另行办理征地审批。

(3)农用地转用审批权在省级人民政府，而征收土地审批权在国务院的，先由省级人民政府批准农用地转用，再报国务院办理征地审批。

(4)由省级以上人民政府批准农用地转用和征收土地后，具体的建设项目用地(国有土地使用权划拨或出让)由县、市人民政府负责，不再上报上级政府批准。上级人民政府土地行政主管部门可对土地的使用情况进行监督检查。

任务3　土地征收的补偿和安置

【任务目标】

1.掌握征地补偿费用的概念、构成；
2.掌握土地征收的补偿标准及安置途径；
3.熟悉征地补偿的步骤。

【学习过程】

1.案例导入
2.视频播放([新闻调查]广东开平违法强征土地调查)
3.分组讨论

【案例导入】

张三再次要求解决失地保障问题

某村人均耕地1亩，村民张三家庭4口。张三像其他村民一样，与村委会签订土地承包合同，承包耕地4亩，承包期30年。承包期20年后，张三家的承包地全部被政府征用修高速公路。县政府依法公告，经评估确认后，县土地部门依法、按政策向高速集团征收耕地补偿费30万元，其中，土地补偿款12万元、安置补助费16万元、村集体水渠(地上附着物)补偿费1万元、青苗补偿费1万元。为了及时足额支付补偿款，县土地部门直接将30万元一次划入张三个人银行卡。张三得到补偿款后，儿娶女嫁，讲排场讲阔气，在很短时间内，就将钱花光了。几年之后，张三为了有事干和维持生活，天天到村委会闹着要承包地，同时，不断地到县里上访，要求解决失地保障问题。

【分析】

(1)案例中，政府(或者政府土地部门)绕开村委会，直接与承包人(村民张三)打交道是欠妥的。政府征用村集体土地，属于土地一级市场，由政府垄断，在征地过程中，就形成三个关系：一是用地单位与政府(土地部门)。土地部门依法向用地单位征收补偿费。二是政府(土地部门)与村委会。土地部门依法向村委会征用土地，依法补偿。三是村委会与承包人(村民张三)，按照承包合同，村委会应依法对承包人进行补偿，并结合实际情况进行处理。如上所说，承包人，也可能是其成员单位，或者其成员以外的单位、个人。应当说，政府直接与承包人交涉，是越俎代庖。村委会补偿承包人过程中出现问题，政府只能监督、协调解决，而不能越位。案例中，政府就没把握好自己的角色。

(2)村委会(村集体)也有一部分补偿款，甚至大部分补偿款。属于承包人的，只是收回承包地到承包期满期间的承包损失、青苗补偿款、地上附着物(属于承包人的)补偿款；而土地补偿的大部分、地上附着物(属于集体的)补偿款，应属于村委会。案例中，承包人张三得到的应是剩余承包期 10 年的损失，以及青苗补偿款，而其余补偿款(含村集体水渠)是属于村委会的。因此，把全部补偿款都给承包人是错误的。

(3)补偿资金应当一次性计算，分年度支付；而不适宜一次性支付给村委会或者承包人。这样，可避免应多年开支的补偿被一年或者短期花掉了，以后生活无来源，从而留下隐患。当然，为了防止本级政府部门挤占、挪用这项资金，可以比照社保基金，实行专户管理，严肃纪律，确保安全。同时，支付给村委会的补偿，应规定其用途，首先要建立村民养老等社会保障，有剩余的再用于村级公共、公益支出，不得用于行政性开支。所以，在政府征用村集体土地的过程中，政府与村委会、村委会与承包人，都是平等的交易关系，政府出钱、村委会出地，村委会和承包人得到补偿。而村委会和承包人得到补偿款后，分期、合理使用，就能够维持村民的正常生活，不需要政府再另外拿钱建立失地农民保障等。

活动 1　土地征收的补偿

资源：H 省 A 市 B 县 C 房地产开发公司征收 B 县 W 村的 40 亩基本农田以外的耕地，欲建一住宅小区。在此之前，W 村人均耕地面积为 2.0 亩。另外，已知 W 村耕地被征收前 3 年平均年产值约为 800 元/亩。2005 年 5 月 1 日，C 房地产开发公司签订了出让合同，缴纳土地出让金 500 万元，并约定 2005 年 6 月 1 日开工。

结合背景知识试讨论：

1.经协商，该项目征收耕地的补偿费为该耕地征收前三年平均年产值的 8 倍。C 房地产开发公司应向 W 村支付的每亩土地补偿费金额为多少元？

2.该耕地的土地补偿费最少为多少万元？

3.土地补偿费应归谁所有？

活动 2　土地征收的安置

资源：某农村集体经济组织人均耕地面积 0.2 hm^2，由于用地单位建设需要，国家征收该农村集体经济组织的耕地面积 10 hm^2，该耕地近 3 年平均年产值为 10 000 元/hm^2。

结合背景知识，试讨论：

1.每公顷耕地需要安置的农业人口为多少人？一共需要安置多少人？

2.经协商，该用地单位征收耕地的安置费为该耕地征收前 3 年平均年产值的 6 倍。用地单位应向该农村集体经济组织支付安置补助费为多少万元？

3.该耕地的安置补助费应归谁所有？

【背景知识】

土地征收的补偿和安置

1　征地补偿费用的概念、构成

《土地管理法》明确规定，征收土地的，按照被征收土地的原用途给予补偿。

依据《土地管理法》的规定，征地的补偿费用是指土地补偿费、安置补助费、地上附着物和青苗补偿费的总和。

土地补偿费是因国家征用土地对土地所有者在土地上的投入和收益造成损失的补偿。补偿的对象是土地所有权人。

安置补助费是国家建设征用农民集体土地后，为了解决以土地为主要生产资料并取得生活来源的农业人口因失去土地造成生活困难所给予的补助费用。

青苗补偿费是指征用土地时，对被征用土地上生长的农作物，如水稻、小麦、玉米、土豆、蔬菜等造成损失所给予的一次性经济补偿费用。

地上附着物补偿费是对被征用土地上的各种地上建筑物、构筑物，如房屋、水井、道路、管线、水渠等的拆迁费和恢复费以及被征用土地上林木的补偿费或者砍伐费等。

其他补偿费是指除土地补偿费、地上附着物补偿费、青苗补偿费、安置补助费以外的其他补偿费用，即因征用土地给被征用土地单位和农民造成的其他方面损失而支付的费用，如水利设施恢复费、误工费、搬迁费、基础设施恢复费等。

征收城市郊区菜地的除应按照规定缴纳土地补偿费、安置补助费、地上附着物和青苗补偿费外，还应按规定缴纳新菜地开发建设基金。

征收土地的各项费用应当在自征地补偿、安置方案批准之日起 3 个月内全额支付。

2　征地补偿的步骤

2.1　办理征地补偿登记

按《土地管理法》第四十六条的规定，征收土地方案在依照法定程序经过批准后，由县级以上地方人民政府予以公告并组织实施；被征收土地的所有权人、使用权人应当在公告规定期限内，持土地权属证明书到当地人民政府土地行政主管部门办理征地补偿登记。

2.2　确定征地补偿标准

根据被征收土地的原用途，按照《土地管理法》的规定确定征地补偿标准。

2.3 拟订并公布征地补偿、安置方案并征求意见

征地补偿、安置方案确定后，由当地人民政府公告，并听取被征地的农村集体经济组织和农民的意见。对征地补偿标准有争议的，由县级以上人民政府协调，协调不成的由批准征收土地的政府裁决。

2.4 征地补偿、安置方案组织实施

征地补偿、安置方案报市、县人民政府，经批准后，由市、县人民政府土地行政主管部门组织实施。

2.5 征地补偿费用的使用

征收土地各项费用应当自征地补偿、安置方案批准之日起3个月内全额支付，被征地的农村集体经济组织应当将征收土地的补偿费用的收支状况向本集体经济组织的成员公布，接受监督。禁止侵占、挪用被征收土地单位的征地补偿费用和其他有关费用。

征地补偿费用中的各种费用根据情况支付给不同的组织或个人。土地补偿费用归被征收土地的农村集体经济组织所有。地上附着物及青苗补偿费归地上附着物及青苗所有者所有。安置补助费必须专款用于安置剩余劳力，不得挪作他用。安置补助费根据需安置人员的安置途径支付给安置单位：一是需安置人员由农村集体经济组织安置的，安置补助费支付给农村集体经济组织，由其管理、使用；二是需安置人员由企业安置的，安置补助费支付给安置单位；三是不需要统一安置的，实行货币安置。将安置补助费发放给被安置个人，让其自谋生路或征得被安置人员同意后用于支付被安置人员的保险费用。

3 土地征收的补偿标准

《土地管理法》第四十七条规定，征收土地的，按照被征收土地的原用途给予补偿。下面我们分别就征收不同用途的土地补偿标准进行讲述。

3.1 征收耕地的补偿标准

3.1.1 征收耕地的土地补偿费的标准

依据《土地管理法》的规定，征收耕地的土地补偿费，为该耕地被征收前平均年产值的6~10倍（比原来的土地管理法规定的3~6倍有了较大提高）。

征收耕地的土地补偿费计算公式为：

（1）征收耕地的土地补偿费，为该耕地被征收前3年平均年产值的6~10倍，具体计算公式为：

耕地土地补偿费=被征地前3年平均年产值×补偿系数（6≤补偿系数≤10）

（2）征收其他土地的土地补偿费由省、自治区、直辖市参照征收耕地的土地补偿费的标准规定，具体公式同上，只是补偿系数的取值可能不同。

3.1.2 征收耕地的安置补助费标准

安置补助费的标准，是以耕地年产值为基础，按人口补助。依据《土地管理法》的规定，征收耕地的安置补助费，按照需要安置的农业人口数计算。需要安置的农业人口数，按照被征收耕地数量除以征地前被征收单位平均每人占有耕地的数量计算。每一个需要安置的农业人口的安置补助费标准，为该耕地被征收前3年平均年产值的4~6倍。但是，每公顷被征收耕地的安置补助费最高不得超过被征收前3年平均年产值的15倍。新《土地管理法》规定的安置补助费的标准比原《土地管理法》规定的标准有较大幅度的提高。原来规定的

征收耕地的补助费标准为该地被征收前 3 年平均年产值的 2~3 倍,最高不得超过被征收前 3 年平均年产值的 10 倍。

安置补助费计算公式为:

(1)若需要安置的农业人口数×补偿系数(补偿系数<15),则公式为:

耕地安置补助费总额=需要安置的农业人口数×被征地前 3 年平均年产值×补偿系数(4≤补偿系数≤6)

(2)若需要安置的农业人口数×补偿系数(补偿系数≥15),则公式为:

耕地安置补助费总额=需要安置的农业人口数×被征地前 3 年平均年产值×15

(3)其他土地的安置补助费标准由省、自治区、直辖市参照征收耕地的安置补助费的标准规定,具体公式同上,只是补偿系数的取值可能不同。

我国《土地管理法》在确定上述补偿和安置补助标准的同时,还作了灵活性的规定。这就是在个别特殊情况下,按照上述补偿和安置补助标准,尚不能使需要安置的农民保持原有生活水平的,经省、自治区、直辖市人民政府批准,可以增加安置补助费。但是,土地补偿费和安置补助费的总和不得超过土地被征收前 3 年平均年产值的 30 倍(原来的《土地管理法》规定为 20 倍)。同时,考虑到今后经济的发展和生活水平的提高,征地补偿可能需要适时调整,《土地管理法》规定:国务院根据社会、经济发展水平,在特殊情况下可以提高征收耕地的土地补偿费和安置补助费的标准。

3.1.3 地上附着物和青苗的补偿费

被征收土地,在拟议征地之前已种植青苗和已有的地上附着物,应给予补偿。所谓青苗,即正在生长尚未成熟的农作物。地上附着物,即原土地占有人投入劳动或资金的产物,如地上的固定或临时性建筑等。

《土地管理法》规定:被征收土地上的附着物和青苗的补偿标准,由省、自治区、直辖市规定。

3.2 征收其他土地的补偿标准

《土地管理法》规定,征收其他土地的补偿标准,由省、自治区、直辖市参照征收耕地的土地补偿费用的标准规定。这里的其他土地指的是林地、牧草地、苇塘、水面等农用地及乡(镇)、村公共设施或者公益事业、乡镇企业和农村村民住宅占用的集体所有土地、未利用土地。

3.3 关于征收城市郊区菜地的问题

征收城市郊区的菜地,除按规定缴纳土地补偿费、安置补助费及地上附着物青苗补偿费外,用地单位应按照国家有关规定缴纳新菜地开发建设基金。这里所指菜地是城市郊区为供应居民吃菜,连续 3 年以上常年种菜或养殖鱼虾等的商品菜地和精品鱼塘。

城市人口(不含郊县人口,仅指市区和郊区的非农人口,下同)100 万人以上的,新菜地开发基金为 105 000~150 000 元/hm^2;

城市人口 50 万~100 万人的,新菜地开发基金为 75 000~105 000 元/hm^2;

城市人口少于 50 万人的,新菜地开发基金为 45 000~75 000 元/hm^2。

3.4 大中型水利水电工程建设征地补偿标准

《土地管理法》规定:大中型水利、水电工程建设征收土地的补偿和移民安置办法由国务院另行规定。《大中型水利水电工程建设征地补偿和移民安置条例》已于 2006 年 3 月 29

日国务院第130次常务会议通过,自2006年9月1日起施行。

4　关于土地征收补偿标准相关值确定方法

4.1　统一年产值标准的制定

省级国土资源部门要会同有关部门制定省内各县(市)耕地的最低统一年产值标准,报省级人民政府批准后公布执行。制定统一年产值标准可考虑被征收耕地的类型、质量、农民对土地的投入、农产品价格、农用地等级等因素。

4.1.1　统一年产值标准的概念及内涵

征地统一年产值标准是在一定区域范围内(以市、县行政区域为主),综合考虑被征收农用地类型、质量、等级、农民对土地的投入以及农产品价格等因素,以前3年主要农产品平均产量、价格为主要依据测算的综合收益值。

统一年产值标准是计算征地补偿费用的主要依据。征地补偿费用在统一年产值标准的基础上,根据土地区位、当地农民现有生活水平和社会经济发展水平、原征地补偿标准等因素确定相应的土地补偿费和安置补助费倍数进行计算。

统一年产值标准适用于集体农用地征收补偿测算,集体建设用地征收补偿和国有农用地补偿测算可参照执行。

4.1.2　制定征地统一年产值标准的基本原则

(1)主导性原则。选择主导的地类和耕作制度进行测算,用主导农用地收益反映测算范围内的农用地客观收益。

(2)适当从高原则。在依据现状农作物产值测算的同时,适当考虑改进生产方式、增加科技投入等提高土地收益。

(3)协调平衡原则。考虑土地等级状况,与当地征地区域综合地价水平相协调,与原征地补偿标准相衔接。

(4)公开听证原则。根据《国土资源听证规定》要求,依法组织听证,广泛听取各有关部门、农村集体经济组织、农民及社会各方面的意见和建议。

4.1.3　制定征地统一年产值标准的基本要求

(1)统一年产值标准分两个层次制定,一是市(县)统一年产值标准,以市(县)行政区域为基本单元制定;二是市(县)内分区域年产值标准,把市(县)划分为不同区域,确定各区域年产值标准。

(2)市(县)统一年产值标准为控制性标准,在省内进行综合平衡;市(县)分区域年产值标准在市(县)统一年产值标准的基础上形成。

(3)分区域年产值标准不设地块修正体系。

(4)统一年产值标准应设定基准时点,一般3~5年调整一次。

4.1.4　制定征地统一年产值标准的工作步骤

(1)确定测算范围。

(2)确定主导耕作制度和主要农作物年产量。

(3)确定主要农作物价格和年产值。

(4)确定市(县)统一年产值标准。

(5)确定市(县)分区域的统一年产值标准。

4.1.5　主导耕作制度和主要农作物年产量的确定

4.1.5.1　主导耕作制度的确定

主导耕作制度包括土地主要复种方式和主要农作物种类。其中,土地主要复种方式根据土地的复种面积比例情况确定,主要农作物种类在土地复种方式的基础上根据种植面积进行判断。

注意事项:

(1)确定主要土地复种方式时,如果某种复种方式(如一年一熟)的面积超过市(县)范围内耕种土地的60%,可以确定该复种方式为主要复种方式;如果市(县)范围内具有一种以上主要复种方式(面积超过30%),可选择其中2~3种作为主要复种方式。

(2)确定主要农作物种类时,如果某一种农作物种植面积超过70%,可以直接确定其为主要农作物;如果有一种以上主要农作物(超过30%),可选择其中2~3种作为主要农作物。

(3)主导耕作制度还可以通过查阅《农用地分等规程》附表得到。

4.1.5.2　主要农作物年产量的确定

主要农作物年产量为其前3年产量的平均值,农作物年产量数据通过抽样调查采集。

注意事项:

(1)在具体调查时要考虑抽样点分布的均匀性和代表性,同时还要对农用地的附加收入(如养殖、间作和多种经营等)、种植成本以及灾害情况等进行调查,便于数据分析处理;

(2)农作物年产量数据要按照3个年份、复种类型和农作物类型分别进行统计和分析。

4.1.6　主要农作物价格和年产值的确定

4.1.6.1　主要农作物价格的确定

主要农作物价格在调查市场价格和国家收购价格的基础上,选择两者中较高价格确定。

注意事项:

(1)市场价格在调查主要农作物年产量同时,采用抽样的方式调查;国家收购价格通过查阅相关统计资料得到。

(2)主要农作物价格数据要按照价格类型、复种类型和农作物类型分别进行统计和分析。

4.1.6.2　主要农作物年产值的确定

主要农作物年产值为主要农作物平均年产量与平均价格的乘积。在具有一种以上农作物组合和复种方式的情况下,采用加权平均方法计算。

4.1.7　市(县)统一年产值标准的确定

市(县)统一年产值在主要农作物年产值的基础上,根据土地附加收益情况(其他种植、养殖等多种经营)适当向上调整后确定。

4.1.8　分区域统一年产值标准的确定

分区域统一年产值标准在市(县)统一年产值标准的基础上通过区域条件修正测算确定。

各地可以根据当地实际情况,在乡(镇)行政界限的基础上,综合考虑区域间的地形、地貌、主要农作物类别以及多种经营水平等因素划分区域,并确定区域条件修正系数。

4.1.9 听证和验收

根据《国土资源听证规定》,统一年产值标准必须依法组织听证,并根据听证情况进行修改,报省级国土资源部门评审验收,综合平衡。

4.2 征地区片综合地价的制定

4.2.1 概念及内涵

征地区片综合地价(简称征地区片价)是指在城镇行政区土地利用总体规划确定的建设用地范围内,依据地类、产值、土地区位、农用地等级、人均耕地数量、土地供求关系、当地经济发展水平和城镇居民最低生活保障水平等因素,划分区片并测算的征地综合补偿标准(原则上不含地上附着物和青苗的补偿费)。

征地区片价测算范围重点在土地利用总体规划确定的城市、集镇建设用地规模范围内,但各地可以根据征地需要和实际情况扩展到城市郊区或更大范围。

4.2.2 基本原则

(1)维护被征地农民合法权益原则。征地区片价要确保被征地农民原有生活水平不因征地而降低,并体现长远生计和未来发展的需要。

(2)同地同价原则。在同一区片内,不同宗地的征地补偿标准相同,且不因征地目的及土地用途不同而有差异。

(3)协调平衡原则。征地区片价不得低于当地原征地补偿标准,省级行政区域内各市(县)的征地区片价应相互衔接。

(4)公开听证原则。根据《国土资源听证规定》,征地区片价要依法组织听证,广泛听取有关部门、农村集体经济组织、农民及社会各方面的意见和建议。

4.2.3 基本要求

(1)征地区片价作为征地补偿实施过程中的执行标准,一般情况下不设定宗地补偿费修正体系;确需设定修正体系的,要严格限定修正因素并控制修改因素,修正体系应一并公布。

(2)一个市(县)的征地区片价原则上控制在4~6个级别。

(3)征地区片价应设定对应的基准时点,一般3~5年更新一次。

4.2.4 工作步骤

(1)确定测算范围。

(2)划定区片。

(3)测算区片综合地价。

(4)对区片综合地价进行验证和调整。

(5)测算结果听证和修改。

(6)确定征地区片价。

(7)整理与编制。

4.2.5 区片的划定

(1)有农用地定级成果市(县)的区片划定已经根据《农用地定级规程》完成农用地定级工作的市(县),在农用地级别的基础上,按照《关于完善征地补偿安置制度的指导意见》(国土资发〔2004〕238号)的精神,考虑人均耕地数量、土地区位、土地供求关系、当地经济发展水平和城镇居民最低生活保障水平等因素，对农用地级别进行修正和调整，划分区片。

(2)没有农用地定级成果市(县)的区片划定、没有开展农用地定级工作的市(县)，可以行政村为基本单元，根据地类、人均耕地数量、土地区位等因素对基本单元进行综合评价和调整，划定区片。

注意事项：

(1)对基本单元综合评价应考虑地类、产值、土地区位、人均耕地数量、土地供需关系、当地经济发展水平和城镇居民最低生活保障水平等因素，并确定合理的权重；

(2)区片边界线一般以村行政界线为依据划定，需打破行政界线的可依线状地物及地类分界线确定；

(3)基本农田保护区、生态保护区和其他资源保护区等不得划入征地区片价测算范围。

4.2.6 验证和调整

征地区片价初步结果必须与现行征地补偿水平和被征地农民现有生活水平进行比较和验证，测算的征地区片价低于现行征地补偿水平和农民现有生活水平的，不足以支付失地农民社会保障费用的，需要进行调整。

注意事项：

(1)现行征地补偿水平通过对近期征地样点调查统计得到。

(2)农民现有生活水平主要根据统计部门的农村居民收入水平数据，并结合实地样点调查资料确定；失地农民的社会保障费用根据当地社会经济发展水平确定。

(3)征地区片价须折算成年度收益后，才能与农民现有生活水平相比较。

(4)征地区片价要与周边地区征地补偿标准相衔接。

4.2.7 听证和验收

根据《国土资源听证规定》，征地区片价必须依法组织听证，并根据听证情况进行修改，报省级国土资源部门综合平衡，评审验收。

5 关于被征地农民安置途径

5.1 农业生产安置

征收城市规划区外的农民集体土地，应当通过利用农村集体机动地、承包农户自愿交回的承包地、承包地流转和土地开发整理新增加的耕地等，首先使被征地农民有必要的耕作土地，继续从事农业生产。

5.2 重新择业安置

应当积极创造条件，向被征地农民提供免费的劳动技能培训，安排相应的工作岗位。在同等条件下，用地单位应优先吸收被征地农民就业。征收城市规划区内的农民集体土地，应当将因征地而导致无地的农民，纳入城镇就业体系，并建立社会保障制度。

5.3 入股分红安置

对有长期稳定收益的项目用地，在农户自愿的前提下，被征地农村集体经济组织经与用地单位协商，可以征地补偿安置费用入股，或以经批准的建设用地土地使用权作价入股。农村集体经济组织和农户通过合同约定以优先股的方式获取收益。

5.4　异地移民安置

本地区确实无法为因征地而导致无地的农民提供基本生产生活条件的，在充分征求被征地农村集体经济组织和农户意见的前提下，可由政府统一组织，实行异地移民安置。

5.5　保险安置

用征地补偿安置费用为被征地农民支付社会统筹保险或商业保险，对需安置的农业人口依据不同性别和年龄实行分类安置，将被征地农民的基本生活纳入城市居民的社会保障体系之中。

任务4　土地征收方案的编制、审批及批后实施

【任务目标】

1.掌握土地征收方案的主体、内容、编制程序及审查与报批；
2.熟悉土地征收方案审批；
3.熟悉土地征收方案批后实施。

【学习过程】

1.案例导入
2.视频播放（[焦点访谈]下三台村村长为个人利益变卖土地曝光）
3.分组讨论

【案例导入】

人民政府需依法作出土地征收公告

——言某要求撤销株洲市人民政府土地征收公告案

2009年6月7日，湖南省人民政府以〔2009〕政国土字第589号《湖南省人民政府农用地转用、土地征收审批单》，批准株洲市国土资源局为建设株洲市迎宾大道新建工程（株洲市迎宾东路、迎宾西路）征收石峰区田心办事处田心村、井龙办事处井龙村、横石村、龙头铺镇兴隆山村34.484 1 hm^2 土地。市政府依据湖南省人民政府〔2009〕政国土字第589号文批准，于2009年6月25日发布征用土地公告，该公告同时发布了批准用途、办理征地补偿的期限等。2009年8月3日，株洲市国土资源局发布征地补偿安置方案公告，对被征地单位、征地面积、土地补偿费标准，安置补偿费标准、青苗补偿费及房屋补偿标准进行了公告，同时公布青苗补偿费及地上建（构）筑物补偿费直接支付给个人，土地补偿费及安置补助费采用转账的方式支付给集体经济组织；对方案有异议可以在方案发布之日5个工作日申请听证，原告言顺招向法院提起诉讼，诉求撤销被告市政府于2009年6月25日发布的公告。经审

理，驳回原告言顺招的诉讼请求。一审宣判后，原告言顺招不服，向中级人民法院提出上诉。株洲市中级人民法院经审查，驳回上诉人言顺招人民政府土地征收公告的上诉，维持原判。

【分析】

本案的争议焦点为被上诉人株洲市人民政府于2009年6月25日作出的第589号征收土地公告是否合法。从事实来看，株洲市人民政府于2009年6月17日获得了湖南省人民政府〔2009〕政国土字第589号土地审批单，并于2009年6月25日发布了征收土地公告。根据《土地管理法》第四十六条的规定，株洲市人民政府作为市级人民政府，具有发布公告的行政职能。故被上诉人株洲市人民政府发布的第589号征收土地公告主体、程序均符合法律、法规的规定。

上诉人言顺招上诉提出"本案被上诉人株洲市人民政府制发的征地公告内容与法律规定不一致，但一审法院认定并未实质侵害原告的合法权益，没有应当确认违法或撤销情形，驳回原告的诉讼请求不合法"。经查，被上诉人株洲市人民政府于2009年6月25日发布的征地公告公布了批准征地机关、批准文号，征收土地的用途、范围、面积以及办理征地补偿的期限等内容。根据《土地管理法实施条例》第二十五条规定，征收土地方案经依法批准后，由被征收土地所在地的市、县人民政府组织实施，并将批准征地机关、批准文号，征收土地的用途、范围、面积以及征地补偿标准，农业人员安置办法和办理征地补偿的期限等，在被征收土地所在地的乡（镇）村予以公告。该案中，被上诉人株洲市人民政府在征地公告中未公布征地补偿标准、农业人员安置办法，但在征地过程中，相关部门将征地补偿标准和农业人员安置途径以征地拆迁工作宣传文件的形式向被征地集体经济组织、农户宣传、发放，并未实质损害上诉人言顺招等被征地农民的合法权益。故该上诉理由不能成立，法院不予支持。上诉人言顺招提出"被上诉人没有审查公告前征地行为的合法性的情况下发布的征地公告，故该征地公告行为违法"。经查，被上诉人株洲市人民政府在湖南省人民政府土地征收审批前的报批行为是否合法与本案不属于同一法律关系，不属于本案的审理范围，故该上诉理由也不能成立，法院不予支持。

活动　土地征收方案的编制

资源：下述案例

试结合背景知识完成征收土地方案编制表（表格见附录）。

宿迁市人民政府征收土地与农用地转用相关信息

〔2011〕第09号

2011年8月19日，江苏省人民政府根据《中华人民共和国土地管理法》第四十六条、《中华人民共和国土地管理法实施条例》第二十五条和《江苏省土地管理条例》的有关规定，批准建设用地28.696 7 hm^2（征收土地28.696 7 hm^2、转用农用地4.207 2 hm^2）。宿迁市国土资源局依据宿迁市人民政府宿政复〔2002〕12号《宿迁市政府关于授权市国土资源局发布征用土地方案公告的批复》，现将江苏省人民政府批准的《征用土地方案》内容和有关事项公告如下：

一、建设用地项目名称：宿迁市宿豫区2011年度第3批次村镇建设用地

二、征用土地位置:顺河镇、蔡集镇、井头乡、陆集镇、大兴镇、关庙镇、侍岭镇、新庄镇

三、被征地村(组)及面积(参照项目 2 中活动)

四、土地补偿安置标准

土地补偿费和安置补助费标准如下:

地类名称	面积(hm^2)	土地补偿费(万元/hm^2)	安置补助费(万元/人)
耕地	1.502 2	24	1.4
园地	2.021 5	24	1.4
其他农用地	0.683 5	24	1.4
工矿居民点	24.439 2	24	
未利用地	0.050 3	12	

被征收前 3 年平均年产值为 3 万元/hm^2,土地补偿费为耕地被征收前 3 年平均年产值的 8 倍,安置补助费为耕地被征收前 3 年平均年产值的 6 倍。该区域人均耕地面积为 0.08 hm^2,征收前农业人口总数为 3 560 人,人均收入为 1 888 元/人,征收前人均耕地0.08 hm^2,征收后人均耕地 0.079 hm^2,地上附着物补偿费标准:3 万元/hm^2,青苗补偿费标准:1.2 万元/hm^2。

五、被征用土地所涉及的农业人员安置办法:根据市政府有关规定,实行货币安置。

六、被征用土地四至范围内的土地所有权人、使用权人在本公告规定的期限内,持土地权属证书或其他有关证明材料,到指定的地点办理征地补偿登记,请互相转告。

凡从土地行政主管部门现场调查之日起,抢建、抢种的地上附着物不予办理补偿登记。

征用土地位置	登记时间	登记地点	复核时间
顺河镇、蔡集镇、井头乡、陆集镇、大兴镇、关庙镇、侍岭镇、新庄镇	8 月 23 日至 9 月 3 日	宿豫分局	9 月 3 日

【背景知识】

土地征收方案的编制、审批及批后实施

1 土地征收方案的编制

1.1 土地征收方案编制的主体

土地征收方案一般由县级人民政府土地行政主管部门负责编制。

1.2 土地征收方案的内容

土地征收方案应当包括被征土地的范围、种类、面积、权属、产值等反映被征土地的基本情况的数据,土地补偿费、安置补助费标准及其他费用标准,被征地单位的经济状况,需要安置人员的安置途径等内容。以上内容以表格的形式填写,同时另附以下材料:

(1)《建设拟征(占)地土地权属情况汇总表》。

(2)耕地以外其他土地的有关补偿标准的规定。

(3)用地单位对本方案的意见。

(4)1∶500至1∶1 000征地红线图,能反映征地范围、面积、利用现状及权属关系。

1.3 土地征收方案编制程序

(1)确定征地范围。

(2)告知征地情况。当地国土资源部门应将拟征地的用途、位置、补偿标准、安置途径等,以书面形式告知被征地农村集体经济组织和农户。在告知后,凡被征地农村集体经济组织和农户在拟征地上抢栽、抢种、抢建的地上附着物和青苗,征地时一律不予补偿。

(3)现场调查并确认调查结果。确定了征地范围后,进行现场调查。调查的内容包括被征收土地的种类、面积、权属、年产值、被征地单位的经济状况、人均耕地面积、地上附着物及青苗情况。调查要仔细、认真,做到调查的情况清楚,掌握的数据准确。

(4)确定征地补偿费、需要安置的人数和安置途径。

(5)拟订土地征收方案。

(6)征求意见并组织听证。将拟订的土地征收方案征求当事人的意见。对拟征土地的补偿标准、安置途径,被征地农村集体经济组织和农户有申请听证的权利。当事人申请听证的,应按照《国土资源听证规定》规定的程序和有关要求组织听证。

(7)签字上报审批。

1.4 土地征收方案的审查与报批

1.4.1 审查的主要内容

(1)被征收土地界址、地类、面积是否清楚,权属是否无争议。

(2)被征收土地的补偿标准是否符合法律、法规的规定。

(3)被征收土地上需要安置人员的安置途径是否切实可行。

1.4.2 审查报批

有关土地行政主管部门收到上报的土地征收方案后,对材料齐全、符合报批条件的,应在5日内报同级人民政府审核。同级人民政府审核同意后,逐级上报有批准权的人民政府,并将审查所需的材料及时报送同级土地行政主管部门审查。有批准权的人民政府土地行政主管部门应当自收到上报的土地征收方案并按规定征求有关方面的意见后30日内审查完毕。土地征收方案经有批准权的人民政府批准后,同级土地行政主管部门应当在收到批件之日起5日内批复发出。

2 土地征收方案的批后实施

2.1 土地征收方案批后实施的工作程序

2.1.1 土地征收方案公告

土地征收方案经依法批准后,市、县人民政府应当自收到批准文件之日起10日内,在被征收土地所在地的乡、镇范围内予以公告。公告的内容包括批准征地机关、批准文号,征地的用途、范围、面积以及征地补偿标准,农业人员安置办法和办理补偿登记的期限等。

2.1.2 制订补偿登记方案

在进行征地补偿登记之前,应制订出补偿登记方案。补偿登记方案要具体安排各被征地的村庄登记的时间、顺序、具体工作人员等。

2.1.3 征地补偿登记

被征收土地的所有权人、使用权人应当在公告规定的期限内,持土地权属证书到公告指定的人民政府土地行政主管部门办理征地补偿登记。

2.1.4 拟订征地补偿安置方案,并公告、听取意见

市、县人民政府土地行政主管部门根据批准的土地征收方案及土地所有者和使用者的登记情况,会同有关部门拟订征地补偿安置方案。方案拟订后在被征收土地所在地的乡(镇)、村予以公告,听取被征地农村集体经济组织和农民的意见。对补偿标准有争议的,由县级以上地方政府协调;协调不成的,由批准征收土地的人民政府裁决。征地补偿安置争议不影响土地征收方案的实施。

2.1.5 征地补偿安置方案批准后实施

征地补偿安置方案报市、县人民政府批准后,由市、县人民政府土地行政主管部门组织实施。征地补偿费用应当自征地补偿安置方案批准之日起3个月内全部支付。

2.2 土地征收方案批后实施应注意的问题

(1)土地征收方案公告的内容要准确。

(2)对土地补偿登记的复核结果,必须征得土地所有权人或土地使用权人的签字认可。

(3)征地补偿安置方案制订时,在坚持原则的前提下,应与有关部门友好协商。

(4)对土地补偿费、安置补助费标准有争议的,要做好宣传教育工作,要耐心细致,不可急于求成,对法律规定不明确、群众反映强烈的问题应慎重决策,报政府批准后实施。

【补充阅读】

农用地征用转为建设用地的简明流程

目前,我国农用地转为建设用地的程序有以下几个步骤:

第一步,农用地转用、征用土地,必须符合土地利用总体规划、城市建设总体规划和土地利用年度计划。因此,用地单位在初步选定某农用地为建设用地后,应首先向国土资源局、建设部门、规划部门咨询是否符合该农用地的各项规划。

(1)规划必须符合原国家土地管理局发布的《土地利用总体规划编制审批规定》(《国家土地管理局令》第七号)的要求。

(2)如该建设项目列入国家国土资源局编写的《限制供地项目目录》,则地方人民政府批准提供建设用地前,须先取得国土资源部许可,再履行批准手续。

(3)如该建设项目列入国家国土资源局编写的《禁止供地项目目录》,则在禁止期限内,土地行政主管部门不受理其建设项目用地报件,各级人民政府也不批准提供建设用地。

第二步,确认该农用地可以用于建设,再根据建设部门的要求,进行建设项目可行性论证,向建设部门提交用地申请,建设部门审查符合的,颁发建设项目的《选址意见书》。用地单位应按规定缴纳选址规费。其中,农用地转用和土地征收批准文件有效期为两年。农用地转用或土地征收经依法批准后,市、县两年内未用地或未实施征地补偿安置方案的,有关批准文件自动失效。

第三步,用地单位持该《选址意见书》向同级国土资源局提出用地预审申请,由该国土资源局核发《建设项目用地预审报告书》。

建设项目用地预审文件有效期为两年,自批准之日起计算。已经预审的项目,如需对土地用途、建设项目选址等进行重大调整的,应当重新申请预审。

建设用地单位申请预审,应当提交下列材料:

(1)建设项目用地预审申请表(该表由国土资源部统一规定);

(2)预审的申请报告,内容包括:拟建设项目基本情况、拟选址情况、拟用地总规模和拟用地类型、补充耕地初步方案;

(3)需审批的建设项目还应提供项目建议书批复文件和项目可行性研究报告。项目建议书批复文件与项目可行性研究报告合一的,只提供项目可行性研究报告。

如建设项目涉密军事项目或是国务院批准的特殊建设项目用地的,建设用地单位可直接向国土资源部提出预审申请。

国土资源局在自受理预审申请或者收到转报材料之日起20日内,完成审查工作,并出具预审意见。20日内不能出具预审意见的,经负责预审的国土资源局负责人批准,可以延长10日。

第四步,用地单位凭《建设项目用地预审报告书》向建设部门、环保局等办理立项、规划、环保许可等手续,并缴纳各项审批费用。

环境保护部门根据《中华人民共和国环境保护法》和〔86〕国环字第003号《建设项目环境保护管理办法》对建设项目进行审批。

某些建设项目,还需要报劳动行政部门依据《建设项目(工程)劳动安全卫生预评价管理办法》予以审批。

第五步,用地单位再持以上审批文件,向原预审的国土资源局提出项目用地的正式申请。

第六步,国土资源局根据土地利用总体规划、城市建设总体规划和土地利用年度计划,拟订农用地转用方案、补充耕地方案、征地方案和供地方案,分不同类型,经各级人民政府审批。

能源、交通、水利、矿山、军事设施等确需单独选址建设的项目,在《国务院关于投资体制改革的决定》(国发〔2004〕24号)实施前批准立项的,仍按原规定报批用地;实施后,属国务院、国家发展改革等部门或省级人民政府批准、核准的单独选址建设项目,涉及农用地转用和土地征收的,报国务院批准;除此之外的单独选址建设项目,涉及农用地转用和土地征收的,报省级人民政府批准,其中征收土地面积超过省级批准权限的,土地征收必须报国务院批准;建设项目确需占用基本农田的,必须报国务院批准。

其中,如占用农用地没有涉及占用耕地的,则不需拟订补充耕地方案;农村集体经济组织占用本集体农用地和单位占用国有农用地的,不需拟订征地方案。

以下建设占用土地涉及农用地转为建设用地的,需报国务院批准:

(1)国务院批准的建设项目;

(2)国务院有关部门和国家计划单列企业批准的道路、管线工程和大型基础设施建设项目;

(3)省、自治区、直辖市人民政府批准的道路、管线工程和大型基础设施建设项目;

(4)在土地利用总体规划确定的直辖市、计划单列市和省、自治区人民政府所在地的城市以及人口在5万以上的城市建设用地规模范围内,为实施该规划按土地利用年度计划分批次用地;

(5)需要征用基本农田的;

(6)需要征用基本农田以外的耕地超过35 hm^2 的;

(7)需要征用其他土地超过70 hm^2 的。

第七步,由国土资源局具体负责对该农用地的所有权人和使用权人进行征用,签订补偿安置协议,按征地程序办理征地手续。

其中,征用土地的各项补偿,应在征地补偿安置方案批准之日起3个月内,由用地单位全额支付。用地单位未按期全额支付到位的,政府不发放建设用地批准书,农村集体经济组织和农民有权拒绝建设单位动工用地。如征用农村集体土地,征地补偿款也可由国土资源局委托用地单位直接向被征地农村集体经济组织支付。

国家征用土地的,依照法定程序批准后,由县级以上地方人民政府予以公告并组织实施。

征用土地的,按照被征用土地的原用途给予补偿。征地补偿包括土地补偿费、安置补助费、青苗补偿费和地上附着物补偿费。征用耕地的土地补偿费,为该耕地被征用前3年平均年产值的6~10倍。征用耕地的安置补助费,按照需要安置的农业人口数计算。需要安置的农业人口数,按照被征用的耕地数量除以征地前被征用单位平均每人占有耕地的数量计算。每一个需要安置的农业人口的安置补助费标准,为该耕地被征用前3年平均年产值的4~6倍。但是,每公顷被征用耕地的安置补助费,最高不得超过被征用前3年平均年产值的15倍。土地补偿费和安置补助费的总和不得超过土地被征用前3年平均年产值的30倍。

征用其他土地的土地补偿费和安置补助费标准,由省、自治区、直辖市参照征用耕地的土地补偿费和安置补助费的标准规定。被征用土地上的附着物和青苗的补偿标准,由省、自治区、直辖市规定。征用城市郊区的菜地,用地单位应当按照国家有关规定缴纳新菜地开发建设基金。

征用耕地的土地补偿费,为该耕地被征用前3年平均年产值的6~10倍。这里的"该耕地",是指实际征用的耕地数量。而每一个需要安置的农业人口的安置补助费标准,为该耕地被征用前3年平均年产值的4~6倍中的"该耕地",则是指在被征用土地所在地,被征地单位平均每人占有的耕地数量。

第八步,国土资源局根据批准的供地方案,在征地的补偿、安置补助完成后,向用地单位发出批准用地文件和《建设用地批准书》,被征地单位应在规定的期限内交出土地。

其中,农村集体经济组织占用本集体的农用地或单位占用国有农用地的,经批准办理了农用地转用手续后,国土资源局可直接发出用地文件。

城市分批次建设用地和单独选址建设项目用地经依法批准后,国土资源部门应通过新闻媒体或其他形式向社会公开批准情况;建设单位应将农用地转用、土地征收批准文件及建设用地批准书等在施工场地悬挂,接受社会的监督。

第九步,被征用单位交出土地后,该土地即成为国有土地,由国土资源局与土地使用者签订国有土地有偿使用合同(出让供地)或向土地使用者核发划拨决定书(划拨供地)。用地单位按约定缴纳出让费用。

但商业、旅游、娱乐和商品住宅等各类经营性用地，则必须以招标、拍卖或者挂牌方式出让。用地单位只有中标，才可获得该国有土地的使用权。

国有土地出让成交签订《国有土地使用权出让合同》时，必须将规划设计条件与附图作为《国有土地使用权出让合同》的重要内容和组成部分。没有城乡规划行政主管部门出具的规划设计条件，国有土地使用权不得出让。如因特殊原因，确需改变规划设计条件的，应当向城乡规划行政主管部门提出改变规划设计条件的申请，经批准后方可实施。

第十步，签订出让合同并按约定缴纳费用后，用地单位才真正获得该土地的使用权，用地单位即可办理建设项目的相关审批手续予以施工建设。

其中，已经办理审批手续的非农业建设占用耕地，1 年内不用而又可以耕种并收获的，由原耕种该幅耕地的集体或者个人恢复耕种，用地单位也可以自行组织耕种；1 年以上未动工建设的，按照省级规定缴纳闲置费；如超过连续 2 年未使用的，经原批准机关批准，县级以上政府会下达《收回国有土地使用权决定书》，终止土地有偿使用合同或者撤销建设用地批准书，注销土地登记和土地证书，即无偿收回土地使用权，并交由原农村集体经济组织恢复耕种。

其中，国有土地使用权出让的受让方在签订《国有土地使用权出让合同》后，应当持《国有土地使用权出让合同》向市、县人民政府城乡规划行政主管部门申请发给建设项目选址意见书和建设用地规划许可证。城乡规划行政主管部门对《国有土地使用权出让合同》中规定的规划设计条件核验无误后，同时发给建设项目选址意见书和建设用地规划许可证。

第十一步，如用地单位欲转让该土地使用权，必须符合国家关于已出让土地转让的规定和《国有土地使用权出让合同》的约定。转让国有土地使用权时，不得改变规定的规划设计条件。以转让方式取得建设用地后，转让的受让人应当持《国有土地使用权转让合同》、转让地块原建设用地规划许可证向城乡规划行政主管部门申请换发建设用地规划许可证。

思考题

1.土地征收的概念是什么？
2.土地征收的审批权限是如何规定的？
3.土地征收补偿费用包括哪些？征收耕地如何补偿？
4.什么是征地统一年产值，它的作用是什么？
5.什么是征地区片价？
6.安置被征地农民的途径有哪些？
7.简述土地征收方案的内容及方案编制的程序。
8.简述土地征收方案批后实施的工作程序。

项目4　国有建设用地管理

【学习目标】

1.能够明确我国建设用地供地政策和标准；

2.能够运用国有建设用地供地相关法律法规解决新增建设用地土地有偿使用费及国有土地使用权收回等问题。

【知识目标】

1.掌握国有建设用地的概念、范围；

2.掌握国有建设用地供应的概念、基本条件、方式和供地的政策和标准；

3.熟悉新增建设用地土地有偿使用费的征收范围、缴纳标准、分成管理、征收管理、使用管理及收支管理监督检查；

4.熟悉国有土地使用权收回的概念、收回的相关法律、法规，具体范围，行使主体和程序及有偿收回的补偿标准；

5.掌握临时用地的概念、特点、临时使用土地的条件和要求、审批程序。

任务1　国有建设用地供应管理

【任务目标】

1.掌握国有建设用地概念、范围；

2.国有建设用地供应的概念、基本条件和供地方式；

3.会填写建设用地项目供地方案；

4.熟悉国有建设用地供地的政策和标准，能够分析相关问题。

【学习过程】

1.案例导入

2.视频播放（[焦点访谈]违法建设为何肆无忌惮）

3.分组讨论

【案例导入】

划拨土地必须符合法律规定的范围条件

——张某要求撤销厦门市人民政府“57号批复”案

2006年2月13日，厦门市人民政府作出厦府〔2006〕地57号《厦门市人民政府关于“和平里酒店二期”拆迁用地的批复》(简称“57号批复”)给厦门市文安旧城改造有限公司。该批复的内容为：经研究，同意在鹭江道北侧划拨国有土地8 987.767 m^2，作为“和平里酒店二期”的拆迁用地。涉及地上物拆迁安置等问题，请联系市国土资源与房产管理局按照有关规定办理。本批文仅用于该项目的征地拆迁等前期工作，有效期两年。2006年10月30日，上述地块中被拆迁人张禾泉等三人起诉厦门市国土资源与房产管理局，要求撤销其颁发的“和平里酒店二期”的拆迁行政许可证。审理中厦门市国土资源与房产管理局将“57号批复”作为颁发拆迁许可证中应提供的“国有土地使用权批准文件”使用，并作为证据提交。张禾泉在拿到“57号批复”后，认为厦门市人民政府将酒店用地以划拨的形式批复给文安公司，不符合法律规定，造成国有土地流失以及原告的土地使用权被剥夺和房屋将被拆除，遂起诉至厦门市中级人民法院，要求撤销“57号批复”。最终法院判决认为，政府以批复方式将国有土地划拨为“酒店经营”的拆迁用地，违反《土地管理法》第五十四条规定和国土资源部《招标拍卖挂牌出让国有建设用地使用权规定》第四条规定，但是政府以批复的形式违法将国有土地划拨为酒店建设用地，第三人依据该批复取得拆迁许可，并已完成了大部分拆迁安置工作，如果撤销该批复，将会给国家利益、公共利益造成重大损失，因此法院适用确认行政行为违法判决，责令采取相应补救措施。

【分析】

由于土地出让有关规定要求经营性用地出让前达到净地要求，即必须先完成拆迁再公开出让，而办理拆迁许可必须取得用地批准文件，因此才出现了本案中的“57号批复”，实践中，各地均有类似情况发生。这一批复与正常批准划拨用地不同，“仅用于该项目的征地拆迁等前期工作”，即文安公司并没有取得地块的土地使用权，酒店用地将在拆迁完成后公开出让，但这一“划拨”用地批复已经违反了法律规定，其“划拨”用地的范围不符合本条规定的范围。2011年国家出台《国有土地上房屋征收与补偿条例》，结束了城市房屋拆迁的历史，对于储备土地如何操作，各地也在进行不同的尝试。

活动　国有建设用地供地方案的编制

资源：采取挂牌方式出让德兴市西园工业小区地块国有建设用地使用权，建设用地项目名称为工业用地，建设用地单位名称为德兴市塑料厂，现状用途为工业用地，供地计划指标为江西省2014年度下达国有建设用地的供地计划指标，本项目不分期建设，申请用途为工业用地，土地面积64 406 m^2(96.61亩)，四至详见用地红线图。土地用途为工业用地，用地出让年限50年。该宗地评估总价850.16万元(8.8万元/亩)，挂牌起始价851万元，竞买保证金200万元(不计息)，增价幅度每次不少于1万元。该宗地容积率≤1.2，建筑密度

30%~45%,绿地率≤20%,建筑限高 24 m,行政办公及生活服务设施用地面积≤7%。土地交付后 6 个月内动工,建设项目计划开工时间为 2015 年 3 月,竣工时间为 2018 年 3 月。

结合背景知识,完成建设用地项目供地方案表(表格见附录十三)。

【背景知识】

国有建设用地供应管理

1 国有建设用地的概念

建设用地按其权属关系分为:国有建设用地和乡(镇)村集体建设用地两大类。

国有建设用地是指属于国家所有即全民所有的用于建造建筑物、构筑物的土地。国家对国有建设用地管理实行的是所有权和使用权分离的制度,即国有土地的所有权属于国家,不可流动,而土地使用权可以依法流动,即国有土地使用权可以出让(或划拨)、转让、出租、抵押等。

政府在国有建设用地管理上实行双重职能,即一方面代表国家行使所有权,可以对国有土地资产进行处置、收益、占有等,可以代表国家与土地使用者签订土地使用合同,决定对国有土地划拨或出让等;另一方面,政府担负着行政管理职能,即对土地进行规划、使用审批和对国有土地市场进行管理。

2 国有建设用地的范围

国有建设用地的范围包括以下几个方面的内容。

(1)现有的属于国家所有的建设用地。包括城市市区内土地、城市规划区外现有铁路、公路、机场、水利设施、军事设施、工矿企业使用的国有土地,国有农场内的建设用地等。

(2)依法征收的原属于农民集体所有的建设用地、未利用土地和办理了农用地转用和征收的原农民集体所有的农用地。

(3)依法办理农用地转用的国有农用地。

(4)依法批准使用的国有未利用土地。

3 国有建设用地供应的概念

《土地管理法》第四十三条规定,任何单位和个人进行建设,需要使用土地的,必须依法申请使用国有土地。但是,兴办乡镇企业和村民建设住宅经依法批准使用本集体经济组织农民集体所有的土地的,或者乡(镇)村公共设施和公益事业建设经依法批准使用农民集体所有的土地的除外。

国有建设用地供应,是指土地行政主管部门依据国家法律法规与政策,将国有建设用地使用权提供给建设用地单位使用的过程。

供地行为主要涉及是否提供建设用地、提供建设用地的方式、提供建设用地的数量、提供建设用地的位置以及提供建设用地所需要的条件等。

4 国有建设用地供应的基本条件

国有建设项目申请使用国有建设用地,必须符合下列条件,县级以上人民政府土地行政主管部门才能供应国有建设用地使用权:

(1)符合土地利用总体规划和城市规划。

(2)符合国家的土地供应政策。

(3)申请用地面积符合建设用地标准和集约用地的要求。

(4)划拨方式供地的必须符合法定的划拨用地条件。

(5)新增建设用地符合农用地转用和土地征收的条件。

5 国有建设用地供地的方式

根据我国的土地使用制度,国有土地使用权可以与土地所有权相分离,国家可以将国有土地使用权通过划拨、出让、租赁、作价出资或者入股等方式,依法确定给单位或个人使用。

5.1 国有建设用地划拨方式供应

5.1.1 国有建设用地划拨供应的概念

国有建设用地划拨供应,是指经县级以上人民政府依法批准后,在土地使用者依法缴纳了土地补偿费、安置补助费及其他费用后,国家将土地交付给土地使用者使用,或者将土地使用权无偿交给土地使用者使用的行为。

5.1.2 国有建设用地划拨供应的特点

(1)国有建设用地划拨供应包括土地使用者缴纳拆迁安置、补偿费用(如城市的存量土地或集体土地)和无偿取得(如国有的荒山、沙漠、滩涂等)两种形式。

(2)以划拨方式取得的土地使用权没有期限的规定。

(3)以划拨方式取得的土地使用权不得从事转让、出租、抵押等经营活动,即不得流转。如果需要转让、出租、抵押等,应当办理土地出让手续或经政府批准。土地使用者不需要使用该土地时,由政府无偿收回土地使用权。

(4)划拨土地使用权用途未经批准不得改变,需要改变用途的需经批准。改变用途后不属于划拨范围的,要实行有偿使用。

(5)取得划拨土地使用权,只需缴纳国家取得土地的成本和国家规定的税费,不缴土地有偿使用费。

5.1.3 国有建设用地划拨供应的范围

因划拨土地使用权是国家给予的一种特殊政策。因此,《土地管理法》对可以采取划拨土地使用权的供地范围作出了规定,主要有国家机关用地、军事用地、城市基础设施用地、公益事业用地、国家重点扶持的能源、交通、水利等基础设施用地,法律、行政法规规定的其他用地这几方面的内容。

5.2 国有建设用地出让供应

国有土地使用权出让,是指国家以土地所有者的身份将一定年限内的土地使用权让渡给土地使用者,并由土地使用者向国家支付土地出让金的行为。

国有土地使用权出让有协议出让、招标出让、拍卖出让、挂牌出让等方式。

5.3　国有土地使用权租赁供应

国有土地使用权租赁,是指国家将一定期限内的土地使用权让给土地使用者使用,由土地使用者按年度或定期向国家缴纳租金的行为。

国有土地使用权租赁可以根据具体情况实行短期租赁和长期租赁。对短期使用或用于修建临时建筑物的土地,应实行短期租赁,短期租赁年限一般不超过5年;对需要进行地上建筑物、构筑物建设后长期使用的土地,应实行长期租赁,具体租赁期限由租赁合同约定,但最长租赁期限不得超过法律规定的同类用途土地出让最高年限。采用国有土地使用权租赁方式,出租的年限一般较短,每年缴纳的租金较少,满足了中小投资者的需要,具有较强的灵活性。同时对现有划拨土地使用权逐步纳入有偿使用轨道也是一种很好的办法。但新增建设用地供应一般采用国有土地使用权出让的方式供地。

5.4　国有土地使用权作价出资(入股)供应

国家将一定年限的土地使用权作价,作为出资投入企业,形成国家股,国家从企业生产利润中取得相应的股息。这种方式实质上是国家对企业的一种投资行为。这种方式可以作为土地使用权出让的一种特殊形式。这种方式在国有企业改制改组中采用较多,既解决了国有土地资产的流失,又为国有困难企业的改制改组创造了条件。主要针对现有国有企业使用的划拨土地使用权需要改制时适用。对企业新增建设用地,特别是征收土地之后提供给用地单位使用的不能采用这种方式。

5.5　国有土地使用权授权经营方式供应

国家以一定年限的土地使用权作价后作为投资授权给经国务院批准设立的国家控股公司,由作为国家授权投资机构的国有独资公司和集团公司经营管理。被授权的公司和投资机构负责该土地的保值、增值,并可以凭政府主管部门发给的授权委托书向其他企业以作价出资(入股)或者租赁方式配置土地。

6　国有建设用地供地的政策和标准

6.1　国有建设用地供地的政策

近年来,国家先后出台的法律法规和政策,对国有建设用地供应提出了明确要求,成为各地供应国有建设用地的直接政策依据。国有建设用地供应的基本依据主要有:

(1)《物权法》、《土地管理法》;

(2)《中华人民共和国土地管理法实施条例》;

(3)《国务院关于深化改革严格土地管理的决定》(国发〔2004〕28号);

(4)《国务院关于加强土地调控有关问题的通知》(国发〔2006〕31号);

(5)《国务院关于促进节约集约用地的通知》(国发〔2008〕3号);

(6)《限制用地项目目录》、《禁止用地项目目录》(2006年本);

(7)《划拨用地目录》;

(8)《协议出让国有土地使用权规定》;

(9)《招标拍卖挂牌出让国有建设用地使用权规定》;

(10)《协议出让国有土地使用权规范》和《招标拍卖挂牌出让土地使用权规范》。

6.1.1　根据国家的产业政策,决定是否供地

依据上述国家的有关规定,对于不同类别的项目,有不同的供地政策,一般分为以下

三类:

(1)国家鼓励类项目可以供地,甚至要积极供地。

(2)国家限制类项目限制供地。由于限制供地项目多为竞争性项目,要尽量采用招标、拍卖、挂牌出让方式提供建设用地。

按照《限制供地项目目录》限制提供建设用地的是:对需在全国范围内统筹规划布点的,涉及国防安全和国家利益的,生产能力过剩需总量调控的,大量毁损土地资源或以土壤为生产原料的,需要低于国家规定地价出让、出租土地的,按照法律法规规定限制的其他建设项目。

(3)国家禁止类项目禁止供地。按照《禁止供地项目目录》禁止提供建设用地的是:危害国家安全或者损害社会公共利益的,国家产业政策明令淘汰的生产方式、产品和工艺涉及的,国家产业政策规定禁止投资的,按照法律法规禁止的其他建设项目。

6.1.2　根据有关法律,决定供地方式

(1)无偿划拨方式供地;

(2)有偿使用方式供地。

有偿使用国有土地使用权的形式主要包括:国有土地使用权出让、国有土地使用权租赁、国有土地使用权作价出资(入股)。

6.1.3　根据规划,决定供地的具体位置

根据土地利用总体规划、城市规划决定国有建设用地供地的位置。建设项目用地应安排在土地利用总体规划划定的建设用地区域内,并符合城市规划的要求。

6.1.4　根据年度计划,决定供地时间

根据建设项目建设的时间和土地供应年度计划,决定供地时间。

6.1.5　根据用地定额,决定供地数量

国有建设项目用地根据国家规定的具体建设用地定额指标,决定供地的数量。

6.2　现行建设用地使用的标准

从目前发布实施的各类用地标准来看,建设用地使用标准可以分为两个层次、四大类。第一层次为量化的控制性标准,第二层次为准入性标准。主要是以下四大类。

6.2.1　工程项目建设用地指标

工程项目建设用地指标,主要是依据工业项目通常的生产工艺、技术装备和总平面规划设计规范等条件确定的某一建设项目的用地面积标准。目前,国家已编制并批准发布了40多项工程项目建设用地控制指标,基本形成了工矿仓储、能源交通等基础设施以及科教文卫等领域的建设用地指标体系。

6.2.2　工业项目建设用地控制指标

(1)工业项目建设用地控制指标的内涵和目的。该指标主要针对一般制造业用地,结合经济评价和集约用地评价,给出了不同地区各类工业项目在投资强度、容积率、建筑系数、行政办公及生活服务设施用地所占比重、绿地率、土地用途等方面所必须达到的最低“门槛”要求。其目的是要提高投资强度和土地利用强度,走节地高效的工业化道路,促进产业结构调整和产业升级。

(2)现行工业项目建设用地控制指标。2008年,国土资源部修订发布了《工业项目建设用地控制指标》。该控制指标规定,工业项目的建筑系数应不低于30%,工业项目所需行政

办公及生活服务设施用地面积不得超过工业项目总用地面积的7%。严禁在工业项目用地范围内建造成套住宅、专家楼、宾馆、招待所和培训中心等非生产性配套设施。工业企业内部原则上不得安排绿地。但因生产工艺等有特殊要求需要安排一定比例绿地的，绿地率不得超过20%。

(3)工程项目建设用地指标和工业项目建设用地控制指标的区别。

这两个指标的最大区别在于：前者是对项目用地实行的最高标准控制；而后者则是从工业项目用地单位面积投资强度、土地利用强度、非生产性用地比例等方面实行的最低标准控制，达不到最低“门槛”要求的，不能供地。

6.2.3 《全国工业用地出让最低价标准》

《全国工业用地出让最低价标准》于2006年12月27日发布，并于2007年1月1日起实施。标准规定工业用地的出让底价和成交价格均不得低于所在地土地等类别相对应的最低价标准，如表4-1所示。

表4-1 全国工业用地出让最低价标准 (单位：元/m²)

土地等别	一等	二等	三等	四等	五等	六等	七等	八等
最低价标准	840	720	600	480	384	336	288	252
土地等别	九等	十等	十一等	十二等	十三等	十四等	十五等	
最低价标准	204	168	144	120	96	84	60	

6.2.4 《城市用地分类与规划建设用地标准》

《城市用地分类与规划建设用地标准》对规划建设用地指标控制的基本原则是：通过规划城市人口来确定城市的规划建设用地规模。具体来说，主要是通过以下三类指标来进行的：

(1)规划人均建设用地指标；

(2)规划人均单项建设用地指标；

(3)规划建设用地结构指标。

具体如表4-2、表4-3、表4-4所示。

表4-2 规划人均建设用地指标

现状人均建设用地水平(m²/人)	允许采用的规划指标		允许调整范围(m²/人)
	指标级别	规划人均建设用地指标(m²/人)	
≤60.0	Ⅰ	60.1~75.0	≤60.0
60.1~75.0	Ⅰ	60.1~75.0	60.1~75.0
	Ⅱ	75.1~90.0	
75.1~90.0	Ⅱ	75.1~90.0	75.1~90.0
	Ⅲ	90.1~105.0	
90.1~105.0	Ⅱ	75.1~90.0	90.1~105.0
	Ⅲ	90.1~105.0	
	Ⅳ	105.1~120.0	

续表 4-2

现状人均建设用地水平(m^2/人)	允许采用的规划指标		允许调整范围(m^2/人)
	指标级别	规划人均建设用地指标(m^2/人)	
105.1~120.0	Ⅲ	90.1~105.0	105.1~120.0
	Ⅳ	105.1~120.0	
>120.0	Ⅲ	90.1~105.0	>120.0
	Ⅳ	105.1~120.0	

表 4-3　规划人均单项建设用地指标

类别名称	用地指标(m^2/人)	类别名称	用地指标(m^2/人)
居住用地	18.0~28.0	绿地	≥9.0
工业用地	10.0~25.0	其中:公共绿地	≥7.0
道路广场用地	7.0~15.0		

注:①规划人均建设用地为Ⅰ级,有条件建造部分中高层住宅的大中城市,其居住用地指标降低到不少于16.0 m^2/人。

②大城市宜采用下限;设有大中型工业项目的中小工矿城市,其工业用地指标可提高到不大于30.0 m^2/人。

③规划人均建设用地指标为Ⅰ级的城市,道路广场用地指标可降低到不小于5.0 m^2/人。

表 4-4　规划建设用地结构指标

类别名称	占建设用地的比例(%)	类别名称	占建设用地的比例(%)
居住用地	20~32	道路广场用地	8~15
工业用地	15~25	绿地	8~15

注:①大城市中此比例宜取规定的下限;设有大中型工业项目的中小工矿城市,此比例可大于25%,但不宜超过30%。

②规划人均建设用地指标为Ⅳ级的小城市,此项比例宜取下限。

③风景旅游城市及绿化条件比较好的城市,此比例可大于15%。

7　供地方案的编制与审核

7.1　供地方案编制的主体

供地方案一般由县级人民政府土地行政主管部门负责编制。

7.2　供地方案的内容

供地方案的内容应当包括供地方式、面积、用途和时间,土地有偿使用费的标准、数额等。

7.3　供地方案的审核

供地方案审核的主要内容有以下几个方面:

(1)供地是否符合国家土地供应政策。

(2)申请用地面积是否符合建设用地标准和集约用地的要求。

(3)划拨供地的,是否符合法定的划拨供地的范围。

(4)以有偿使用方式供地的,供地的方式、年限、有偿使用费的标准、数额是否符合规定。

(5)只占用国有未利用土地的是否符合规划、是否界址清楚、面积准确。

任务2　新增建设用地土地有偿使用费及收缴办法

【任务目标】

1.掌握新增建设用地土地有偿使用费的征收范围、缴纳标准;
2.熟悉新增建设用地土地有偿使用费分成管理、征收管理、使用管理;
3.熟悉新增建设用地土地有偿使用费收支管理监督检查。

【学习过程】

1.案例导入
2.视频播放([江西卫视新闻]新增建设用地土地有偿使用费"反哺"耕地)
3.分组讨论

【案例导入】

活动　新增建设用地土地有偿使用费及收缴办法

资源:A省B县2005年共收取新增建设用地土地有偿使用费100万元。

两人一组,结合背景知识讨论可留给A省B县人民政府新增建设用地土地有偿使用费为多少万元?需要上缴中央财政的土地有偿使用费为多少万元?

【背景知识】

新增建设用地土地有偿使用费及收缴办法

土地有偿使用费包括:国有土地使用权出让中的土地出让金(纯收益),国有土地使用权租赁中的地租和国有土地使用权作价入股的股金等。新增建设用地土地有偿使用费,是指新增建设用地的平均土地纯收益,即国务院或省级人民政府在批准农用地转用、征收土地时,向取得出让等有偿使用方式的新增建设用地的县、市人民政府收取的平均土地纯收益。

根据《土地管理法》的规定,今后利用现有建设用地出让等有偿使用的土地有偿使用费全部留给地方,用于城市基础设施建设、土地开发和中低产田改造。

1　新增建设用地土地有偿使用费的征收范围

新增建设用地为农用地和未利用土地转为建设用地,由此产生的新增建设用地土地有偿使用费,由市、县人民政府按照国土资源部或省、自治区、直辖市国土资源管理部门核定的当地实际新增建设用地面积、相应等别和征收标准缴纳。新增建设用地土地有偿使用费的征收范围为：土地利用总体规划确定的城市（含建制镇）建设用地范围内的新增建设用地（含村庄和集镇新增建设用地）；在土地利用总体规划确定的城市（含建制镇）、村庄和集镇建设用地范围外单独选址、依法以出让等有偿使用方式取得的新增建设用地；在水利水电工程建设中，移民迁建用地占用城市（含建制镇）土地利用总体规划确定的经批准超出原建设用地面积的新增建设用地。

因违法批地、占用而实际发生的新增建设用地，应按照国土资源部认定的实际新增建设用地面积、相应等别和征收标准缴纳新增建设用地土地有偿使用费。

2 新增建设用地土地有偿使用费的缴纳标准

新增建设用地土地有偿使用费缴纳标准由财政部会同国务院土地行政主管部门按照全国城市土地分等和城镇土地级别、基准地价水平、各地区耕地总量和人均耕地状况，社会经济发展水平等情况制定，由国务院财政部门和土地行政主管部门联合发布，并定期调整公布。从2007年1月1日起，新批准新增建设用地的土地有偿使用费征收标准在原有基础上提高1倍，提高后的新增建设用地土地有偿使用费征收标准见表4-5。同时，根据各地行政区划变动情况，相应细化新增建设用地土地有偿使用费征收等别。

表4-5 新增建设用地土地有偿使用费征收标准 （单位：元/m^2）

等别	1	2	3	4	5	6	7	8	9	10	11	12	13	14	15
标准	40	120	100	80	64	56	48	42	34	28	24	20	16	14	10

3 新增建设用地土地有偿使用费分成管理

在新增建设用地土地使用费征收标准提高以前，《土地管理法》规定，新增建设用地的土地有偿使用费30%上缴中央财政，70%留给地方财政，用于耕地开发。归地方的土地收益分配办法，由省、自治区、直辖市人民政府规定。新增建设用地土地有偿使用费征收标准提高后，仍实行中央与地方3∶7分成体制。同时，为加强对土地利用的调控，从2007年1月1日起，调整地方分成的新增建设用地土地有偿使用费管理方式。地方分成的70%部分，一律全额缴入省级（含省、自治区、直辖市、计划单列市，下同）国库。

4 新增建设用地土地有偿使用费征收管理

新增建设用地土地有偿使用费由国土资源部和各省、自治区、直辖市国土资源管理部门在办理用地审批手续时负责征收，由财政部门负责征收管理，由财政部驻各省、自治区、直辖市、计划单列市财政监察专员办事处（以下简称财政部驻各地财政监察专员办事处）以及省级财政部门共同负责监督解缴。

按照农用地转用、征收土地等新增建设用地的审批程序，土地有偿使用费由取得新增建设用地的县、市人民政府按规定标准缴纳。缴纳程序介绍如下：

（1）开具新增建设用地土地有偿使用费缴款通知书。

国土资源部和各省、自治区、直辖市国土资源管理部门在办理用地审批手续时,应当开具新增建设用地土地有偿使用费缴款通知书,通知申请办理新增建设用地审批手续的市、县人民政府在规定的时间内依法足额缴纳新增建设用地土地有偿使用费,同时将缴款通知书抄送财政部、财政部驻各地财政监察专员办事处以及省级财政部门备查。缴款通知书应明确新增建设用地的地类、面积、适用的征收等别、征收标准以及应缴纳的新增建设用地土地有偿使用费具体数额。

(2)填写"一般缴款书",将土地有偿使用费按规定比例就地缴入中央金库和省级国库。

市、县人民政府在收到国土资源管理部门开具的缴款通知书后,应当及时通知市、县财政部门填写一份"一般缴款书",将应当缴纳的新增建设用地土地有偿使用费全额就地缴入国库。市、县财政部门在缴款时,"一般缴款书"中收款单位栏填写"财政部门",预算级次填写"中央和省级共享收入",收款国库栏填写当地实际收纳款项的国库名称;填写预算科目时,30%填列政府收支分类科目103013301目"中央新增建设用地土地有偿使用费收入"科目,70%填列政府收支分类科目103013302目"地方新增建设用地土地有偿使用费收入"科目。国库部门办理缴库手续后,将加盖国库印章的"一般缴款书"第四、第五联退市、县财政部门。市、县财政部门将收到的"一般缴款书"第四、第五联分别报送省级财政部门和财政部驻当地财政监察专员办事处备查。

(3)国务院或省级土地行政主管部门根据加盖银行收讫章的"一般缴款书"办理新增建设用地手续。

国土资源部和各省、自治区、直辖市国土资源管理部门应当在收到市、县人民政府已足额缴纳新增建设用地土地有偿使用费的有效凭证后,再依法办理用地批准文件,并抄送财政部、财政部驻各地财政监察专员办事处以及省级财政部门。财政部驻各地财政监察专员办事处以及省级财政部门,要按照国土资源管理部门开具的新增建设用地土地有偿使用费缴款通知书、缴款凭证、用地批准文件等,抽查核实市、县人民政府是否及时足额缴纳新增建设用地土地有偿使用费,并按月做好与国库以及国土资源管理部门的对账工作,确保有关数据准确无误。

严禁市、县人民政府和有关部门将新增建设用地土地有偿使用费转嫁给用地单位,由用地单位缴纳。严禁在审批新增建设用地时采取"以租代征"等方式,逃避缴纳新增建设用地土地有偿使用费。市、县人民政府凡不按国家规定的等别和征收标准及时足额缴纳新增建设用地土地有偿使用费的,国土资源部和各省、自治区、直辖市国土资源管理部门一律不得办理用地审批手续和批准文件。任何地区、部门、单位和个人,均不得减免、缓缴、挤占、截留和挪用新增建设用地土地有偿使用费。

5 新增建设用地土地有偿使用费使用管理

为提高新增建设用地土地有偿使用费使用效率,进一步改进和完善新增建设用地土地有偿使用费使用管理,从2007年1月1日起,中央分成的新增建设用地土地有偿使用费,由财政部会同国土资源部主要参照各地国土资源管理部门核实的截至上一年底基本农田面积和国家确定的土地开发整理重点任务分配给各省、自治区、直辖市、计划单列市,并向中西部地区和粮食主产区倾斜,专项用于基本农田建设和保护、土地整理、耕地开发等开支。

各省、自治区、直辖市、计划单列市分成的部分，加上中央财政专项分配的新增建设用地土地有偿使用费，统一由省级财政部门会同国土资源管理部门，主要参照各地国土资源管理部门核实的截至上一年底基本农田面积、国家和省级确定的土地开发整理重点任务分配给市、县，专项用于基本农田建设和保护、土地整理、耕地开发等开支，而不得用于下列支出：

(1)项目区外不直接与项目相配套的道路工程、灌溉与排水工程、电力工程和村庄改造等基础设施建设工程支出。

(2)与项目实施无关的车辆、机械等设备购置，以及农业生产用具、设备等不属于项目规划设计需要的设备购置支出。

(3)办公场所改扩建、发放奖金津贴、补充工作经费、平衡公共预算。

(4)对外投资，赞助和捐赠支出，支付的滞纳金、罚款、违约金、赔偿金以及与项目实施无关的其他支出。

6　新增建设用地土地有偿使用费收支管理监督检查

省级财政部门以及财政部驻各地财政监察专员办事处要加强对新增建设用地土地有偿使用费管理的监督检查，建立定期检查制度。国土资源管理部门要建立新增建设用地和基本农田保有量监督检查制度，充分运用航空、遥感等技术方法和手段，核实当年新增建设用地面积和耕地面积，强化新增建设用地土地有偿使用费征收管理与监督。对未依法办理农用地审批、未利用地转用审批、"以租代征"和未批先用等违法批地、用地行为占用土地的，不按规定及时足额解缴新增建设用地土地有偿使用费的，以及擅自减免、缓缴、截留、挤占、挪用新增建设用地土地有偿使用费的，要严格按照《土地管理法》以及《财政违法行为处罚处分条例》(国务院令第427号)等有关法律法规进行处理，按日加收滞纳金，并依法追究有关责任人的责任。

任务3　国有土地使用权收回

【任务目标】

1.掌握国有建设用地收回的概念、收回行为的法律和行政法规依据；
2.熟悉收回土地使用权行为的法律性质分析、具体范围；
3.熟悉国有土地使用权收回的行使主体和程序；
4.熟悉国有土地使用权有偿收回的补偿标准。

【学习过程】

1.案例导入
2.视频播放([CCTV13新闻]闲置土地满两年无偿收回使用)
3.分组讨论

【案例导入】

收回国有土地使用权适用法律须正确

——宣某等18名原告不服国土资源局收回住宅土地使用权决定行政诉讼案

2002年12月31日，被告浙江省衢州市国土资源局作出衢市菌土〔2002〕第37号《收回国有土地使用权通知书》，通知宣某等18名原告：根据《中华人民共和国土地管理法》、《浙江省实施〈中华人民共和国土地管理法〉办法》及有关规定，将收回各原告在柯城区卫宁巷住宅的国有土地使用权，收回中涉及的拆迁补偿事宜由第三人——中国建设银行衢州市分行负责，具体拆迁事务由有关拆迁事务所负责。原由各原告申请登记的住宅国有土地使用权予以注销，并在签订拆迁补偿协议时将土地证交回。宣某等18名原告不服国土资源局的决定，于2003年4月4日向浙江省衢州市柯城区人民法院提起行政诉讼。法院认为被告国土资源局在收回决定的书面通知中，对决定收回各原告住宅国有土地使用权所依据的法律条款应当予以具体说明而没有说明，属于适用法律错误。在诉讼中提供的衢州市发展计划委员会〔2002〕35号《关于同意扩建营业用房项目建设计划的批复》、《建设项目选址意见书审批表》、《第三人扩建营业用房建设用地规划红线图》等有关证据，难以说明该决定是由于"公共利益需要使用土地"或"实施城市规划进行旧城区改造需要调整使用土地"的需要，故原告主张被告的具体行为主要证据不足，理由成立，应予支持，被告主张其作出的收回各原告国有土地的具体行政行为符合《土地管理法》规定的辩解不能成立。法院判定撤销被告衢州市国土资源局2002年12月31日作出的〔2002〕第37号收回国有土地使用权通知。

【分析】

政府收回土地使用权必须依法，符合法律规定的情形，并在收回土地的决定中明确说明依据的法律条款。除法律规定的情形外，政府收回土地的决定，法院将予以撤销。

【背景知识】

国有土地使用权收回

1　国有土地使用权收回的概念

所谓国有土地使用权的收回，是指人民政府依照法律的规定，收回用地单位和个人国有土地使用权的行为。

2　收回土地使用权行为的法律和行政法规依据

2.1　《土地管理法》

(1)《土地管理法》第三十七条第一款规定：禁止任何单位和个人闲置、荒芜耕地。已经办理审批手续的非农业建设占用耕地，一年内不用而又可以耕种并收获的，应当由原耕种该幅耕地的集体或者个人恢复耕种，也可以由用地单位组织耕种；一年以上未动工建设的，应当按照省、自治区、直辖市的规定缴纳闲置费；连续二年未使用的，经原批准机关批准，由县级以上人民政府无偿收回用地单位的土地使用权；该幅土地原为农民集体所有的，应当交由原农村集体经济组织恢复耕种。

（2）《土地管理法》第五十八条第一款规定：有下列情况之一的，由有关人民政府土地行政主管部门报经原批准用地的人民政府或者有批准权的人民政府批准，可以收回国有土地使用权：为公共利益需要使用土地的；为实施城市规划进行旧城区改建，需要调整使用土地的；土地出让等有偿使用合同约定的使用期限届满，土地使用者未申请续期或者申请续期未获批准的；因单位撤销、迁移等原因，停止使用原划拨的国有土地的；公路、铁路、机场、矿场等经核准报废的。

2.2 《城镇国有土地使用权出让和转让暂行条例》

（1）《城镇国有土地使用权出让和转让暂行条例》第十七条第二款规定：未按合同规定的期限和条件开发、利用土地的，市、县人民政府土地管理部门应当予以纠正，并根据情节可以给予警告、罚款直至无偿收回土地使用权的处罚。

（2）《城镇国有土地使用权出让和转让暂行条例》第四十条规定：土地使用权期满，土地使用权及其地上建筑物、其他附着物所有权由国家无偿取得。土地使用者应当交还土地使用证，并依照规定办理注销登记。

（3）《城镇国有土地使用权出让和转让暂行条例》第四十二条规定：国家对土地使用者依法取得的土地使用权不得提前收回。在特殊情况下，根据社会公众利益的需要，国家依照法律程序提前收回，并根据土地使用者已使用的年限和开发、利用土地的实际情况给予相应的补偿。

（4）《城镇国有土地使用权出让和转让暂行条例》第四十七条第一款规定：无偿取得划拨土地使用权的土地使用者，因迁移、解散、撤销、破产或者其他原因而停止使用土地的，市、县人民政府应当无偿收回其划拨土地使用权，并可依照本条例的规定予以出让。

2.3 《城市房地产管理法》

（1）《城市房地产管理法》第十九条规定：国家对土地使用者依法取得的土地使用权，在出让合同约定的使用年限届满前不收回；在特殊情况下，根据社会公共利益的需要，可以依照法律程序提前收回，并根据土地使用者使用土地的实际年限和开发土地的实际情况给予相应的补偿。

（2）《城市房地产管理法》第二十一条第二款规定：土地使用权出让合同约定的使用年限届满，土地使用者未申请续期或者虽申请续期但依照前款规定未获批准的，土地使用权由国家无偿收回。

（3）《城市房地产管理法》第二十五条规定：以出让方式取得土地使用权进行房地产开发的，必须按照土地使用权出让合同约定的土地用途、动工开发期限开发土地。超过出让合同约定的动工开发日期满一年未动工开发的，可以征收相当于土地使用权出让金百分之二十以下的土地闲置费；满二年未动工开发的，可以无偿收回土地使用权；但是，因不可抗力或者政府、政府有关部门的行为或者动工开发必需的前期工作造成动工开发迟延的除外。

2.4 《基本农田保护条例》

《基本农田保护条例》第十八条规定：禁止任何单位和个人闲置、荒芜基本农田。经国务院批准的重点建设项目占用基本农田的，满1年不使用而又可以耕种并收获的，应当由原耕种该幅基本农田的集体或者个人恢复耕种，也可以由用地单位组织耕种；1年以上未动工建设的，应当按照省、自治区、直辖市的规定缴纳闲置费；连续2年未使用的，经国务院批准，由县级以上人民政府无偿收回用地单位的土地使用权；该幅土地原为农民集体所有的，应当交由原农村集体经济组织恢复耕种，重新划入基本农田保护区。

3　收回土地使用权行为的法律性质分析

《土地管理法》、《城市房地产管理法》、《城镇国有土地使用权出让和转让条例》、《基本农田保护条例》规定了多种"收回土地使用权"的情形，其中既有土地使用权期满的"收回"，也有作为"土地违法案件"给予行政处罚的"收回"，还有作为其他依法定事由的"收回"。

3.1　土地使用权期满的"收回"

土地使用权期满的"收回"，是指出让的国有土地使用权期满后，由于土地使用者未申请续期，或者虽申请续期但未获批准，依照出让合同的约定，土地使用权由国家无偿收回。

《土地管理法》第五十八条第一款第三项、《城市房地产管理法》第二十一条第二款、《城镇国有土地使用权出让和转让暂行条例》第四十条的"收回"，属于土地使用权期满的"收回"。

3.2　行政处罚的"收回"

行政处罚的"收回"，是指因土地使用者违反了法律法规禁止性规定，被人民政府或土地行政主管部门依照法律法规的规定收回土地使用权。这种"收回"，首先是因为土地使用者发生了法律法规禁止的行为；其次，法律法规对这种违反法律法规的行为必须给予无偿收回土地使用权的惩处。

《土地管理法》第三十七条第一款、《基本农田保护条例》第十八条的"收回"，是土地使用者违反了"禁止闲置、荒芜耕地"，"禁止闲置、荒芜基本农田"的规定；《城市房地产管理法》第二十五条的"收回"，是土地使用者违反了"必须按照土地使用权出让合同约定的土地用途、动工开发期限开发土地"的规定，都属于行政处罚的"收回"；《城镇国有土地使用权出让和转让暂行条例》第十七条第二款的"收回"，该条款本身已明确是"处罚"。

3.3　其他依法定事由的"收回"

其他依法定事由的"收回"，是指土地使用者在没有违反法律法规禁止性规定的情况下，因发生某种法律法规规定应当收回土地使用权的事件，而被土地行政主管部门收回土地使用权。这里需要说明的是，首先，土地使用者没有违反法律法规的行为；其次，发生的事件可能是土地使用者自己的原因，如单位迁移、解散、撤销、破产，也可能是国家方面的原因，如为了公共利益，或者为了实施城市规划。

根据上面的阐述，我们可以确定，依据《土地管理法》第五十八条第一款第一、第二、第四、第五项，《城市房地产管理法》第十九条，《城镇国有土地使用权出让和转让暂行条例》第四十二条、第四十七条第一款的规定收回土地使用权，属于其他依法定事由的"收回"。

3.4 收回国有土地使用权的具体范围

（1）为公共利益需要使用土地的，包括城市基础设施、公益事业建设，国家重点扶持的能源、交通、水利、矿山、军事设施等建设需要使用土地的，不管是划拨土地还是出让未到期的土地，经过政府批准都可以行使国有土地收回权。

（2）为实施城市规划进行旧城区改建，需要调整使用土地的。城市国有土地使用权是城市旧城改造中遇到的难题。实际上旧城改造中不是将土地使用权收回，而是要对土地使用权进行重新调整。

（3）土地出让等有偿使用合同约定的使用期限届满，土地使用者未申请续期或者申请续期未获批准的。这在《城市房地产管理法》中规定“土地使用权出让合同约定的使用年限届满，土地使用者需要继续使用土地的，应当至迟于届满前一年申请续期，除根据社会公共利益需要收回该幅土地的，应当予以批准”。关于这类土地使用权收回的，土地使用权国家将不予补偿。

（4）因单位撤销迁移等原因，停止使用原划拨的国有土地的。法律规定，国有划拨土地不得出租、转让等，只能供批准的用地单位按批准的用途使用，如果单位撤销或迁移不再需要使用，则交回国家。因划拨土地不是有偿使用的，土地使用权不予补偿。如果单位需要将土地和地上建筑物转让，应当补办出让手续，对土地按有偿使用的办法处理。

（5）公路、铁路、机场、矿场等经核准报废的。按规定这部分土地是采用划拨方式提供的，不给予补偿。

（6）违约收回土地使用权。是指国家对土地使用者不按合同约定日期和用途使用土地的，收回土地使用权。以出让方式取得的土地使用权，必须信守出让合同约定的土地用途、开工期限。不按批准的用途使用土地，或满二年未动工开发的，可强制性收回土地使用权。划拨土地使用权未经原批准机关同意，连续二年未使用或不按批准的用途使用土地的，经县级以上政府批准，收回用地单位的土地使用权。

4 国有土地使用权收回的行使主体和程序

4.1 国有土地使用权收回的行使主体

《土地管理法》第三十七条及第五十八条明确规定，收回土地使用权的批准权限，是有批准权的人民政府或原批准用地的人民政府，而具体组织实施收回工作的，既可以是县级以上人民政府，也可以是有关人民政府的土地行政主管部门。

4.2 国有土地使用权收回的法定程序

根据《土地管理法》第五十八条、《土地登记办法》第六章“注销土地登记”和国土资源部办公厅资函〔2000〕215号的有关规定精神，县级以上人民政府收回土地使用者的国有土地使用权，由有关人民政府土地行政主管部门报经原批准用地的人民政府或者有批准权的人民政府批准，通知原土地使用者依法办理注销土地登记手续，为公共利益需要或者为实施城市规划进行旧城区改造，收回国有土地使用权的，应当依法给予适当补偿。土地使用者未按《土地登记规则》规定申请注销登记的，土地管理部门可以依照规定直接办理注销土地登记，注销土地证书。依法收回国有土地使用权，注销国有土地使用证后，方可批准新的土地使用者使用该宗土地。

对于闲置土地的收回,应按照国土资源部《闲置土地处置办法》第五条的规定收回国有土地使用权,由市、县人民政府土地行政主管部门报经原批准用地的人民政府批准后予以公告,下达《收回国有土地使用权决定书》,终止土地有偿使用合同或者撤销建设用地批准书,注销土地登记和土地证书。

近几年来行政机关在收回国有土地使用权时,有时出现违反程序的情况,应当引起有关部门重视。目前,在实践中,收回国有土地使用权常见的程序错误有以下四种:

(1)行政机关发文批准新的土地使用者行为在先,收回原土地使用者国有土地使用权、注销其国有土地使用证的行为在后。

(2)违反国务院行政公文行文的有关规定,将收回国有土地使用权的行政行为和批准新的土地使用者使用这宗国有土地的行政行为混淆,即同一个审批文件既收回国有土地使用权又批准新的土地使用者使用土地,批复只送达新的土地使用者,没有送达原国有土地使用者。

(3)注销原土地使用者国有土地使用证时,不依照国家《土地登记规则》中"注销土地登记"的规定程序办理。

(4)收回国有土地使用权时,不告知原土地使用者申诉权和应当享有的其他权利。

5 国有土地使用权有偿收回的补偿标准

《房地产估价规范》(GB/T 50291—1999)第6.7.6条目规定,依法以有偿出让、转让方式取得的土地使用权,根据社会公共利益需要拆迁其地上房屋时,对该土地使用权如果视为提前收回处理,则应在拆迁补偿估价中包括土地使用权的补偿估价。此种土地使用权补偿估价,应根据该土地使用权的剩余年限所对应的正常市场价格进行。

在具体操作实务中,一般由行使土地使用权收回的人民政府及其土地行政主管部门与土地使用者具体协商确定。对提前收回的国有土地使用权根据土地使用者已使用的年限和开发、利用土地的实际情况给予相应补偿。

任务4 临时用地管理

【任务目标】

1.掌握临时用地的概念、特点;

2.掌握临时使用土地的条件和要求、审批程序;

3.会分析有关临时使用土地出现的问题。

【学习过程】

1.案例导入

2.视频播放([河南新闻联播]加快南水北调中线工程临时用地返还复垦工作)

3.分组讨论

【案例导入】

临时用地批准通知书依法应注明使用期限

——砖厂不服国土局土地管理处罚行政诉讼案

1992年12月26日,被告批准给原告临时用地13亩作砖厂堆坯及窑基使用,发给原告的临时用地批准通知书上未注明使用期限。被告为贯彻江苏省甲市整顿窑业用地的精神,于1997年12月15日、1998年3月19日两次书面要求原告停窑复垦,原告未予理睬。被告于1998年6月9日对原告作出〔1998〕某土罚字第02号行政处罚决定,责令原告在1998年8月31日前拆除窑基、工棚和其他设施,退还非法占用的土地。原告不服于1998年6月29日向甲市规划国土局申请复议被维持后,于1998年8月17日向甲市乙区人民法院提起诉讼。

甲市乙区人民法院审理认为:被告1992年12月发给原告的临时用地批准书注明期限,而存档的临时用地批准书上的期限为1994年12月25日止,属被告工作中的失误,应以原告提供的批准通知书为依据,即第一次临时用地通知书未注明期限。被告提供了原告申请延长临时用地期限的报告及第二次批准原告临时用地期限至1996年12月30日止的通知书,应认定被告的第二次批准通知书客观存在,原告1996年12月30日后为非法占有土地。为贯彻十分珍惜和合理利用每寸土地、切实保护耕地的基本国策,判决维持甲市乙区国土管理局〔1998〕某土罚字第02号行政处罚决定。

根据《土地管理法》及相关法规,临时用地只能作为建设项目施工和地质勘察需要使用,而本案中原告的临时土地用途是窑业用地。窑业用地明确地属于会改变土地原来性质的永久性用地,需要使用窑业用地的应该申请使用建设用地,而不能以临时用地为名逃避政府的审批。本案中被告某区国土局批准原告利用临时用地发展窑业的行为已经违反了《土地管理法》。

【分析】

临时用地批准书必须注明临时用地期限,而被告发出的第一份临时用地批准书又没有期限,不符合法律程序,所以对行政相对人不发生效力,应以第二份注明期限的临时用地批准书上的用地期限为准。相关法律依据参照《土地管理法实施条例》第二十七条、第二十八条、第三十五条。

活动　有关临时用地

资源:H省A市B县C房地产开发公司征收B县W村的40亩基本农田以外的耕地,欲建一住宅小区。2005年5月1日,C房地产开发公司签订了出让合同,缴纳土地出让金500万元,并约定2005年6月1日开工。2006年12月1日该项目建设过程中,经批准,使用W村临时用地一块。

结合背景知识,试讨论:

(1)该临时用地的期限应为多少年?
(2)使用该临时用地需要签订合同吗?
(3)使用该临时用地需要给予补偿吗?

【背景知识】

临时用地管理

1 临时用地的概念

临时使用土地,简称为临时用地,是指因建设项目施工和地质勘察需要临时使用,在施工或者勘察完毕后不再需要使用的国有土地或者农民集体地。临时用地一般包括建设项目施工和地质勘察临时性用地,敷设电信线路临时性用地,埋设地下管道临时性用地,重点工程取土、弃土场临时性用地等。不包括因临时使用建筑物或其他设施而使用的土地。

2 临时用地的特点

临时用地,严格地说既不属于建设用地,也不属于农用地,而是一种临时改变土地用途的行为,它具有自身特点。

2.1 临时用地不改变原有土地的使用性质

原属于农用地的仍为农用地,而原为建设用地的仍为建设用地。因此,临时使用农用地的,无需办理农用地转用审批手续,使用结束后仍恢复原用途。

2.2 临时用地不改变土地的权属性质

原土地的所有权和使用权都无需改变,使用农民集体所有的土地不需要办理土地征收手续,使用国有土地的不必办理划拨和有偿使用手续,只需要签订临时使用土地合同。

2.3 临时用地使用的是城市内的空闲地、农用地和未利用土地

临时用地不包括因使用原有的建筑物而引起的使用土地的行为。如果使用原有建筑物、构筑物的应采用租赁的办法。

3 临时使用土地的条件和要求

临时使用土地的行为结束后,必须对原有的土地恢复原貌,临时用地严格地说不属于建设用地,但因临时用地往往与工程建设有关,所以常在建设用地的部分予以规定,并一同办理。

3.1 临时用地必须由县级以上人民政府土地行政主管部门批准

临时用地应由县级以上人民政府土地行政主管部门批准后方可使用,其中,在城市规划区内的临时用地,在报批前应当先经有关城市规划的行政主管部门同意。

3.2 临时用地必须签订临时使用土地合同

临时使用的土地,使用者应当根据土地权属,与有关土地行政主管部门或农村集体经济组织、村民委员会签订临时使用土地的合同。合同的内容包括使用土地的范围、用途、补偿标准及补偿方式、使用期限、对土地恢复措施等。

3.3 必须给土地所有者或原土地使用者予以补偿

因临时用地将会使土地使用者不能继续使用土地而造成经济上的损失,临时使用土地者应按照临时使用土地合同的约定支付临时使用土地补偿费。临时用地补偿费的标准提出以下建议性意见:一是比照永久性征收土地的标准,将土地补偿费部分的标准支付给被占地单位或个人(理由是临时占地不涉及安置问题);二是通过合同约定,本着“占一补三、占二补六”原则支付临时占地补偿费;三是通过合同约定,采取其他方式进行补偿,如实物补偿、用工补偿(换工)等。

3.4 按合同约定的用途使用,并不得修建永久性建筑物

因为临时用地不改变原有土地的地类,即原来是农用地的仍是农用地,一旦建成永久性建筑物,就改变了用地的性质,很难恢复,因此规定不得修建永久性建筑物,只可以修建一些临时建筑物,临时用地合同到期应恢复原貌。

3.5 临时使用土地的期限一般不超过两年

临时用地的使用时间随工程建设和勘测的需要不同而不同,有的只需要几个月或更短的时间,有的则需要长达3~5年,甚至10年。因此,规定一般为2年,需短的时间的可以根据需要在合同中约定。需要时间超过2年的,可以经批准机关批准,或2年后重新办理临时用地手续。

3.6 临时使用期满,应恢复土地原貌

临时使用土地期限届满,应恢复土地原貌,占用耕地的,应自期满之日起1年内恢复种植条件。

4 临时用地审批程序

(1)签订合同。

当临时使用未确定使用权的国有土地,用地单位应当与当地市、县国土管理部门签订临时使用土地合同;当临时使用农民集体所有土地或者其他单位使用的国有土地的,用地单位应当与农民集体经济组织和国有土地使用权单位签订临时使用土地合同。

(2)提出申请。

临时用地单位向当地市、县人民政府土地行政主管部门提出临时用地申请(不含中心城市所属区)。

(3)审查批准。

市、县人民政府土地行政主管部门对临时用地申请进行审查,做出是否批准临时用地的决定。

(4)临时用地单位按照批准的用途和期限合理使用土地。

使用期满,按规定要求将临时使用的土地交回原土地的所有者或者使用者,并负责恢复土地的原使用条件。

思考题

1.简述国有建设用地的概念、范围。

2.简述临时用地的概念、特点、条件和要求。

3.国有建设用地供地的政策有哪些?

4.国有建设用地供地的方式有哪些?

5.简述新增建设用地土地有偿使用费的概念、缴纳标准及分成。

6.简述新增建设用地土地有偿使用费缴纳的程序。

7.什么是国有土地使用权收回?

8.国有土地使用权收回的具体范围有哪些?

项目 5　国有土地使用权管理

【学习目标】

1.能够明确我国国有土地使用权的相关基本知识；

2.能够运用国有土地使用权的相关法律法规处理划拨出让、转让、出租、抵押过程中出现的问题。

【知识目标】

1.掌握划拨国有土地使用权的概念、办理程序及划拨国有土地使用权的转让、出租、抵押管理；

2.掌握国有土地使用权各种出让方式的概念、范围、具体的组织实施及合同签订；

3.掌握国有土地使用权转让的概念、原则、条件、方式及转让合同的签订；

4.熟悉国有土地使用权出租的概念、条件及合同的签订；

5.熟悉国有土地使用权抵押的概念、特征、合同的签订及抵押权的实现、中止和消灭。

任务 1　划拨国有土地使用权

【任务目标】

1.掌握划拨国有土地使用权的概念；

2.熟悉划拨国有土地使用权办理程序；

3.熟悉划拨国有土地使用权的转让、出租、抵押管理。

【学习过程】

1.案例导入

2.视频播放([焦点访谈]越纠越错的土地)

3.分组讨论

【案例导入】

擅自改变土地用途,国土管理部门可以收回土地使用权

——公路通行费某征收管理所改变土地用途受处罚案

1997年3月28日,市公路通行费某征收管理所(原告)根据莆政〔1997〕土43号市人民政府文件《关于同意市公路局建设征收公路车辆通行费管理所建设项目的批复》,依法取得划拨用地,并在该用地上建设办公楼、宿舍楼和加油站,1997年7月竣工使用,其中加油站由原告工会负责承包经营并出租。2004年市国土资源局(被告)发现原告未按批准用地要求,未经审批擅自将划拨地用于建设加油站并经营出租,属改变土地用途,违反了法律、法规的禁止性规定,于2004年12月27日对原告做出莆国土资行罚字〔2004〕第021号行政处罚决定书,收回加油站建设用地范围内1 303 m^2 的土地使用权,没收非法收入237 500元人民币,并处罚款83 125元人民币。原告不服向法院提起诉讼。法院审理认为原告未经规划和土地部门同意,未办理报批变更登记手续,更改用地用途建设加油站并经营出租至今,其行为违反法律、法规及规范性文件的禁止性规定,属于不按批准用途使用土地的改变土地用途的行为,判决维持被告市国土资源局的行政处罚决定。

【分析】

本案中原告未经批准将划拨用地改变土地用途作为经营性用途使用,违背了《土地管理法》第五十四条划拨用地使用范围和本法第五十六条规定擅自改变用途使用土地,当地国土部门收回土地使用权的决定是合法的。

活动　划拨国有土地使用权改变土地用途

资源:上述案例

两人一组,结合背景知识讨论上述案例中原告如果将划拨用地改变土地用途作为经营性用途使用,依照法律需办理什么样的手续?

【背景知识】

划拨国有土地使用权

1　国有土地使用权划拨的概念

国有土地使用权划拨是指经县级以上人民政府依法批准后,在土地使用者依法缴纳了土地补偿费、安置补助费及其他费用后,国家将土地交付给土地使用者使用,或者将土地使用权无偿交给土地使用者使用的行为。

这里所指的补偿、安置费用是指用地单位在征用集体土地或者通过行政划拨取得其他

单位已经使用的划拨土地的基础上取得国有土地使用权时支付给农民或原用地单位的,不是支付给国家的。

2 划拨用地的办理程序

2.1 申请

申请用地的建设单位持建设项目的批准文件、已批准的初步设计中的总体规划或总平面布置图、项目选址阶段的用地预审批准文件,向县级以上土地管理部门提出划拨用地申请。

2.2 审核

土地行政主管部门对用地单位的用地申请、用地范围、补偿安置方案进行审核。

2.3 批准

县级以上土地行政主管部门对划拨用地有关事项进行审查并报批后,向用地单位核发国有土地划拨决定书。

2.4 登记

用地单位完成国有土地划拨决定书中规定的事项之后,向土地行政主管部门提出申请,办理土地登记,核发国有土地划拨使用权证书。

3 划拨国有土地使用权的转让、出租、抵押管理

按照《城镇国有土地使用权出让和转让暂行条例》的规定,划拨土地使用权必须经过所在地市、县人民政府土地管理部门批准并补办土地使用权出让手续,签订土地使用权出让合同、补缴土地使用权出让金、办理土地出让登记手续后,才能取得转让、出租、抵押的合法权利。

任务2　招标拍卖挂牌出让国有土地使用权

【任务目标】

1.掌握招标拍卖挂牌出让国有土地使用权概念、范围;
2.熟悉招标拍卖挂牌出让国有土地使用权组织实施。

【学习过程】

1.案例导入
2.视频播放([优酷网]万玉广场土地拍卖会)
3.分组讨论

【案例导入 1】

法院拍卖划拨国有土地使用权应依法进行

2002 年 3 月,A 国有企业因扩大生产规模需要资金,向 B 企业借款 100 万元,约定按同

期银行贷款利率向该企业支付利息,两年到期后还本付息。2004年3月,借款到期后,A国有企业由于经营不善,无力偿还借款。多次催要无果后,B企业将A企业诉至市中级人民法院,要求偿还借款,并胜诉。判决生效后,A企业没有履行判决,B企业申请法院强制执行。随后,法院裁定查封了A国有企业名下的10亩国有划拨土地使用权,并准备委托拍卖机构公开拍卖。市土地行政主管部门得知此事后,即向法院提出异议,认为法院处理划拨土地使用权应经过有批准权的人民政府批推,并依法办理土地使用权出让手续。

【分析】

近年来,法院在案件执行过程中常常会遇到国有划拨土地使用权的处置问题,很多法院往往不与土地行政主管部门协商并报有关人民政府批准,便径自进行组织拍卖涉案划拨土地使用权,结果造成竞得人无法办理土地使用权变更登记的尴尬局面。土地使用权划拨,是指县级以上人民政府依法批准,将国有土地使用权无偿交付给土地使用者使用的行为。土地使用者通过划拨方式取得的土地使用权,即是划拨土地使用权。由于划拨土地使用权属于国家财产,在其转让问题上有严格的限制,应当报有批准权的人民政府审批,并由受让方办理土地使用权出让手续,缴纳土地使用权出让金,涉及改变土地使用用途的,还应当报规划部门批准。所以,法院不能直接拍卖不属于当事人的自有财产的国有划拨土地使用权,而应依法办理相应的审批手续后再行处置,否则就是违法。

本案中,A国有企业名下的10亩国有划拨土地使用权不属于当事人自有财产,法院不能对其直接处置,而应当征得当地土地行政主管部门同意,并报有批准权的人民政府审批。该宗土地的拍卖经市国土资源局提出异议后,法院及时停止了委托拍卖行为,避免了一场行政权和司法权的冲突,体现了司法的公正权威,有效防止了国有资产的流失。

【案例导入2】

竞买人提供虚假文件参与国有土地使用权挂牌

2006年3月21日,甲市国土资源局在当地新闻媒体上发布了国有土地使用权挂牌出让公告,公告包括拟挂牌宗地的位置、现状、面积、规划用途等内容,还告知竞买人应缴纳的竞买保证金。公告发出后,乙公司在规定时限内向甲市国土资源局缴纳了竞买保证金(转账支票)。甲市国土资源局在挂牌公告规定的挂牌起始日,将挂牌宗地的位置、面积、规划用途、使用年期、规划要求、起始价、增价规则及增价幅度等在挂牌公告规定的土地交易场所挂牌公布。在挂牌期限届满后,只有乙公司一个竞买人报价,且报价高于底价,甲市国土资源局与乙公司签订了成交确认书。成交确认书签订后,甲市国土资源局发现乙公司预缴保证金的转账支票是空头支票。2006年4月29日,甲市国土资源局根据《招标拍卖挂牌出让国有土地使用权规定》第二十五条的规定,书面通知乙公司该宗地挂牌出让结果无效,乙公司不服,向甲市人民法院提起诉讼。

【分析】

本案是一起因竞买人提供虚假文件致使土地出让结果无效的案例。由于乙公司预缴保证金的转账支票是空头支票，属于提供虚假文件隐瞒事实，所以甲市国土资源局书面通知乙公司该宗地挂牌出让结果无效是正确的。土地使用权挂牌出让与招标、拍卖一样，都是国家出让国有土地的一种方式者合在一起构成我们通常所说的土地使用权“招拍挂”制度。2002年5月9日，国土资源部发布了《招标拍卖挂牌出让国有土地使用权规定》，2007年9月，根据《物权法》的有关要求，对其进行了修订，又发布了《招标拍卖挂牌出让国有建设用地使用权规定》，对国有建设用地使用权招标拍卖挂牌出让制度作了进一步的规范和完善。

土地使用权“招拍挂”制度作为规范土地市场秩序的一种重要措施，将土地以更公平、合理的价格出让，减少人为干扰因素，可以从源头防治土地批租领域的腐败，也是实现土地资源优化配置，改善投资环境的根本性措施。建立科学、合理、完善的土地使用权招标拍卖挂牌制度，可以有效避免协议供地方式中容易出现的“人情批地”、“关系批地”，杜绝暗箱操作、人为压低地价等违法违规行为，以制度来规范土地市场管理，促使土地供应实现公开、公平、公正交易。因此，有人将土地使用权“招拍挂”制度的颁布和实施称为中国的“第二次土地革命”。

【背景知识】

国有土地使用权招标、拍卖、挂牌出让管理

为规范国有建设用地使用权出让行为，优化土地资源配置，建立公开、公平、公正的土地使用制度，根据《中华人民共和国物权法》、《中华人民共和国土地管理法》、《中华人民共和国城市房地产管理法》和《中华人民共和国土地管理法实施条例》，《招标拍卖挂牌出让国有建设用地使用权规定》已经于2007年9月21日在国土资源部第3次部务会议审议通过，自2007年11月1日起施行。

1　招标拍卖挂牌出让国有土地使用权的概念

招标出让国有土地使用权，是指市、县人民政府国土资源行政主管部门（简称出让人）发布招标公告，邀请特定或者不特定的自然人、法人和其他组织参加国有建设用地使用权投标，根据投标结果确定国有建设用地使用权人的行为。

拍卖出让国有土地使用权，是指出让人发布拍卖公告，由竞买人在指定时间、地点进行公开竞价，根据出价结果确定国有建设用地使用权人的行为。

挂牌出让国有土地使用权，是指出让人发布挂牌公告，按公告规定的期限将拟出让宗地的交易条件在指定的土地交易场所挂牌公布，接受竞买人的报价申请并更新挂牌价格，根据挂牌期限截止时的出价结果或者现场竞价结果确定国有建设用地使用权人的行为。

2　招标拍卖挂牌出让国有土地使用权的范围

工业、商业、旅游、娱乐和商品住宅等经营性用地以及同一宗地有两个以上意向用地者

的,应当以招标、拍卖或者挂牌方式出让。工业用地包括仓储用地,但不包括采矿用地。具体包括以下几个方面的内容:

(1)供应工业(包括仓储,不包括采矿用地)、商业、旅游、娱乐和商品住宅等各类经营性用地。

(2)其他土地供地计划公布后同一宗地有两个或者两个以上意向用地者的。

(3)划拨土地使用权改变用途,《国有土地划拨决定书》或法律、法规、行政规定等明确应当收回土地使用权,实行招标拍卖挂牌出让的。

(4)划拨土地使用权转让,《国有土地划拨决定书》或法律、法规、行政规定等明确应当收回土地使用权,实行招标拍卖挂牌出让的。

(5)出让土地使用权改变用途,《国有土地使用权出让合同》约定或法律、法规、行政规定等明确应当收回土地使用权,实行招标拍卖挂牌出让的。

(6)法律、法规、行政规定明确应当招标拍卖挂牌出让的其他情形。

3　招标拍卖挂牌出让国有土地使用权组织实施的概述

3.1　实施主体

国有土地使用权招标拍卖挂牌出让由市、县国土资源管理部门组织实施。

3.2　组织方式

市、县国土资源管理部门实施招标拍卖挂牌出让国有土地使用权活动,可以根据实际情况选择以下方式:

(1)市、县国土资源管理部门自行办理。

(2)市、县国土资源管理部门指定或授权下属事业单位具体承办。

(3)市、县国土资源管理部门委托具有相应资质的交易代理中介机构承办。

3.3　协调决策机构

国有土地使用权出让实行集体决策。市、县国土资源管理部门根据实际情况,可以成立国有土地使用权出让协调决策机构,负责协调解决出让中的相关问题,集体确定有关事项。

3.4　土地招标拍卖挂牌出让主持人

国有土地使用权招标拍卖挂牌出让活动,应当由符合国土资源部确定的土地招标拍卖挂牌出让主持人条件并取得资格的人员主持进行。

3.5　招标拍卖挂牌出让程序

(1)公布出让计划,确定供地方式。

(2)编制、确定出让方案。

(3)进行地价评估,确定出让底价。

(4)编制出让文件。

(5)发布出让公告。

(6)申请和进行资格审查。

(7)实施招标拍卖挂牌出让活动。

(8)签订出让合同,公布出让结果。

(9)核发《建设用地批准书》,交付土地。

(10)办理土地登记。

(11)资料归档。

4　招标拍卖挂牌出让国有土地使用权的组织实施

4.1　公布出让计划,确定供地方式

4.1.1　将经批准的国有土地使用权出让计划向社会公布

市、县国土资源管理部门应当将经批准的国有土地使用权出让计划向社会公布。有条件的地方可以根据供地进度安排,分阶段将国有土地使用权出让计划细化落实到地段、地块,并将相关信息及时向社会公布。国有土地使用权出让计划以及细化的地段、地块信息应当同时在中国土地市场网(www.landchina.com)上公布。

4.1.2　接受用地申请

市、县国土资源管理部门公布国有土地使用权出让计划、细化的地段、地块信息,应当同时明确用地者申请用地的途径和方式,公开接受用地申请。

4.1.3　用地预申请和申请

需要使用土地的单位和个人(简称意向用地者)应当根据公布的国有土地使用权出让计划、细化的地段、地块信息以及自身用地需求,向市、县国土资源管理部门提出用地申请。

为充分了解市场需求情况,科学合理地安排供地规模和进度,有条件的地方,可以建立用地预申请制度。单位和个人对列入招标拍卖挂牌出让计划内的具体地块有使用意向的,可以提出用地预申请,并承诺愿意支付的土地价格。市、县国土资源管理部门认为其承诺的土地价格和条件可以接受的,应当根据土地出让计划和土地市场情况,适时组织实施招标拍卖挂牌出让活动,并通知提出该宗地用地预申请的单位或个人参加。提出用地预申请的单位、个人,应当参加该宗地竞投或竞买,且报价不得低于其承诺的土地价格。

4.1.4　确定供地方式

根据意向用地者申请情况,符合招标、拍卖、挂牌出让规定的范围的土地使用权出让,应当采取招标、拍卖、挂牌方式。对不能确定是否符合招标、拍卖、挂牌出让规定的范围的具体宗地,可由国有土地使用权出让协调决策机构集体认定。

对具有综合目标或特定社会、公益建设条件,开发建设要求较高,仅有少数单位和个人可能有受让意向的土地使用权出让,可以采取招标方式,按照综合条件最佳者得的原则确定受让人;其他的土地使用权出让,应当采取招标、拍卖或挂牌出让方式,按照价高者得的原则确定受让人。

采用招标方式出让国有土地使用权的,应当采取公开招标方式。对土地使用者有严格的限制和特别要求的,可以采用邀请招标方式。

4.2　编制、确定出让方案

4.2.1　编制招标拍卖挂牌出让方案

市、县国土资源管理部门应当会同城市规划管理等有关部门,依据国有土地使用权出让计划、城市规划等,编制国有土地使用权招标、拍卖、挂牌出让方案。

国有土地使用权招标拍卖挂牌出让方案应当包括:拟出让地块的具体位置、四至、用途、面积、年限、土地使用条件、供地时间、供地方式、建设时间等。属于综合用地的,应明确各类具体用途、所占面积及其各自的出让年期。对于各用途不动产之间可以分割,最终使用者为

不同单位、个人的，应当按照综合用地所包含的具体土地用途分别确定出让年期；对于多种用途很难分割、最终使用者唯一的，也可以统一按照综合用地最高出让年限50年确定出让年期。

4.2.2 招标拍卖挂牌出让方案报批

国有土地使用权招标拍卖挂牌出让方案应按规定报市、县人民政府批准。

4.3 地价评估，确定出让底价

4.3.1 地价评估

市、县国土资源管理部门应当根据拟出让地块的条件和土地市场情况，依据《城镇土地估价规程》，组织对拟出让地块的正常土地市场价格进行评估。

地价评估由市、县国土资源管理部门或其所属事业单位组织进行，根据需要也可以委托具有土地估价资质的土地或不动产评估机构进行。

4.3.2 确定底价

有底价出让的，市、县国土资源管理部门或国有土地使用权出让协调决策机构应当根据土地估价结果、产业政策和土地市场情况等，集体决策，综合确定出让底价和投标、竞买保证金。招标出让的，应当同时确定标底；拍卖和挂牌出让的，应当同时确定起叫价、起始价等。

标底、底价确定后，在出让活动结束之前应当保密，任何单位和个人不得泄露。

4.4 编制出让文件

市、县国土资源管理部门应当根据经批准的招标拍卖挂牌出让方案，组织编制国有土地使用权招标拍卖挂牌出让文件。

招标拍卖挂牌出让文件应当包括出让公告、投标或者竞买须知、土地使用条件、标书或竞买申请书、报价单、中标通知书或成交确认书、国有建设用地使用权出让合同文本。

4.5 发布出让公告

4.5.1 发布公告

国有土地使用权招标拍卖挂牌出让公告应当由市、县国土资源管理部门发布。出让公告应当通过中国土地市场网和当地土地有形市场发布，也可同时通过报刊、电视台等媒体公开发布。

出让公告应当至少在招标拍卖挂牌活动开始前20日发布，以首次发布的时间为起始日。

经批准的出让方案已明确招标拍卖挂牌出让具体方式的，应当发布具体的“国有土地使用权招标出让公告”、“国有土地使用权拍卖出让公告”或“国有土地使用权挂牌出让公告”；经批准的出让方案未明确招标拍卖挂牌出让具体方式的，可以发布“国有土地使用权公开出让公告”，发布公开出让公告的，应当明确根据申请截止时的申请情况确定具体的招标、拍卖或挂牌方式。出让公告可以是单宗地的公告，也可以是多宗地的联合公告。

4.5.2 公告的内容

(1)出让人的姓名和地址。

(2)出让宗地的面积、界址、空间范围、现状、使用年限、用途、规划指标要求。

(3)投标人、竞买人的资格要求以及申请取得投标、竞买资格的办法。

(4)索取招标拍卖挂牌出让文件的时间、地点和方式。

(5)招标拍卖挂牌出让时间、地点、投标挂牌期限、投标和竞价方式等。

(6)确定中标人、竞得人的标准和方法。

(7)投标、竞买保证金。

(8)其他需要公告的事项。

4.5.3 公告的调整

公告期间,出让公告内容发生变化的,市、县国土资源管理部门应当按原公告发布渠道及时发布补充公告。涉及土地使用条件变更等影响土地价格的重大变动,补充公告发布时间距招标拍卖挂牌出让活动开始时间少于20日的,招标拍卖挂牌出让活动相应顺延。

发布补充公告的,市、县国土资源管理部门应当书面通知已报名的申请人。

4.6 申请和资格审查

4.6.1 申请

土地使用权招标拍卖挂牌出让的申请人,可以是中华人民共和国境内外的法人、自然人和其他组织,但法律法规对申请人另有限制的除外。

申请人可以单独申请,也可以联合申请。

申请人应在公告规定期限内缴纳出让公告规定的投标、竞买保证金,并根据申请人类型,持相应文件向出让人提出竞买、竞投申请。

4.6.1.1 单独申请

单独申请的,应提交下列文件:

(1)申请书。

(2)法人单位有效证明文件或申请人有效身份证明文件,表明该组织合法存在的文件或有效证明,境外法人、自然人、其他组织的有效身份证明文件。

(3)法定代表人的有效身份证明文件或表明该组织负责人身份的有效证明文件。

(4)申请人委托他人办理的,应提交授权委托书及委托代理人的有效身份证明文件。

(5)保证金缴纳凭证。

(6)招标拍卖挂牌文件规定需要提交的其他文件。

上述文件中,申请书必须用中文书写,其他文件可以使用其他语言,但必须附中文译本,所有文件的解释以中文译本为准。

4.6.1.2 联合申请

联合申请的,应提交下列文件:

(1)联合申请各方共同签署的申请书。

(2)联合申请各方的有效身份证明文件。

(3)联合竞买、竞投协议,协议要规定联合各方的权利、义务,包括联合各方的出资比例,并明确签订《国有土地使用权出让合同》时的受让人。

(4)申请人委托他人办理的,应提交授权委托书及委托代理人的有效身份证明文件。

(5)保证金缴纳凭证。

(6)招标拍卖挂牌出让文件规定需要提交的其他文件。

申请人竞得土地后,拟成立新公司进行开发建设的,应在申请书中明确新公司的出资构成、成立时间等内容。出让人可以根据招标拍卖挂牌出让结果,先与竞得人签订《国有土地使用权出让合同》,在竞得人按约定办理完新公司注册登记手续后,再与新公司签订《国有土地使用权出让合同变更协议》;也可按约定直接与新公司签订《国有土地使用权出让合同》。

4.6.2　申请及资格审查

出让人应当对出让公告规定的时间内收到的申请进行审查。

经审查，有下列情形之一的，为无效申请：

(1)申请人不具备竞买资格的。

(2)未按规定缴纳保证金的。

(3)申请文件不齐全或不符合规定的。

(4)委托他人代理但委托文件不齐全或不符合规定的。

(5)法律法规规定的其他情形。

经审查，符合规定条件的，应当确认申请人的投标或竞买资格，并通知其参加招标拍卖挂牌活动。采用招标或拍卖方式的，取得投标或竞买资格者不得少于 3 个。

出让人应当对申请人的情况进行保密。

申请人对招标拍卖挂牌出让文件有疑问的，可以书面或者口头方式向出让人咨询，出让人应当为申请人咨询以及查询出让地块有关情况提供便利。根据需要，出让人可以组织申请人对拟出让地块进行现场踏勘。

4.7　招标拍卖挂牌出让活动实施

4.7.1　招标

(1)投标　市、县国土资源管理部门应当按照出让公告规定的时间、地点组织招标投标活动。投标活动应当由土地招标拍卖挂牌主持人主持进行。

投标开始前，招标主持人应当现场组织开启标箱，检查标箱情况后加封。投标人应当在规定的时间将标书及其他文件送达指定的投标地点，经招标人登记后，将标书投入标箱。招标公告允许邮寄投标文件的，投标人可以邮寄，但以招标人在投标截止时间前收到的方为有效。招标人登记后，负责在投标截止时间前将标书投入标箱。投标人投标后，不可撤回投标文件，并对投标文件和有关书面承诺承担责任。投标人可以对已提交的投标文件进行补充说明，但应在招标文件要求提交投标文件的截止时间前书面通知招标人并将补充文件送达至投标地点。

(2)开标　招标人按照招标出让公告规定的时间、地点开标，邀请所有投标人参加。开标应当由土地招标拍卖挂牌主持人主持进行。招标主持人邀请投标人或其推选的代表检查标箱的密封情况，当众开启标箱。标箱开启后，招标主持人应当组织逐一检查标箱内的投标文件，经确认无误后，由工作人员当众拆封，宣读投标人名称、投标价格和投标文件的其他主要内容。开标过程应当记录。

(3)评标　按照价高者得的原则确定中标人的，可以不成立评标小组。按照综合条件最佳者得的原则确定中标人的，招标人应当成立评标小组进行评标。

评标小组由出让人、有关专家组成，成员人数为 5 人以上的单数。有条件的地方，可建立土地评标专家库，每次评标前随机从专家库中抽取评标小组专家成员。招标人应当采取必要的措施，保证评标在严格保密的情况下进行。评标小组可以要求投标人对投标文件中含义不明确的内容做出必要的澄清或者说明，但澄清或者说明不得超出投标文件的范围或者改变投标文件的实质性内容。

评标小组对投标文件进行有效性审查，有下列情形之一的，为无效投标文件：

①投标文件未密封的。

②投标文件未加盖投标人印鉴,也未经法定代表人签署的。

③投标文件不齐备、内容不全或不符合规定的。

④投标人对同一个标的有两个或两个以上报价的。

⑤委托投标但委托文件不齐全或不符合规定的。

⑥评标小组认为投标文件无效的其他情形。

评标小组应当按照招标文件确定的评标标准和方法,对投标文件进行综合评分,根据综合评分结果确定中标候选人。

评标小组应当根据评标结果,按照综合评分高低确定中标候选人排序,但低于底价或标底者除外。同时有两个或两个以上申请人的综合评分相同的,按报价高低排名,报价也相同的,可以由综合评分相同的申请人通过现场竞价确定排名顺序。投标人的投标价均低于底价或投标条件均不能够满足标底要求的,投标活动终止。

(4)定标　招标人应当根据评标小组推荐的中标候选人确定中标人。招标人也可以授权评标小组直接确定中标人。

按照价高者得的原则确定中标人的,由招标主持人根据开标结果,直接宣布报价最高且不低于底价者为中标人。有两个或两个以上申请人的报价相同且同为最高报价的,可以由相同报价的申请人在限定时间内再行报价,或者采取现场竞价方式确定中标人。

(5)发出《中标通知书》　确定中标人后,招标人应当向中标人发出《中标通知书》,并同时将中标结果通知其他投标人。《中标通知书》应包括招标人与中标人的名称,出让标的,成交时间、地点、价款,以及双方签订《国有土地使用权出让合同》的时间、地点等内容。《中标通知书》对招标人和中标人具有法律效力,招标人改变中标结果,或者中标人不按约定签订《国有土地使用权出让合同》、放弃中标宗地的,应当承担法律责任。

4.7.2　拍卖

市、县国土资源管理部门应当按照出让公告规定的时间、地点组织拍卖活动。拍卖活动应当由土地招标拍卖挂牌主持人主持进行。

拍卖会按下列程序进行:

(1)拍卖主持人宣布拍卖会开始。

(2)拍卖主持人宣布竞买人到场情况。设有底价的,出让人应当现场将密封的拍卖底价交给拍卖主持人,拍卖主持人现场开启密封件。

(3)拍卖主持人介绍拍卖地块的位置、面积、用途、使用年限、规划指标要求、建设时间等。

(4)拍卖主持人宣布竞价规则。拍卖主持人宣布拍卖宗地的起叫价、增价规则和增价幅度,并明确提示是否设有底价。在拍卖过程中,拍卖主持人可根据现场情况调整增价幅度。

(5)拍卖主持人报出起叫价,宣布竞价开始。

(6)竞买人举牌应价或者报价。

(7)拍卖主持人确认该竞买人应价或者报价后继续竞价。

(8)拍卖主持人连续三次宣布同一应价或报价而没有人再应价或出价,且该价格不低于底价的,拍卖主持人落槌表示拍卖成交,拍卖主持人宣布最高应价者为竞得人。成交结果对拍卖人、竞得人和出让人均具有法律效力。最高应价或报价低于底价的,拍卖主持人宣布拍卖终止。

(9)签订《成交确认书》。确定竞得人后，拍卖人与竞得人当场签订《成交确认书》。拍卖人或竞得人不按规定签订《成交确认书》的，应当承担法律责任。竞得人拒绝签订《成交确认书》也不能对抗拍卖成交结果的法律效力。《成交确认书》应包括拍卖人与竞得人的名称，出让标的，成交时间、地点、价款，以及双方签订《国有土地使用权出让合同》的时间、地点等内容。《成交确认书》对拍卖人和竞得人具有法律效力，拍卖人改变拍卖结果的，或者竞得人不按约定签订《国有土地使用权出让合同》、放弃竞得宗地的，应当承担法律责任。拍卖过程应当制作拍卖笔录。

4.7.3　挂牌

市、县国土资源管理部门应当按照出让公告规定的时间、地点组织挂牌活动。挂牌活动应当由土地招标拍卖挂牌主持人主持进行。

(1)公布挂牌信息在挂牌公告规定的挂牌起始日，挂牌人将挂牌宗地的位置、面积、用途、使用年限、规划指标要求、起始价、增价规则及增价幅度等，在挂牌公告规定的土地交易地点挂牌公布。挂牌时间不得少于10个工作日。

(2)竞买人报价，符合条件的竞买人应当填写报价单报价。有条件的地方，可以采用计算机系统报价。

竞买人报价有下列情形之一的，为无效报价：

①报价单未在挂牌期限内收到的。

②不按规定填写报价单的。

③报价单填写人与竞买申请文件不符的。

④报价不符合报价规则的。

⑤报价不符合挂牌文件规定的其他情形的。

(3)报价挂牌主持人确认该报价后，更新显示挂牌价格，继续接受新的报价。有两个或两个以上竞买人报价相同的，先提交报价单者为该挂牌价格的出价人。

(4)挂牌截止应当由挂牌主持人主持确定。设有底价的，出让人应当在挂牌截止前将密封的挂牌底价交给挂牌主持人，挂牌主持人现场打开密封件。在公告规定的挂牌截止时间，竞买人应当出席挂牌现场，挂牌主持人宣布最高报价及其报价者，并询问竞买人是否愿意继续竞价。

挂牌主持人连续三次报出最高挂牌价格，没有竞买人表示愿意继续竞价的，挂牌主持人宣布挂牌活动结束，并按下列规定确定挂牌结果。

①最高挂牌价格不低于底价的，挂牌主持人宣布挂牌出让成交，最高挂牌价格的出价人为竞得人。

②最高挂牌价格低于底价的，挂牌主持人宣布挂牌出让不成交。

有竞买人表示愿意继续竞价的，即属于挂牌截止时有两个或两个以上竞买人要求报价的情形，挂牌主持人应当宣布挂牌出让转入现场竞价，并宣布现场竞价的时间和地点，通过现场竞价确定竞得人。

(5)现场竞价应当由土地招标拍卖挂牌主持人主持进行，取得该宗地挂牌竞买资格的竞买人均可参加现场竞价。现场竞价按下列程序举行：

①挂牌主持人应当宣布现场竞价的起始价、竞价规则和增价幅度，并宣布现场竞价开

始。现场竞价的起始价为挂牌活动截止时的最高报价增加一个加价幅度后的价格。

②参加现场竞价的竞买人按照竞价规则应价或报价。

③挂牌主持人确认该竞买人应价或者报价后继续竞价。

④挂牌主持人连续三次宣布同一应价或报价而没有人再应价或出价,且该价格不低于底价的,挂牌主持人落槌表示现场竞价成交,宣布最高应价或报价者为竞得人。成交结果对竞得人和出让人均具有法律效力。最高应价或报价低于底价的,挂牌主持人宣布现场竞价终止。

在现场竞价中无人参加竞买或无人应价或出价的,以挂牌截止时出价最高者为竞得人,但低于挂牌出让底价者除外。

(6)签订《成交确认书》确定竞得人后,挂牌人与竞得人当场签订《成交确认书》。挂牌人或竞得人不按规定签订《成交确认书》的,应当承担法律责任。竞得人拒绝签订《成交确认书》也不能对抗挂牌成交结果的法律效力。《成交确认书》应包括挂牌人与竞得人的名称,出让标的,成交时间、地点、价款,以及双方签订《国有土地使用权出让合同》的时间、地点等内容。《成交确认书》对挂牌人和竞得人具有法律效力,挂牌人改变挂牌结果的,或者竞得人不按规定签订《国有土地使用权出让合同》、放弃竞得宗地的,应当承担法律责任。挂牌过程应当制作笔录。

4.8 签订出让合同,公布出让结果

4.8.1 签订《国有土地使用权出让合同》

招标拍卖挂牌出让活动结束后,中标人、竞得人应按照《中标通知书》或《成交确认书》的约定,与出让人签订《国有土地使用权出让合同》。

4.8.2 投标、竞买保证金的处理

中标人、竞得人支付的投标、竞买保证金,在中标或竞得后转作受让地块的定金。其他投标人、竞买人缴纳的投标、竞买保证金,出让人应在招标拍卖挂牌活动结束后5个工作日内予以退还,不计利息。

4.8.3 公布出让结果

招标拍卖挂牌出让活动结束后10个工作日内,出让人应当将招标拍卖挂牌出让结果通过中国土地市场网以及土地有形市场等指定场所向社会公布。

公布出让结果应当包括土地位置、面积、用途、开发程度、土地级别、容积率、出让年限、供地方式、受让人、成交价格和成交时间等内容。

出让人公布出让结果,不得向受让人收取费用。

4.9 核发《建设用地批准书》,交付土地

市、县国土资源管理部门向受让人核发《建设用地批准书》,并按照《国有土地使用权出让合同》、《建设用地批准书》确定的时间和条件将出让土地交付给受让人。

4.10 办理土地登记

受让人按照《国有土地使用权出让合同》约定付清全部国有土地使用权出让金,依法申请办理土地登记,领取《国有土地使用证》,取得国有土地使用权。

4.11 资料归档

出让手续全部办结后,市、县国土资源管理部门应当对宗地出让过程中的用地申请、审批、招标拍卖挂牌出让活动、签订合同等各环节相关资料、文件进行整理,并按规定归档。应归档的宗地出让资料包括以下内容:

(1)申请人的申请材料。
(2)宗地条件及相关资料。
(3)宗地评估资料。
(4)宗地出让底价及集体决策记录。
(5)宗地招标拍卖挂牌出让方案。
(6)宗地出让方案批复文件。
(7)招标拍卖挂牌出让文件。
(8)招标拍卖挂牌出让活动实施过程的记录资料。
(9)《中标通知书》或《成交确认书》。
(10)《国有土地使用权出让合同》及出让结果公布资料。
(11)其他应归档的材料。

【拓展知识】

国有土地使用权出让

1　国有土地使用权出让的含义、特点

1.1　国有土地使用权出让的含义

按照《城镇国有土地使用权出让和转让暂行条例》规定,国有土地使用权出让就是市、县土地管理部门以国家土地所有者代表的身份,通过协议、招标、拍卖、挂牌等方式将国有土地使用权在一定年限内让与土地使用者,并由土地使用者向国家支付土地使用权出让金的行为。按照出让合同规定和城市规划的要求,土地使用者可以开发、利用、经营土地。出让的国有土地使用权可以转让、出租、抵押或用于其他活动。无论土地使用权出让、转让、出租、抵押,国有土地所有权始终不变。出让合同规定的使用期满,用地者如不续期,十地使用权连同地上建筑物、附着物所有权由国家无偿取得。

1.2　国有土地使用权出让的特点

1.2.1　由单一的土地分配方式变为多种分配方式

政府供应土地不再单靠行政划拨,增加了出让土地使用权。出让土地可通过协议、招标、拍卖、挂牌出让方式进行。这就是说,用地者过去只能通过申请划拨,经层层审查、政府批准获得土地,而现在则可以通过出让方式,直接从土地市场获得土地。特别是采用招标、拍卖、挂牌出让竞价引进了市场调节机制,办事公开化,既可避免土地利用计划的盲目性和分配中的不正之风,简化用地手续,又可培养人们的商品经济观念和竞争意识,增强企业的经营自主权。

1.2.2　由长期无偿使用土地变为有偿有限期使用土地

尽管20世纪80年代初一些城市开征土地使用费,后来转变为土地使用税,但税费标准低,而且没有使用期限限制。出让土地需一次性收取出让金,并确定使用年限,就从根本上更新了人们的观念。土地不再没有价值,国有土地的所有权在经济上得到体现,不再流于形式。对土地所有者来说,维护了自身的合法权益,扩大了财政收入的来源;对用地者来说,增加了经济、年限的约束机制,调动了合理、节约使用土地的内在积极性。

1.2.3 由土地不允许转让变为可以自由流动

出让土地的使用权在使用年限内可以转让、出租、抵押或者用于其他经济活动,这就打破了长期以来土地不能转让、出租的禁锢。土地使用权作为特殊商品进入流通领域,适应了企业自主经营、自我调节的需要,促进了土地市场的建立和发育。用地者有了配置、调节土地的主动权,扩大了土地利用范围的投向,使得用地结构趋向合理,可以更好地发挥综合效益。作为重要生产要素的土地愈加活跃,必将带动整个商品经济的发展。

1.2.4 由土地行政批文变为经济合同制

出让土地需由土地管理部门与用地者签订《土地使用权出让合同》,规定使用条件,明确双方的权利和义务,从而把分配和使用土地按照国际惯例运作。依据经济办法和法律形式进行管理,适应了发展商品经济的需要,也便于维护土地所有者和使用者双方的合法权益,这在涉外用地中尤其重要。建立了合同制,就具备了法律保障,可使外商在中国投资使用土地时免除顾虑,增强信心,有利于更多地吸收外资,发展外向型经济。

出让国有土地使用权最主要的特点就是有偿、有限期、有流动。

2 国有土地使用权出让的法律关系要素

2.1 出让主体(出让方)

根据《中华人民共和国城镇国有土地使用权出让和转让暂行条例》(简称《出让和转让条例》,下同)规定,国有土地使用权出让主体必须是国家,这是因为国家是国有土地的所有者,土地使用权出让是国家以土地所有者的身份按照土地所有权与使用权分离的原则,将土地使用权在一定的年限内让与土地使用者,并由土地使用者向国家支付土地使用权出让金的行为。由于出让土地使用权是土地所有权的体现,必须由政府代表国家来行使,这一权力授予了土地所在地的市、县人民政府,市、县人民政府不能把权力再行下放,即区、乡、镇人民政府没有国有土地使用权出让权。出让土地使用权由市、县人民政府负责,具体工作则由政府职能部门来完成。市、县人民政府土地管理部门是国有土地的产权代表,负责国有土地使用权出让工作。

2.2 出让客体(标的)

出让土地使用权是国有土地使用制度改革中出现的新的土地提供方式。依据法律规定,只有国有土地使用权才能出让,集体土地使用权不得出让。这就是说,出让行为的客体只能是国有土地,需要占用集体土地的,应先按国家有关规定办理征收手续,将集体土地变为国有土地之后方可出让。这与出让的主体是国家有密切关系,国家是国有土地的所有者、非集体土地的产权代表。因此,国家出让的也只能是国有土地使用权。出让土地根据需要而定,可以是未开发的生地,也可以是已经进行了"七通一平"基础设施建设的熟地,但地下的各类自然资源、矿产及埋藏物和市政公用设施,不在土地使用权出让之列。

2.3 出让对象(受让方)

根据《出让和转让条例》规定,土地使用权出让的对象是中华人民共和国境内外公司、企业、其他组织和个人,即除法律另有规定外,任何公司、企业、组织和个人都可通过出让得到土地使用权。这既反映了我国土地使用制度改革的深度,也反映了扩大对外开放的程度。

3 国有土地使用权出让的基本原则

土地是一种稀缺的资源,珍惜和合理利用每一寸土地是我们的基本国策。国有土地使用权出让,必须遵循以下基本原则。

3.1 出让国有土地使用权是政府行为

由于政府以土地所有者的身份出现,因此出让土地使用权又是土地所有权的体现,必须由政府代表国家来行使,其他任何组织和个人都不能代理。出让土地使用权政策性强,涉及面广,需要在各部门之间做好协调工作,在群众中做好宣传工作,因此只有相当一级政府才能代表国家,《出让和转让条例》第九条规定"土地使用权的出让,由市、县人民政府负责",包括了市和县级人民政府,市、县人民政府不能再把权力下放,因此市辖区政府和乡(镇)政府也就没有出让土地的权力。

出让土地使用权由市、县人民政府负责,具体工作则要靠政府职能部门承担,《出让和转让条例》第十一条明确了"由土地管理部门实施"。这就确定了市、县土地管理部门不仅是政府管理土地的职能部门,同时也是国有土地的所有权代表者,双重身份决定了土地管理部门是出让土地使用权的主管部门。土地管理部门有责任、有义务主动积极做好这方面的工作。

3.2 出让土地使用权必须有计划地进行

有计划就是指要拟订计划,通过对社会需求状况、市场地价行情、土地资源储备等进行调查,确定土地供应数量、对象、时间、方式等。由于土地开发、利用对地区的经济社会发展影响较大,因此出让计划要和当地国民经济社会发展计划、年度基本建设投资计划和建设用地计划相协调,并要做可行性论证。

3.3 出让土地使用权必须履行报批手续

为了加强管理,严格把关,出让土地使用权除按出让计划进行外,出让地块还需履行报批手续。

4 土地使用权出让人与受让人的权利和义务

4.1 土地使用权出让的权利

代表国家土地产权的市、县人民政府作为土地使用权出让人的权利主要有以下几方面的内容。

4.1.1 科学测定和收取土地使用权出让金

土地使用权出让金的数额取决于土地价格,地价的测算直接关系到土地使用权出让的权益,因此要科学测算地价,使地价既能反映社会经济发展的程度,充分实现土地的经济价值,又能反映投资的软、硬环境。要严格收取土地的使用权价款,不得拖延。

4.1.2 监督土地使用权受让人正确行使土地使用权

监督土地使用权受让人正确行使土地使用权即对受让者是否按出让合同和城市规划要求开发、利用、经营土地进行监督。《城镇国有土地使用权出让和转让暂行条例》第十七条规定:未按合同规定的期限和条件开发、利用土地的,市、县人民政府土地管理部门应当予以纠正,并根据情节可以给予警告、罚款直至无偿收回土地使用权的处罚。

4.1.3 出让期满无偿地收回土地使用权及地面附着建筑物的权利

需要拆除的附着物,受让人应负责拆除或交付拆除费用;需要继续使用,允许办理续期出让申请,重新签订合同,支付土地使用权出让价款;使用期未满因公共利益需要,政府可以依照法律程序提前收回土地,但应根据实际情况给予受让人经济补偿。

4.2　土地使用权受让人的权利

土地使用权受让人作为土地的使用人在土地使用权期限内享有下列权利：

(1)取得被出让土地的一定期限的使用权。受让人在合同规定的期限内依照法律和合同规定享有被出让土地的占有、使用、收益、处分的权利。

(2)受让人在达到合同规定的开发建设要求后，将余期内土地使用权及地上建筑物有偿转让、赠与、出租、继承、抵押的权利。

4.3　土地使用权受让人的义务

土地使用权受让人的义务有以下几个方面的内容：

(1)支付土地使用权出让金。

(2)按出让合同规定的用途和要求使用土地。

(3)使用权期限届满，无偿地将土地使用权连同地上建筑物、附着物交还土地使用权出让人。

5　国有土地使用权出让的期限和方式

5.1　国有土地使用权出让的期限

土地使用权出让的年限，由国家和土地使用权受让方通过国有土地使用权出让合同来约定，但国家对出让的最高年限有具体规定，即居住用地70年，工业用地50年，教育、科技、文化、卫生、体育用地50年，商业、旅游、娱乐用地40年，综合或其他用地50年。

合同约定的年限不得超过国务院规定的国有土地使用权出让最高年限，超过最高年限的无效。

5.2　国有土地使用权出让的方式

所谓出让方式，是指国有土地的产权代表通过什么形式或程序将国有土地使用权出让给一定的土地使用者。根据《中华人民共和国城市房地产管理法》的规定，国有土地使用权的出让可以采取拍卖、招标、挂牌或者双方协议方式。

根据2007年9月21日国土资源部第3次部务会议审议通过的《招标拍卖挂牌出让国有建设用地使用权规定》(国土资源部令第39号)中的规定，工业(包括仓储用地，不包括采矿用地)、商业、旅游、娱乐和商品住宅等经营性用地以及同一宗地有两个以上意向用地者的，应当以招标、拍卖或者挂牌方式出让。

6　关于国有土地使用权出让最低价

6.1　协议出让最低价

国土资源部2003年6月发布的《协议出让国有土地使用权规定》(国土资源部令第21号)规定，协议出让最低价不得低于新增建设用地的土地有偿使用费、征地(拆迁)补偿费及按照国家规定应当缴纳的各项税费(含财政专项资金)之和；有基准地价的地区，协议出让最低价不得低于出让级别基准地价的70%。低于最低价时国有土地使用权不得转让。

6.2　全国工业用地出让最低价标准

根据《关于发布实施〈全国工业用地出让最低价标准〉的通知》(国土资发〔2006〕307号)的规定，工业用地必须采用招标拍卖挂牌方式出让，其出让底价和成交价格均不得低于所在地土地等别相对应的最低价标准。各地国土资源管理部门在办理土地出让手续时必须严格执行《全国工业用地出让最低价标准》(见表4-1),不得以土地取得来源不同、土地开发程度不同等各种理由对规定的最低价标准进行减价修正。

工业项目必须依法申请使用土地利用总体规划确定的城市建设用地范围内的国有建设用地。对少数地区确需使用土地利用总体规划确定的城市建设用地范围外的土地,且土地前期开发由土地使用者自行完成的工业项目用地,在确定土地出让价格时可按不低于所在地土地等别相对应最低价标准的60%执行。其中,对使用未列入耕地后备资源且尚未确定土地使用权人(或承包经营权人)的国有沙地、裸土地、裸岩石砾地的工业项目用地,在确定土地出让价格时可按不低于所在地土地等别相对应最低价标准的30%执行。对实行这类地价政策的工业项目用地,由省级国土资源管理部门报部备案。

对低于法定最高出让年期(50年)出让工业用地,或采取租赁方式供应工业用地的,所确定的出让价格和年租金按照一定的还原利率修正到法定最高出让年期的价格,均不得低于《全国工业用地出让最低价标准》。年期修正必须符合《城镇土地估价规程》(GB/T 18508—2001)的规定,还原利率不得低于同期中国人民银行公布的人民币五年期存款利率。

任务3 国有土地使用权转让

【任务目标】

1.掌握国有土地使用权转让的概念、原则;
2.掌握国有土地使用权转让的条件、方式;
3.熟悉国有土地使用权转让合同内容。

【学习过程】

1.案例导入
2.视频播放([浙江卫视新闻]云河大厦规划红线内土地,被业委会主任转让的事实)
3.分组讨论

【案例导入】

企业非法转让以出让方式取得的土地使用权

某水泥厂为县招商引资建设项目,2002年5月依法办理相关用地手续后,取得出让土地20亩用于建设厂区,计划建房117间,另建水塔1座和围墙构筑物等。同年9月,水泥厂正式投建,但由于临近某煤矿在水泥厂地基下采煤,造成该厂厂区地面严重断裂,房屋变形,迫使水泥厂基建工程于12月初停工,未如期完成建厂计划。适值此时,该县某汽车销售公司正急于寻找停车场地,得知水泥厂建设停工后,双方经协商于2003年2月签订了土地、房屋买卖合同,约定将水泥厂现有房屋 97 间和未完成的围墙及所占土地等卖给汽车销售公司,汽车销售公司一次性付给水泥厂 80 万元价款。合同签订后,双方未到土地管理部门办理相关手续。2003 年 5 月,汽车销售公司在使用水泥厂土地建停车场的过程中,被某县国土资源管理部门发现并查处。随后,汽车销售公司因用地未成将水泥厂诉至法院。

【分析】

根据《物权法》、《土地管理法》、《城市房地产管理法》等有关法律法规的规定,建设用地使用权人依法对国家所有的土地享有占有、使用和收益的权利,并可以将建设用地使用权转让,但是土地使用权转让应依法进行。第一,转让以出让方式取得的土地使用权时,要符合《城市房地产管理法》第三十九条规定的限制条件,这是一项强制性条款;第二,转让土地使用权,必须向土地所在地的县级以上人民政府土地行政主管部门提出土地变更登记申请,由原土地登记机关依法进行土地使用权变更登记;第三,如果转让后准备改变土地用途的,应当经土地行政主管部门同意并报原批准用地的人民政府批准,在城市规划区内的,报批前还应先经有关城市规划行政主管部门同意。

本案中,水泥厂依法办理相关用地手续后,合法取得了 20 亩的建水泥厂用地的土地使用权。后因临近煤矿采煤造成水泥厂地面严重断裂、房屋变形而停止了基建工程,经与汽车销售公司协商,将已建房屋及土地转让给汽车销售公司用作停车场,应依法到土地行政主管部门办理土地变更登记手续,经审查,如果符合转让条件并允许其改变用途的,才能办理土地使用权变更登记手续。而水泥厂未经批准,私下将其土地使用权转让给某汽车销售公司,并擅自改变了土地用途,违反了《土地管理法》和《城市房地产管理法》的有关规定。由此,人民法院判决某水泥厂与某汽车销售公司签订的合同无效是正确的。

【背景知识】

国有土地使用权转让管理

有偿出让的土地使用权与无偿划拨的土地使用权的一个主要不同点,就是用地者不仅可以使用土地而且可以经营土地,经营的内容包括在使用年限内可以转让、出租、抵押或者用于其他经营活动。

1　国有土地使用权转让的概念

《宪法》第十条规定:土地的使用权可以依照法律的规定转让。《土地管理法》第二条规定:土地使用权可以依法转让。这两部法律的规定为土地使用权的转让提供了法律依据。根据《城镇国有土地使用权出让和转让暂行条例》第十九条的,土地使用权转让是指土地使用者将土地使用权再转移的行为,包括出售、交换和赠与。具体地说,土地使用权转让是指城镇国有土地使用者在土地使用权未到期情况下,将土地使用权的剩余年限让渡给新的土地使用者的行为。目前土地使用权转让,主要是关于通过有偿方式获得土地的剩余使用年限内的土地使用权的转让。原来由行政划拨方式获得的土地需要办理土地使用权出让手续后方可进行转让。

土地使用权转让,属于地产市场的二级市场,是土地使用者之间的横向的土地经营行为。其经营内容是指土地使用权有偿出让之后,土地使用者通过一定的投资、开发和经营,将其支配的土地使用权全部或部分地再转移,新的土地使用者要向转让者支付一定的转让费。

需要指出的一点是,我国实行土地公有制,因而转让的是土地使用权,受让人仅对土地享有使用权,所有权仍属于国家。

2 国有土地使用权转让的方式

国省土地使用权转让的主要形式有出售、交换和赠与三种。

2.1 出售

土地使用权出售,即土地使用权买卖,是指土地使用者将土地使用权转移给他方,他方为此支付土地使用权转让金的行为。它的主要特征是土地使用权出售方必须把土地使用权转移给购买方,而购买方则按照等价交换原则向出售方支付相应的土地使用权转让金。

2.2 交换

土地使用权交换也叫土地使用权互易,是指当事人双方约定互相转移土地使用权或一方转移土地使用权,另一方转移金钱以外标的物而订立的合同。

从其定义可以看出:交换双方当事人必须以金钱以外的实物为标的物,否则就是买卖,而不是交换;必须有一方或双方以土地使用权作为转移对象。

出售和交换是土地使用权转让中具有突出市场特性的两种形式,转让双方都是根据土地市场中的供求状况决定成交价格的,市场经济中两者的性质是相同的,从法律性质看,两者均为双务有偿合同,双方当事人的法律地位也是相当的。

2.3 赠与

土地使用权赠与是指赠与人愿意把自己所有的土地使用权无偿转移给受赠人,受赠人愿意接受而签订赠与合同的行为。

土地使用权的赠与是一种无偿行为,受赠人可以无偿获得土地使用权而不需要付出任何代价,这一点与出售和交换不同;赠与合同的成立,需要双方达成共识,即不仅需要赠与人愿意赠与,而且还要受赠人愿意接受。

在实际生活中,土地使用权还存在土地入股、企业兼并、联建联营等经营性土地使用权转移方式,以及土地使用权继承,用地单位合并、分立、更名等非经营性土地使用权转移方式。

3 国有土地使用权转让的原则

土地使用权转让的原则是指法律规定的土地使用权转让所必须遵循的规则或准则。它对土地使用权转让不仅具有指导作用,而且具有规范效力,这种规范效力以国家法律为后盾,具有强制性、不可选择性。其目的在于使合法的转让依照国家的政策和法律得以顺利实施。

3.1 出让合同规定的全部权利和义务随土地使用权同时转移的原则

《城镇国有土地使用权出让和转让暂行条例》第二十一条规定:土地使用权转让时,土地使用权合同和登记文件中所载明的权利和义务随之转移。根据这一原则，土地使用权在规定期限内可以多次转让，但无论转移到谁手里，政府和土地使用者仍是出让关系，新的土地使用者仍要履行出让合同登记文件中所载明的权利和义务。这又被称为“认地不认人”的原则。

3.2　土地使用权与地上建筑物产权相一致的原则

《城镇国有土地使用权出让和转让暂行条例》第二十二条、第二十四条规定，土地使用权和地上建筑物产权，只要一个转移，另一个也随之转移。这也是土地和房屋的相互依存关系决定的。土地是房屋的载体，房屋是土地的附着物，只有取得土地使用权，才能拥有房屋所有权。而房屋所有权的转移，必然伴随着土地使用权的让渡；反之亦然。“房随地走”和“地随房走”的两重性是房地产市场产权流通的重要特征。当土地使用权被转让时，被转让土地上的建筑物和其他附着物也随之一起被转让。同样，当地上的建筑物或其他附着物的所有权发生转移时，土地使用权也必然同时转移。

3.3　效益不可损原则

在进行土地使用权转让时，不得损害土地上的建筑物和其他附着物的经济效益；反之，在转移建筑物和其他附着物所有权时，也不得损害土地使用权的经济效益。

3.4　平等、自愿、等价、有偿的原则

土地使用权转让的性质和特点，决定了它必须把当事人法律地位一律平等、经济利益等价有偿作为一项重要原则。同时，无论转让任何一块土地的使用权，都必须在双方自愿的情况下进行，任何单位和个人都不能横加干预。

3.5　政府监督管理的原则

土地是重要的生产资料，它直接影响国计民生。因此，土地市场的交易必须置于政府的监督管理之下。

4　国有土地使用权转让的条件

为了防止“炒卖地皮”现象发生，削弱地产投机给经济造成的负面影响，各个国家都对土地的转让条件作出限制，这是国际通行的对地产市场进行调节和控制的基本方法。我国《城市房地产管理法》和《城镇国有土地使用权出让和转让暂行条例》对土地使用权转让的条件进行了规定。

国有土地使用权转让应符合下列条件：

(1)按照出让合同约定已经支付全部土地使用权出让金，并取得土地使用权证书。

(2)按出让合同约定的期限和条件进行投资开发、利用。

《城镇国有土地使用权出让和转让暂行条例》规定土地使用权转让的基本条件是：按照土地使用权出让合同规定的期限和条件对土地进行了投资开发、利用。未满足上述条件的，土地使用权不得转让。

这里的期限不是指土地使用权出让年限，而是指使土地达到合同规定的开发、利用状态所需的时间，即土地使用者必须在规定的时间内在该地块投资多少或将该地块开发成什么规模。这里之所以要规定一定的期限，目的在于保证土地的投资速度，以便与整个城市建设、发展规划和经济发展的要求相协调，并且加快土地的开发利用。

这里的条件则指各种要求的总和。投资数额条件是指按照出让合同约定进行投资开

发,属于房屋建设工程的,完成开发投资总额的25%以上;属于成片开发土地的,形成工业用地或者其他建设用地条件。这里的土地利用要求条件首先是土地的用途。一般的出让合同都规定出让的地块用途,土地使用者不得擅自改变土地的用途。否则,即使符合其他转让条件,土地使用权也不得转让,还必须限期纠正。其次,土地利用要求是指合同规定的建筑容积率、建筑密度、建筑物的高度及层数、附着物高度、园林绿化比率、建筑物的遮阳比、室外地面标高、建筑物的配套设施建设等各项要求。

转让房地产时房屋已经建成的,还应当持有房屋所有权证书。

(3)土地使用权转让应当签订转让合同,并办理过户登记,这就是土地使用权转让的形式要求。

(4)土地使用权转让时,如需改变原出让合同规定的用途,必须先向土地行政主管部门和规划部门提出申请,经审核批准,调整土地使用权出让金后方可转让。

(5)行政划拨土地使用权转让,土地使用权人必须先向所在地市、县土地行政主管部门补办出让手续,交付出让金,办理土地登记手续后才可转让。

(6)土地使用权转让价格明显低于市场价格的,市、县人民政府有权优先收购,同样,土地使用权转让价格出现不合理上涨时,市、县人民政府可以采取必要措施纠正。

5　国有土地使用权转让合同

5.1　土地使用权转让合同的概念与法律特征

土地使用权转让合同是指土地使用权转让的双方当事人根据我国有关法律的规定,就土地使用权转让问题经过协商达成的协议。

土地使用权转让合同具有以下法律特征:

(1)土地使用权转让合同是双方当事人自愿签订的。自愿的原则是民事活动应遵循的基本原则。土地使用权转让作为一种民事活动,应当在自愿的前提下,签订转让合同。

(2)土地使用权转让合同当事人的法律地位平等。

(3)土地使用权转让合同签订后,双方确定了债权债务关系,双方互相负有协同完成土地使用权转移的权利义务。

5.2　土地使用权转让合同的内容

转让合同确定了双方当事人享有的权利及所应承担的义务。根据《中华人民共和国经济合同法》的规定,土地使用权转让合同应该包括以下内容:

(1)标的。合同的标的是指双方当事人权利义务所指向的具体对象。土地使用权转让合同的标的就是某地块的土地使用权。

(2)价款。对于土地出售来说,价款是必不可少的一部分。但对于交换和赠与这两种转移方式来说,合同中不包括价款。

(3)合同的期限、地点和方式。

(4)合同双方当事人。

(5)违约责任。

由于土地使用权转让具有多种方式,不同方式的转让合同的内容是有差别的。

任务4 国有土地使用权出租

【任务目标】

1.掌握国有土地使用权出租的概念、条件;
2.掌握国有土地使用权出租条件及合同。

【学习过程】

1.案例导入
2.视频播放([北京卫视新闻]有关部门回应限价房被出租骗购将收回房屋)
3.分组讨论

【案例导入】

行政机关非法出租国有划拨土地使用权

1999年7月,A机关由于精简机构,有一幢行政办公楼空闲出来。该宗地位于市区,属划拨用地,占地面积620 m^2,建筑面积3 100 m^2。A机关于当年10月将该幢办公楼出租给个体户B某经营宾馆,B某与A机关签订了《房屋租赁协议》,协议约定:B某每年向A机关缴纳租金3万元,租期为3年。2000年5月,该市国土资源局执法监察支队对此案进行立案查处。经查明,该幢办公楼土地使用权证登记的用途为机关用地,使用权类型为划拨。A机关未将该办公楼土地使用权出租报经土地管理部门批准,也未向土地管理部门缴纳年租金。

【分析】

对于划拨土地使用权人而言,其对土地上的房屋虽然享有所有权,但由于该土地使用权是以划拨方式无偿取得的,房屋所有权人对级差地租的形成并没有任何付出,而是由于国家投资形成,其租金收益实际上包含了应当上缴的土地收益。因此,这种情况下出租划拨土地上的房屋,国家规定了一些限制性的条件。根据《城市房地产管理法》和《城镇国有土地使用权出让和转让暂行条例》的规定,房屋所有权人以营利为目的,将以划拨方式取得使用权的国有土地上建成的房屋出租的,应当具备相应的条件,并经土地行政主管部门批准,将租金中所含土地收益上缴国家。如果房屋所有权人的土地出租行为未经土地管理部门批准,则会构成非法出租划拨土地使用权。在本案中,A机关将行政办公楼出租给B某的行为未经该市土地行政主管部门批准,未将租金中所含的土地收益上缴国家,因此A机关的行为构成非法出租划拨土地使用权行为,依法应当承担相应的法律责任。

【背景知识】

国有土地使用权出租管理

1　国有土地使用权出租的概念

土地使用权出租是指土地使用者作为出租人将土地使用权随同地上建筑物、其他附着物租赁给承租人使用,由承租人向出租人支付租金的行为。

土地使用权出租并不是单纯出租土地,而是出租人将土地使用权随同地面建筑物、其他附着物租赁给承租人使用,出租土地使用权是土地使用者的一种经营方式,出租的条件、应办的手续、基本要求和转让土地使用权规定大体相同,但土地使用权出租后,出让合同规定的权利、义务并未转移,出租者仍需履行。

土地使用权出租只是就使用土地达成协议,不发生作为物权的土地使用权的转移。也就是说,土地使用权出租让与的并不是土地使用权的全部内容,出租人在法律上仍是所出租土地的使用权人,承租人只有使用土地的权利,没有处分土地使用权的权利,土地使用权中的处分权能仍归出租人所有。承租人取得的只是土地临时使用权。土地使用权出租人只是将土地使用权临时转移给承租人。承租人只能在合同规定的期限内使用土地。

土地使用权的出租合同是双方、有偿合同。出租人和承租人在土地使用权出租中都对对方承担相应的责任。承租人必须为使用土地付出租金。

2　国有土地使用权出租与出让、转让、抵押的区别

土地使用权出租是一种特殊的土地产权经营方式,它与土地使用权的出让、转让、抵押是有区别的。

2.1　出租与出让的区别

土地使用权出让是土地一级市场特有的一种经营方式,土地使用权出租则存在于二、三级土地市场。

土地使用权出让的主体是国家,土地出让具有国家垄断性的特点。土地使用权出租的主体是通过出让或转让方式获得土地使用权的土地使用权人。

2.2　出租与转让的区别

土地使用权转让是对土地使用权的买断。在土地使用权转让之后,土地使用权人发生改变,原土地使用者享有的土地使用权消灭。而土地出租并不发生土地使用权人的改变,出租人的土地使用权并没有消灭。

在土地使用权转让时,地上建筑物及附着物的所有权也一并发生转移。而土地使用权出租时,仅仅是将地上建筑物及附着物的使用权出租给土地承租人,地上建筑物及附着物的所有权并不发生改变。

土地出租是有偿的,即土地使用权承租人必须向出租人支付租金。土地使用权的转让可以是有偿的(土地使用权的出售和交换),也可以是无偿的(土地使用权的赠与、继承)。

2.3 出租与抵押的区别

土地使用权抵押时,土地使用者是以不转移占有的方式将其土地使用权抵押给他人。在抵押期间,土地使用者仍然占有土地并可以使用土地。而土地使用权出租时,土地使用者必须转移土地的占用权,也就是说,在租赁合同期限内,将由承租人占有并使用土地。

土地使用权的出租是一种独立的主合同行为,不依附于其他合同行为。而土地使用权抵押是一种从合同行为,不能独立存在,它只是为主合同行为提供担保。

在土地使用权出租结束后,承租人必须返还土地。而对于土地使用权抵押,在合同结束时,如果抵押人按时还清债务,抵押合同结束,抵押人仍拥有土地使用权;如果抵押人不能按时偿还债务,抵押权人可以行使抵押权,将土地进行拍卖,并将所得价款用于偿还债务。

3 国有土地使用权出租的条件

《城镇国有土地使用权出让和转让暂行条例》第 4 章对土地使用权出租做出了规定:

(1)通过出让方式获得的土地使用权,必须按照出让合同的规定进行一定的开发、利用,才可以出租。对于没有按照土地使用权出让合同规定的期限和条件投资开发、利用土地的,土地使用权不得出租。

(2)土地使用权出租,出租人与承租人应当签订租赁合同。租赁合同不得违背国家法律、法规和土地使用权出让合同的规定。与土地使用权转让一样,土地使用权出租也是以土地使用权出让为基础的,它也受到使用权出让合同的限制。土地使用权出租合同必须与土地使用权出让合同中的相关内容保持一致,不能改变土地用途、土地使用条件、土地使用期限等。

(3)土地使用权出租后,出租人必须继续履行土地使用权出让合同。土地使用权出租之后,土地使用权出让合同中规定的权利和义务并没有发生转移和消灭。土地的出租人必须履行土地出让合同规定的义务。

(4)土地使用权和地上建筑物、其他附着物出租,出租人应当依照规定办理登记手续。只有根据法律规定向土地所在地的县级以上土地管理部门、房产管理部门办理租赁登记手续,承租人的承租权才受到法律保护。如果没有依法办理登记手续,土地使用权出租不得对抗第三人。

(5)通过行政划拨的土地,不是一项独立的财产权利,不能任意出租。应当经市、县人民政府土地管理部门批准补办土地使用权出让手续,签订土地使用权出让合同,向当地市、县人民政府补交土地使用权出让金或者以转让、出租、抵押所获收益抵交土地使用权出让金。

4 国有土地使用权出租合同

4.1 土地使用权出租合同的概念

土地使用权出租合同是指土地使用权出租的双方当事人根据我国有关法律的规定,就土地使用权出租问题经过协商一致达成的协议。

4.2 土地使用权出租合同的内容

土地使用权出租合同必须遵守国家法律、法规和土地出让合同的规定。它应该具有以下主要内容:

(1)标的。土地使用权出租合同的标的是土地使用权。作为标的的地块必须是确定的。在合同中必须说明土地的位置、面积、开发程度、四至范围。

(2)租期。一般情况下,土地使用权出租合同中应明确规定土地使用权出租的期限。但有时也不规定土地具体租赁期限,只要出租方没有特殊原因要收回土地,承租方就可以按照合同支付租金并使用土地。对于通过出让方式取得土地使用权的地块,租期不得超过土地使用权剩余年限。土地使用权年限届满,土地租赁合同就自然中止。

(3)租金及支付期限、方式。租金是土地使用权出租合同必须具备的内容。租金因地块的不同而有差异,合同双方当事人应本着公平合理的原则商定。

(4)土地使用条件。土地使用权出租合同的土地使用权条件必须符合出让合同规定的建设条件和土地使用规则。如果需要改变,必须按照土地使用权出让的有关规定,由出租人向土地管理部门提出申请。

(5)土地用途。对于通过出让方式取得土地使用权的土地,双方应该根据土地使用权出让合同规定的用途来约定租赁合同中土地的用途。

(6)出租人交付土地的期限、方式和条件。

(7)承租人租赁期满返还土地的期限、方式和条件。

(8)有关土地使用税费的缴纳。

(9)解除合同的条件、期限。

(10)违约责任。

(11)其他有关条款。

任务5 国有土地使用权抵押

【任务目标】

1.掌握国有土地使用权抵押的概念、特征;
2.掌握国有土地使用权抵押的法定条件及合同;
3.熟悉土地使用权抵押中抵押权的中止、消灭及实现。

【学习过程】

1.案例导入
2.分组讨论

【案例导入】

关于房地分离背景下抵押物转让、预售与登记的案例剖析

甲公司以出让方式取得土地使用权,将之抵押给银行贷款,在地面建筑物达到一定形象进度后,向房管部门申请房屋的预售许可,房管部门经审核公司提交的要件符合法律、法规

规定的预售许可条件，同时还要求土地抵押银行出具了同意甲公司办理预售许可证的书面材料，房管部门遂为其办理商品房预售许可证后，房屋销售完毕，并进行了合同备案，现甲公司未在规定时间内偿还银行的借款，银行起诉至省高院，法院判决甲公司应于判决生效之日起15日内偿还银行借款，银行依法享有该宗抵押土地的优先受偿权。甲公司不服，上诉到最高院，最高院维持原判。

本例是全国常见的一种商品房开发模式，开发商将土地抵押给银行进行贷款，在进行商品房预售或是办理商品房的预告登记时，并不会解除土地抵押，而且房管部门也不会要求开发商解除土地上的权属负担，通常情况下，开发商都会按期偿还开发贷款，解除土地上的抵押权。

但是，本例却是开发商不能偿还银行贷款，以致诉讼。在土地抵押权存有纠纷情形下，本书就房管部门直接面临以下问题作一分析：

(1)在甲公司提交的要件齐备情况下，房管部门能否为其办理房屋的初始登记？

抵押权是不转移财产占有的物权，虽然法院判决银行依法享有该宗抵押土地上的优先受偿权，但该宗抵押土地的使用权主体并没有改变，所以可以为甲公司办理初始登记。

(2)如果办理了甲公司房屋的初始登记，在当事人提交的要件齐备的情况下，房管部门能否为已购商品房的业主办理登记？

抵押是以物的交换价值担保。该宗抵押土地使用权(连同地上房屋)经过抵押权人银行同意已销售完毕，其交换价值已经实现。按照《物权法》第一百九十一条规定(抵押期间，抵押人经抵押权人同意转让抵押财产的，应当将转让所得的价款向抵押权人提前清偿债务或者提存)，抵押权人应提前清偿债务。债权消灭，抵押权作为从物权也随之消灭。当事人应对该抵押权予以注销，然后为已购商品房的业主办理登记，使其取得的是没有物上负担的财产。

《城镇国有土地使用权出让和转让暂行条例》第三十二条规定：土地使用权可以抵押。《城市房地产管理法》第四十七条规定：依法取得的房屋所有权连同该房屋占用范围内的土地使用权，可以设定抵押权。以出让方式取得的土地使用权，可以设定抵押权。这两部法律的规定为土地使用权的抵押提供了法律依据。

【背景知识】

国有土地使用权抵押管理

1　土地使用权抵押的概念和特征

1.1　土地使用权抵押的概念

土地使用权抵押是指土地使用者将其获得的土地使用权(或者包括地上建筑物及其他附着物)以不转移占有的方式向抵押权人提供债务履行担保的行为。土地使用权抵押的基本原则和转让、出租有不少相似之处，土地使用权抵押后，仍由原土地使用者继续使用土地，只是在抵押人到期未能履行债务或在抵押合同期间宣告解散、破产时，抵押权人有权处理土地使用权，或把抵押物折价或变卖抵押物，用以清偿债务。抵押权人有优先受偿权。

1.2　土地使用权抵押的特征

1.2.1　两权主体一致

土地使用权抵押，抵押标的物必须是通过出让和转让所得的城镇国有土地使用权。土地使用权抵押时，其地上建筑物、其他附着物随之抵押。地上建筑物、其他附着物抵押时，其使用范围内的土地使用权也随之抵押。

1.2.2　土地使用权抵押从属于它所担保的债权

土地使用权抵押是一种从合同行为，不能独立存在，它只能为主合同行为提供担保。抵押不能独立存在，它是依附于所担保的债权，它随着债权关系的消灭而消灭。

1.2.3　土地使用权不发生转移

在进行土地使用权抵押时，土地使用者是通过不转移占有的方式将土地使用权抵押给他人作为履行债务的担保。在抵押期间，抵押人可以继续占有、使用、收益，但不具备独立的处分权。

1.2.4　抵押权具有优先受偿权

如果抵押人没有按规定期限履行债务，抵押权人可以将土地使用权(包括用于抵押的地上建筑物及其他附着物)折价或进行拍卖，所得价款优先用于偿还债务。抵押权赋予了抵押权人一种优先受偿的权利，这种权利是抵押权人的债权得到偿还的保障。

2　土地使用权抵押的法定条件

为了加强房地产抵押管理，维护房地产市场秩序，保障房地产抵押当事人的合法权益，建设部于1997年根据《城市房地产管理法》、《担保法》，发布实行了《城市房地产抵押管理办法》。除上述三部法律法规之外，《城镇国有土地使用权出让和转让暂行条例》也对有关土地使用权抵押的问题做出了规定。

(1)完备有效的土地使用权抵押必须具备以下条件：

①土地使用权必须是抵押人有权处分的财产权。也就是说，抵押人必须是土地使用权人，必须持有用于抵押的土地使用权的土地使用权证书。

②用于抵押的土地使用权必须是法律允许转让的。如果抵押的土地是不能够被转让的，债权人就无法行使抵押权，也就无法实现担保的目的。所以，用于抵押的土地必须是可以转让的。以出让或转让方式获得土地使用权可以用于抵押，以划拨方式获得的土地使用权不允许抵押，只有满足一定的条件才可以抵押。

(2)不得设定抵押的土地使用权有以下几种：

①权属有争议的土地。

②用于教育、医疗、市政等公共福利事业的土地。

③列入文物保护的建筑物和有重要纪念意义的其他建筑物所占用土地。

④已依法公告列入拆迁范围的土地。

⑤已依法查封、扣押、监管或者以其他形式限制的土地。

⑥依法不得抵押的其他土地。

(3)同一土地使用权设定两个以上抵押权的，抵押人应当将已经设定过的抵押情况告知抵押权人。抵押人所担保的债权不得超过其抵押物的价值。土地使用权抵押后，该抵押土地使用权的价值大于所担保债权的余额部分，可以再次抵押，但不得超出余额部分。

(4)所担保债务的履行期限不得超过土地使用权出让合同规定的使用年限减去已经使

用年限后的剩余年限。

(5)以共有的土地使用权抵押的,抵押人应当事先征得其他共有人的书面同意。

(6)以已出租的土地使用权抵押的,抵押人应当将租赁情况告知抵押权人,并将抵押情况告知承租人,原租赁合同继续有效。

(7)企业、事业单位法人分离或者合并后,原土地使用权抵押合同继续有效,其权利和义务由变更后的法人享有和承担。抵押人死亡、依法被宣告死亡或者被宣告失踪时,其土地使用权合法继承人或代管人应当继续履行原抵押合同。

(8)土地使用权抵押,抵押当事人应当签订书面抵押合同。

(9)土地使用权抵押合同自签订之日起30日内,抵押当事人应当到土地所在地的土地管理部门办理土地使用权抵押登记。

(10)以享受国家优惠政策购买的房地产抵押的,其抵押额以房地产权利人可以处分和收益的份额比例为限。

(11)国有企业、事业单位法人以国家授予其经营管理的房地产抵押,应当符合国有资产管理的有关规定。

(12)以集体所有制企业的土地使用权抵押的,必须经集体所有制企业职工(代表)大会通过,并报其上级主管机关备案。

(13)以中外合资企业、合作经营企业和外商独资企业的土地使用权抵押的,必须经董事会通过,但企业章程另有规定的除外。

(14)以有限责任公司、股份有限公司的土地使用权抵押的,必须经董事会或者股东大会通过,但企业章程另有规定的除外。

(15)有经营期限的企业以其所有的房地产抵押的,其设定的抵押期限不应当超过该企业的经营期限。

3 土地使用权抵押合同

3.1 土地使用权抵押合同的概念

土地使用权抵押合同是指抵押人与抵押权人为保证债务的履行而签订的担保协议。它是民事合同的一种类型,是抵押双方当事人之间确定权利义务关系的依据。土地使用权抵押合同必须登记,抵押登记是抵押合同生效的法律要件,未经登记的抵押合同不发生法律效力。土地使用权抵押合同的内容确定,直接关系到抵押当事人权利和义务的法律约束及实现。

3.2 土地使用权抵押合同的内容

土地使用权抵押合同应当载明下列主要内容:

(1)抵押人和抵押权人的名称或个人姓名、住址等。

(2)被担保的债权的种类、数额。

(3)债务人履行债务的期限或抵押期限。由于抵押人享有有限期的土地使用权,因此土地使用权抵押年限,不得超过原出让合同确定的年限;债务人履行主合同中债务的期限,决定着抵押权人行使抵押权的日期,只有在债务人到期未能履行债务时,抵押权人才有权依法处分抵押财产,实现抵押权。

(4)抵押物的基本情况,即用于使用权抵押的土地的位置、面积等。抵押物状况关系到抵押的目的能否实现,所以有关抵押物的基本情况必须在抵押合同中载明。

(5)抵押权担保范围。

(6)抵押权灭失的条件。

(7)抵押人和抵押权人的权利、义务及其他约定事项。

(8)违约责任及争议解决方式。

(9)抵押合同订立的时间与地点。

4 土地使用权抵押中抵押权的中止和消灭

4.1 抵押权的中止

抵押权人对抵押房地产的处分,因下列情况而中止:

(1)抵押权人请求中止的。

(2)抵押人申请愿意并证明能够及时履行债务,并经抵押权人同意的。

(3)发现被拍卖抵押物有权属争议的。

(4)诉讼或仲裁中的抵押房地产。

(5)其他应当中止的情况。

4.2 抵押权的消灭

土地抵押权消灭的情形有以下几种:

(1)债务清偿。债务人到期清偿债务或者债务人的担保人或者债务人的清算组织在债务到期后已经将债务清偿完毕,该抵押权自行消灭。

(2)抵押物消灭。抵押物消灭主要有三种情况:被抵押的国有土地使用权被国家收回或者使用期限届满;被抵押的集体土地使用权所涉及的土地被国家征收;土地使用权随建筑物抵押的,该建筑物灭失。

(3)土地抵押权实现。抵押人到期不履行债务或者在抵押合同期间宣告解散、破产,抵押权人有权依照国家法律、法规和抵押合同的规定处分抵押财产,并就处分抵押物的价款优先受偿,抵押物转归第三人。此时,抵押权实现,设立于土地使用权之上的抵押权也随即消灭。

(4)抵押权无效。抵押权因抵押合同或者主合同具有法定无效事由而被依法确认无效。抵押权无效是土地抵押权消灭的一种特殊情况。例如,以划拨方式取得的国有土地使用权单独设立抵押的,以乡(镇)村企业的土地使用权单独设立抵押的,以划拨土地房地产设定抵押未经政府主管部门同意审批的。又如破产企业擅自转让已经抵押的土地使用权。按照《破产法(试行)》第四十九条的规定,在抵押期间,破产企业对已经抵押登记的房地产进行转让时,应当通知抵押权人并告知受让人该房地产已经抵押的情况。破产企业未通知抵押权人或者未告知受让人的,人民法院应依法裁定该转让行为无效。

5 土地使用权抵押中抵押权的实现

土地抵押权的实现是指在法定和约定条件下,抵押权人行使抵押权而产生的法律后果。抵押人在债务到期不履行债务或在抵押合同有效期间债务人被宣告破产解散时,抵押权人即可行使抵押权。依照法律规定和合同约定以抵押物折价或以变卖抵押物的价款来清偿所担保的债务,抵押权得到实现。

5.1 土地抵押权实现的条件

抵押权实现的条件主要有以下几个方面：

(1)债务人在债务履行期届满而不履行债务的。

(2)抵押人死亡而无继承人或受遗赠人的。

(3)抵押人的继承人或受遗赠人拒绝履行清偿债务的。

(4)抵押人解散、破产或被依法撤销而又不清偿债务的。

(5)抵押合同约定的其他情况。

发生以上任何一种情况，抵押权人都可以凭借抵押权向有关部门要求对抵押土地使用权进行处分，以清偿其债务。

5.2 土地抵押权实现的方式

5.2.1 拍卖

实现土地抵押权，一般可以通过拍卖的方式将土地使用权变现。土地使用权一经拍卖，便产生如下法律后果：

(1)对抵押人来讲，拍卖所得价款，在扣除强制执行费用后，抵押权人以所剩价款实现债权优先受偿，若余额超出抵押权人应得款额时，超出部分退还给抵押人。若抵押有数个抵押权人则按抵押权人登记次序，依次受偿。

(2)对拍定人来讲，拍卖成交后，拍定人取得拍卖土地的土地使用权。

(3)对抵押人来讲，享有的土地使用权消灭。

5.2.2 土地使用权折价

如果拍卖流拍无法实现，债务人又没有其他可供清偿的财产时，应当对国有土地使用权依法评估。人民法院可以参考政府土地管理部门确认的地价评估结果，将土地使用权折价，经抵押人同意，将折价后的土地使用权抵偿给抵押权人，土地使用权归抵押权人享有。

任务6 国有土地使用权出让的合同管理

【任务目标】

1.掌握国有土地使用权出让合同概念、法律特征；

2.掌握国有土地使用权出让合同内容；

3.会填写和分析国有土地使用权出让合同书。

【学习过程】

1.案例导入

2.视频播放(1.[江苏城市新闻]小区配套设施将写进土地出让合同；2.[东方卫视新闻]小区配套设施建设时序须写入土地出让合同)

3.分组讨论

【案例导入】

国有土地使用权出让合同涉及合同生效条件的纠纷

2001 年 2 月,某置业公司被某市作为招商引资企业进驻该市,从事房地产开发项目。2001 年 8 月,市国土资源局与某置业公司签订《国有土地使用权预约协议》,约定了拟出让土地的位置、面积、用途、出让费用等有关事项。随后市规划局、发展计划局为置业公司办理了该项目所需的立项、规划等手续。2003 年 1 月,市国土资源局在该宗土地未办理农用地转用和征地手续的情况下,与某置业公司签订正式《国有土地使用权出让合同》,约定出让土地面积 152 702 m^2,期限 50 年,金额 56 369 943.3 元。同时合同规定,"本合同项下宗地出让方案"尚需经某省人民政府批准,本合同自某省人民政府批准之日起生效"。合同签订后,置业公司依约支付了相关出让金及费用。2003 年 2 月,某省人民政府下发用地批复,同意将上述农用地转用后统一征用,用于该市城市建设。2004 年,市国土资源局以《国有土地使用权出让合同》无效、其无法履行合同约定义务为由,通知置业公司解除合同,并清退出让金。置业公司不服,以市国土资源局违约起诉至省高级人民法院,要求市国土资源局继续履行合同,并颁发国有土地使用证。

【分析】

本案是一起国有土地使用权出让合同纠纷,双方当事人争议的焦点问题主要有以下三个:

一是合同是否生效的问题。根据《合同法》第四十五条的规定,当事人对合同的效力可以约定附条件,附条件的合同自条件成就时生效。就本案而言,根据国家有关法律法规规定,省政府对建设项目供地管理采取的是备案制而不是审批制,有关供地事项不需要报省政府批准,因此合同所附条件"本合同项下宗地出让方案"尚需经某省人民政府批准。

二是合同是否有效的问题。本案中的《国有土地使用权出让合同》签订于 2003 年 1 月 6 日,此时该宗土地仍然属于农用地,未办理农用地转用和征地手续,市国土资源局无权将其出让给某置业公司。但某省人民政府于 2003 年 2 月 19 日批准了合同项下宗地由农用地转为建设用地的审批手续和征地手续,根据《土地管理法》关于"由市、县人民政府批准土地行政主管的部门拟订的供地方案"的规定,此时市国土资源局就有权处置这块土地。

三是关于合同能否继续履行的问题。按照国家有关规定,在 2002 年 7 月 1 日前未经市、县政府前置审批或者签订书面项目开发协议,而在此后协议经营性用地的,应当按照有关规定改为以招标拍卖挂牌方式出让。本案所涉项目用地在 2002 年 7 月 1 日前只取得计划立项而未取得《建设用地规划许可证》,不属于已进行了前置审批情形,也未签订书面项目开发协议,故本案讼争用地不符合国家有关规定确定的历史遗留问题可以协议方式出让的范围,依法应改为以招标拍卖挂牌方式出让,所以某置业有限公司要求市国土资源局继续履行合同的请求无法支持。

【背景知识】

国有土地使用权出让的合同管理

1　国有土地使用权出让合同的概念

合同亦称契约。国有土地使用权出让合同,是指国有土地所有者(或其代表)与土地使用权受让人之间就出让土地使用权及如何行使土地使用权等所达成的,明确相互间权利和义务关系的书面协议。《城市房地产管理法》第十四条和《城镇国有土地使用权出让和转让暂行条例》第五条规定“土地使用权出让应当签订出让合同”。出让土地使用权是政府行为,但采取的是市场经济通行的方法和法律形式,出让合同成为确立让受双方权利和义务关系的法律文件。出让土地使用权合同由代表市、县人民政府的土地行政主管部门与土地使用者签订。

2　国有土地使用权出让合同的法律特征

出让合同是在遵守我国有关法律的前提下,双方本着平等、自愿、有偿的原则,通过友好协商而制定的,在合同中明确了双方的权利和义务关系。

土地使用权出让合同具有以下法律特征:

(1)土地使用权出让合同表示出让双方意思一致的民事行为,它具有民事合同中的经济合同性质。

(2)土地使用权出让合同是土地使用权出让人和受让人之间设立的土地使用权法律关系的协议,而不是所有权法律关系的协议。

(3)土地使用权出让合同是当事人在平等、自愿、有偿的原则下进行的民事法律行为。

(4)合同一旦正式签订便具有法律效力,对双方当事人都具有约束力。

3　国有土地使用权出让合同的内容

国有土地使用权出让合同应包括以下内容。

3.1　合同双方当事人

合同双方当事人简称合同当事人,也可以叫合同主体,它是指参加土地出让行为,享有权利和承担义务的人。合同是人们相互之间的协议,所以至少有两种主体。每一方主体,可以是单一的,也可以是几个主体共同构成的。一般情况下,出让方必须是单一主体,而受让方则可以是单一主体,也可以是共同主体。

根据《城镇国有土地使用权出让和转让暂行条例》的规定,出让合同由市、县人民政府土地行政主管部门与土地使用者签订。中华人民共和国境内外的公司、企业、其他组织和个人,除法律另有规定外,均可以依照本条例的规定取得土地使用权。因此,作为出让方,必定是某一市、县人民政府土地管理部门,而受让方则可以是境内外的公司、企业、其他组织和个人。

合同当事人条款,应写明双方当事人名称或姓名、国籍、主营业所或住所、法人资格和合法身份、通信地址、邮政编码等。

3.2　订立合同的宗旨

订立合同的宗旨,除合理开发、利用、经营土地外,根据国有土地所有权与使用权相分离的原则和双方平等、自愿、有偿的原则,在具体的出让合同中,应进一步明确写上出让合同的具体宗旨。

3.3　合同的期限

合同的期限是合同双方当事人享有权利、承担义务的存续期间。合同的期限尤其是出让年限,关系到土地所有者与使用者的利益分配。根据土地的不同用途、投资回收期情况,规定不同的年限。根据《城镇国有土地使用权出让和转让暂行条例》第十二条的规定,土地使用权出让最高年限按不同用途分为:①居住用地 70 年;②工业用地 50 年;③教育、科技、文化、卫生、体育用地 50 年;④商业、旅游、娱乐用地 40 年;⑤综合或者其他用地 50 年。

国有土地使用权出让年限一般按规定的最高出让年限出让,也可由土地所有者和土地使用者在国家规定的最高出让年限内约定使用年限。土地使用年限届满,土地使用者如需继续使用的,可以申请续期。批准续期的,应当重新签订出让合同,支付土地使用权出让金,办理土地登记手续。土地使用者若不需要继续使用的,则土地使用权及其地上建筑物、其他附着物所有权由国家无偿取得。土地使用者应当交还土地使用证,并依照规定办理注销登记手续。

3.4　地块的范围和面积

土地使用权出让的范围和面积是确定合同标的的具体条件。范围不明确,则易产生受让方或再受让方与相邻土地使用权的争议;面积不清楚,出让合同则无法履行。出让合同所确定的出让地块面积和范围,应依据地籍测量的结果,写明地块编号,附上地块地理位置图或地籍图。

3.5　合同的标的

出让合同的标的是在一定年限内享有的对一定范围土地使用权的交付行为,交付行为的标的是土地使用权。

3.6　土地费用与支付

土地费用指土地使用权出让金、土地使用税(费)、土地增值税和国家规定的有关土地税费。

土地使用权出让金是指受让方为取得土地使用权而向出让方支付的费用。根据《城镇国有上地使用权出让和转让暂行条例》规定,受让方应当在签订土地使用权出让合同后 60 日内,支付全部土地使用权出让金。

支付的币种如以外汇支付,合同中应写明外币的结算方式。另外,合同中也应明确付款的汇入方式。

3.7　土地使用权转让

土地使用权转让是受让方的一项权利,这是出让土地使用权与划拨土地使用权的区别之一,划拨土地使用权的使用者不享有转让的权利。出让合同应在法律规定的范围内协商确定本合同的转让条件,转让的再受让方范围、转让的程序及成立等有关内容。

3.8　土地使用权出租

略。

3.9　土地使用权抵押

略。

3.10 违约责任

违约责任是指违反合同的当事人应承担的民事责任,责任条款是履行合同的保证条款。这一条款应明确:什么情况下算违约,违约方的责任,违约责任的减免条件等。

3.11 合同生效的条件

合同生效是合同具有法律效力的表现。出让合同一般应签字生效。只要双方当事人具备主体资格,基于平等自愿原则,就合同主要条款达成一致意见,合同即成立生效。出让合同是一种重要合同,须经有关部门履行批准程序,但因为土地使用权宗地出让的地块、用途、年限和其他条件已在出让合同签订之前,按照国务院规定的批准权限报经土地行政主管部门批准,因此宗地出让合同不必再经过审批。成片开发出让合同则签字后再审批,批准后才生效。合同一经订立,即对双方产生法律约束力,双方不得随意不履行义务。

3.12 合同终止的条件

合同终止有三种情况:一是正常终止,即合同规定的使用年限届满;二是非正常终止,即提前终止,包括土地使用权提前收回、土地灭失等;三是协议终止。

在非正常终止中,土地使用权提前收回是指在特殊情况下国家根据社会公共利益的需要,依照法律程序提前收回。土地使用权提前收回时,国家应根据土地使用者已使用的年限和开发、利用土地的实际情况给予相应的补偿。

土地灭失主要是指因地震、火灾、水灾等不可抗力而使正常使用的土地发生灾损、灭失。因为土地灭失引起的合同终止一般不发生双方责任问题。

协议终止是指合同无法继续履行,当事人协商同意提前终止,如一方当事人不履行合同的义务使合同不能继续履行或继续履行会造成另一方当事人更大的损失,遭受损害一方有权请求损害赔偿。

3.13 合同适用的法律

根据民法惯例,不动产引起纠纷适用于不动产所在地法律,因此出让合同应适用于中华人民共和国的法律。

3.14 合同争议的解决

出让合同往往规定当事人应尽可能进行友好协商或通过调解解决,在不愿调解或调解不成的情况下,可采用仲裁方式解决,也可以通过诉讼方式解决。

3.15 合同使用的文字及其有效文本

出让合同所使用的文字可由双方协商而定。因合同的履行地在中国,合同适用中国法律,因此合同的文字应以中文为准。合同中应明确规定无论采用哪种文字都具有同等的法律效力,两种文本均为有效文本。

3.16 合同签署人的身份、签署时间、签署地点

合同签署人应当具有法定代表人身份,只有法定代表人的经济活动才对法人发生效力。因此,只有具有法定代表人身份的负责人签字,并加盖公章,合同方始成立。

签字时间具有重要法律意义。一般出让合同从签字时起发生法律效力,成片开发出让合同经有权机关批准后才生效。

签字地点同样具有重要法律意义。一般合同均以签字地为履行合同所在地,当发生纠纷,诉之法院,一般以签字地确定诉讼管辖法院。在出让合同中,合同的标的是与土地这种不动产密切相关的土地使用权,诉讼管辖遵循不动产所在地原则。因此,出让合同的签字地

应在出让方住所所在地。

3.17 合同的解释和定义条款

按行为发生的原则,合同条款的解释如有疑议,须按签约的法律解释,这点已成为国际惯例,因此出让合同的解释需依照中国法律合同的定义条款由合同双方当事人商定,双方应对合同的特殊用语取得一致的解释。

3.18 合同的通知

略。

3.19 土地使用规则

土地使用规则又称土地使用条件,是出让方即市、县土地行政主管部门在出让行为之前,事先同有关部门共同协商,拟订出的有关出让地块使用权的具体行为规则。

由于受让人如何使用土地关系到国家对土地开发建设的有关经济目标能否实现,因此各地在出让土地中注意强调土地使用人应按照土地规划、开发建设要求、投资速度、建筑要求、环保、绿化、交通、卫生防疫等发展规划要求使用土地,并在合同中明确规定,土地使用规则作为附件体现。

4 国有土地使用权出让合同示范文本

为贯彻落实《中华人民共和国土地管理法》、《中华人民共和国城市房地产管理法》和《中华人民共和国合同法》,规范国有土地使用权出让合同管理,国土资源部、国家工商行政管理局组织对原国家土地管理局、国家工商行政管理局 1994 年发布的《国有土地使用权出让合同》示范文本进行了修订完善。原示范文本(GF—94—1001、GF—94—1002、GF—94—1003、GF—94—1004)同时废止。根据《国务院关于深化改革严格土地管理的决定》(国发〔2004〕28 号)和《国土资源部关于发布和实施〈工业项目建设用地控制指标(试行)〉的通知》(国土资发〔2004〕232 号)要求,规范国有土地使用权出让合同管理,国土资源部、国家工商行政管理总局在《国有土地使用权出让合同》示范文本的基础上,组织制定了《国有土地使用权出让合同补充协议》示范文本(试行),自 2006 年 7 月 1 日起试行。

【补充阅读】

国有土地使用权协议出让管理

1 协议出让国有土地使用权的概念

协议出让国有土地使用权,是指市、县国土资源管理部门以协议方式将国有土地使用权在一定年限内出让给土地使用者,由土地使用者支付土地使用权出让金的行为。

2 协议出让国有土地使用权范围

出让国有土地使用权,除依照法律、法规和规章的规定应当采用招标、拍卖或者挂牌方式外,还可采取协议方式,主要包括以下情况:

(1)政府供应商业、旅游、娱乐和商品住宅等各类经营性用地及工业用地(不包括采矿用地)以外用途的土地,其供地计划公布后同一宗地只有一个意向用地者的。

(2)原划拨、承租土地使用人申请办理协议出让,《国有土地划拨决定书》、《国有土地租赁合同》或法律、法规、规章、地方政府规定没有明确应当收回土地使用权重新公开出让的,经依法批准,可以采取协议方式。

(3)划拨土地使用权转让申请办理协议出让,《国有土地划拨决定书》、法律、法规、规章、地方政府规定没有明确应当收回土地使用权重新公开出让的,经依法批准,可以采取协议方式。

(4)出让土地使用权人申请续期,经审查准予续期的,可采用协议方式。

(5)法律、法规规定可以协议出让的其他情形。

3 供地环节的协议出让

3.1 公开出让信息,接受用地申请,确定供地方式

3.1.1 公开出让信息

市、县国土资源管理部门将经批准的国有土地使用权出让计划向社会公布。有条件的地方根据供地进度安排,分阶段将国有土地使用权出让计划细化落实到地段、地块,并将相关信息及时向社会公布。国有土地使用权出让计划以及细化的地段、地块信息通过中国土地市场网(www.landchina.com)公布。

市、县国土资源管理部门公布国有土地使用权出让计划和细化的地段、地块信息,同时明确用地者申请用地的途径和方式,公开接受用地申请。

3.1.2 接受用地申请

需要使用土地的单位和个人(简称意向用地者)根据公布的国有土地使用权出让计划,细化的地段、地块信息以及自身用地需求,向市、县国土资源管理部门提出用地申请。

3.1.3 确定供地方式

在规定时间内,同一地块只有一个意向用地者,市、县国土资源管理部门方可采取协议方式出让。对不能确定是否符合协议出让范围的具体宗地,可由国有土地使用权出让协调决策机构集体认定。

3.2 编制协议出让方案

3.2.1 协议出让方案的编制主体

法律政策明确规定,市、县国土资源管理部门是出让方案的编制主体,要求会同城乡规划等部门,依据国有土地使用权出让计划、城市规划和意向用地者申请的用地类型、规模等,编制国有土地使用权协议出让方案。

3.2.2 协议出让方案的内容

协议出让方案一般包括以下内容:拟出让地块的位置、四至、用途、面积、年限、土地使用条件、容积率等;供地时间、供地价格、供地方式等。

3.3 地价评估,确定底价

3.3.1 地价评估的组织实施主体及组织方式

出让中的地价评估,由市、县国土资源管理部门根据拟出让地块的条件和土地市场情况,按照《城镇土地估价规程》,组织对拟出让地块的正常土地市场价格进行评估。

地价评估既可以由市、县国土资源管理部门或其所属事业单位组织进行,也可以委托具

有土地估价资质的土地或不动产评估机构进行评估。

3.3.2　出让底价的确定

市、县国土资源管理部门或国有土地使用权出让协调决策机构根据土地估价结果、产业政策和土地市场情况等，集体决策，综合确定协议出让底价。协议出让底价不得低于拟出让地块所在区域的协议出让最低价。出让底价确定后，在出让活动结束前保密，不向任何单位和个人泄露。

3.4　协议出让方案、底价报批

3.4.1　审批的主体

市、县国土资源管理部门会同有关部门拟订协议出让方案，集体确定出让底价后，应当将该协议出让方案和底价报有批准权的人民政府批准。

3.4.2　协议出让价格争议裁决机制

随着土地使用制度改革进一步深化，经营性基础设施将逐步实行有偿使用，油田等矿业开采用地也将逐步有偿使用，这些用地均具有独占性和排他性，在协议出让过程中，意向用地者与出让方在出让价格方面可能产生争议，难以达成一致。

为此，《协议出让国有土地使用权规范》明确规定：对于经营性基础设施、矿业开采等具有独占性和排他性的用地，应当建立协议出让价格争议裁决机制。此类用地在协议出让过程中，意向用地者认为出让方提出的出让价格明显高于土地市场价格的，可提请出让方的上一级国土资源管理部门进行出让价格争议裁决。

3.5　协商、签订意向书

3.5.1　土地出让价格协商

协议出让方案和底价批准后，市、县国土资源管理部门依据经批准的协议出让方案和底价，与意向用地者就土地出让价格等进行充分协商、谈判。国土资源管理部门参加协商谈判的代表不少于2人。

3.5.2　签订意向书

市、县国土资源管理部门与意向用地者双方协商、谈判达成一致，并且议定的出让价格不低于出让底价的，市、县国土资源管理部门与意向用地者签订《国有土地使用权出让意向书》（见附录十四）。

3.6　公示

3.6.1　公示制度的内容

为规范协议出让行为、防止暗箱操作，2006年国土资源部发布实施的《协议出让国有土地使用权规范》，首次确立了协议出让公示制度，将国有土地协议出让公示作为协议出让的一个必经环节，通过程序公开的方式，接受社会监督。

协议出让公示制度的基本内容是，市、县国土资源部门与意向用地者签订《国有土地使用权出让意向书》后，应当将该意向书的内容，在当地土地有形市场等指定场所及中国土地市场网进行公示，并注明意见反馈途径和方式。公示期间有异议且经审查确实存在违反法律法规行为的，协议出让程序终止。公示期满，无异议或虽有异议但经审查不存在违反法律法规行为的，方可按照意向书约定签订《国有土地使用权出让合同》。协议出让结果也必须在土地有形市场等指定场所以及中国土地市场网等向社会公开，接受社会监督。

3.6.2　公示的内容

公示的内容主要是意向书的基本出让信息，主要包括：出让地块的位置、用途、面积、出让年限、土地使用条件、意向用地者、拟出让价格等。

3.6.3　公示的时间

《协议出让国有土地使用权规范》要求公示时间不少于 5 日。

3.6.4　出让程序中止

在协议出让公示期间，对协议出让有异议且经市、县国土资源管理部门审查发现确实存在违反法律法规行为的，协议出让程序终止。

3.7　签订出让合同，公布出让结果

3.7.1　签订出让合同

公示期满，无异议或虽有异议但经市、县国土资源管理部门审查没有发现存在违反法律法规行为的，市、县国土资源管理部门按照《国有土地使用权出让意向书》约定，与意向用地者签订《国有建设用地使用权出让合同》。

3.7.2　公布出让结果

3.7.2.1　公布的要求

《协议出让国有土地使用权规范》要求，《国有土地使用权出让合同》签订后 7 日内，市、县国土资源管理部门将协议出让结果通过中国土地市场网以及土地有形市场等指定场所向社会公布，接受社会监督。

3.7.2.2　公布的内容

公布出让结果包括土地位置、面积、用途、开发程度、土地级别、容积率、出让年限、供地方式、受让人、成交价格和成交时间等。

3.8　核发《建设用地批准书》，交付土地，办理土地登记

3.8.1　核发《建设用地批准书》，交付土地

市、县国土资源管理部门向受让人核发《建设用地批准书》，并按照《国有土地使用权出让合同》、《建设用地批准书》约定的时间和条件将出让土地交付给受让人。

3.8.2　办理土地登记

受让人按照《国有土地使用权出让合同》约定付清全部国有土地使用权出让金，依法申请办理土地登记手续，领取《国有土地使用证》，取得土地使用权。

3.9　资料归档

协议出让手续全部办结后，市、县国土资源管理部门应当对宗地出让过程中的出让信息公布、用地申请、审批、谈判、公示、签订合同等各环节相关资料、文件进行整理，并按规定归档。应归档的宗地出让资料包括以下内容：

(1)用地申请材料。

(2)宗地条件、宗地规划指标要求。

(3)宗地评估报告。

(4)宗地出让底价及集体决策记录。

(5)协议出让方案。

(6)出让方案批复文件。

(7)谈判记录。

(8)《协议出让意向书》。

(9)协议出让公示资料。

(10)《国有土地使用权出让合同》。

(11)协议出让结果公告资料。

(12)核发建设用地批准书与交付土地的相关资料。

(13)其他应归档的材料。

4　原划拨、承租土地使用权人申请办理协议出让

4.1　原划拨、承租土地使用权人申请办理协议出让的处理

原划拨、承租土地使用权人申请办理协议出让的，分别按下列情形处理：

(1)不需要改变原土地用途等土地使用条件，且符合规划的，报经市、县人民政府批准后，可以采取协议出让手续。

(2)需要改变原土地用途等土地使用条件，且符合规划的，经规划管理部门同意可以改变土地用途等土地使用条件的，报经市、县人民政府批准，可以办理协议出让手续，但《国有土地划拨决定书》、《国有土地租赁合同》、法律、法规、行政规定等明确应当收回划拨土地使用权公开出让的除外。

4.2　原划拨、承租土地使用权人申请办理协议出让的程序

4.2.1　申请与受理

4.2.1.1　申请

原划拨、承租土地使用权人拟申请办理出让手续的，应由原土地使用权人持下列有关材料，向市、县国土资源管理部门提出申请：

(1)申请书。

(2)《国有土地使用证》、《国有土地划拨决定书》或《国有土地租赁合同》。

(3)地上建筑物、构筑物及其他附着物的产权证明。

(4)原土地使用权人有效身份证明文件。

(5)改变用途的应当提交规划管理部门的批准文件。

(6)法律、法规、行政规定明确应提交的其他相关材料。

4.2.1.2　受理

市、县国土资源管理部门接到申请后，对申请人提交的申请材料进行初审，决定是否受理。

4.2.2　审查、地价评估、确定协议出让方案

4.2.2.1　审查

市、县国土资源管理部门受理申请后，应当依据相关规定对申请人提交的申请材料进行审查，并就申请地块的土地用途等征询规划管理部门意见。经审查，申请地块用途符合规划，并且符合办理协议出让手续条件的，市、县国土资源管理部门应当组织地价评估，确定应缴纳的土地出让金额，拟订协议出让方案。

4.2.2.2　地价评估

市、县国土资源管理部门应当组织对申请地块的出让土地使用权市场价格和划拨土地使用权权益价格或承租土地使用权市场价格进行评估，估价基准期日为拟出让时点。改变

土地用途等土地使用条件的,出让土地使用权价格应当按照新的土地使用条件评估。

4.2.2.3 核定出让金额,拟订出让方案

市、县国土资源管理部门或国有土地使用权出让协调决策机构应当根据土地估价结果、产业政策和土地市场情况等,集体决策、综合确定协议出让金额,并拟订协议出让方案。

申请人应缴纳土地使用权出让金额分别按下列公式核定。

(1)不改变用途等土地使用条件的:

应缴纳的土地使用权出让金额=拟出让时的出让土地使用权市场价格-拟出让时的划拨土地使用权权益价格或承租土地使用权市场价格

(2)改变用途等土地使用条件的:

应缴纳的土地使用权出让金额=拟出让时的新土地使用条件下出让土地使用权市场价格-拟出让时的原土地使用条件下划拨土地使用权权益价格或承租土地使用权市场价格

协议出让方案应当包括:拟办理出让手续的地块位置、四至、用途、面积、年限、拟出让时间和应缴纳的出让金额等。

4.2.3 出让方案报批

市、县国土资源管理部门应当按照规定,将协议出让方案报市、县人民政府审批。

4.2.4 签订出让合同,公布出让结果

市、县人民政府批准后,国土资源管理部门应当按照批准的协议出让方案,依法收回原土地使用权人的《国有土地划拨决定书》或解除《国有土地租赁合同》,注销土地登记,收回原土地证书,并与申请人签订《国有土地使用权出让合同》。

《国有土地使用权出让合同》签订后 7 日内,市、县国土资源管理部门应当公布协议出让结果。

4.2.5 办理土地登记

受让人按照《国有土地使用权出让合同》约定付清全部国有土地使用权出让金,依法申请办理土地登记手续,领取《国有土地使用证》,取得土地使用权。

4.2.6 资料归档

协议出让手续全部办结后,市、县国土资源管理部门应当对宗地出让过程中的用地申请、审批、签订合同等各环节相关资料、文件进行整理,并按规定归档。应归档的宗地出让资料包括以下内容:

(1)申请人的申请材料。

(2)宗地条件及相关资料。

(3)土地评估资料。

(4)出让金额确定资料。

(5)协议出让方案。

(6)出让方案批复文件。

(7)《国有土地使用权出让合同》。

(8)协议出让公告资料。

(9)其他应归档的材料。

5 划拨土地使用权转让中的协议出让

划拨土地使用权申请转让，经市、县人民政府批准，可以由受让人办理协议出让，但《国有土地划拨决定书》、法律、法规、行政规定等明确应当收回划拨土地使用权重新公开出让的除外。

5.1 申请与受理

原土地使用权人应当持下列有关材料，向市、县国土资源管理部门提出划拨土地使用权转让申请：

(1)申请书。

(2)《国有土地使用证》、《国有土地划拨决定书》。

(3)地上建筑物、构筑物及其他附着物的产权证明。

(4)原土地使用权人有效身份证明文件。

(5)共有房地产，应提供共有人书面同意的意见。

(6)法律、法规、行政规定明确应提交的其他相关材料。

市、县国土资源管理部门接到申请后，应当对申请人提交的申请材料进行初审，决定是否受理。

5.2 审查，确定协议出让方案

5.2.1 审查

市、县国土资源管理部门受理申请后，应当依据相关规定对申请人提交的申请材料进行审查，并就申请地块的土地用途等征询规划管理部门意见。经审查，申请地块用途符合规划，并且符合办理协议出让手续条件的，市、县国土资源管理部门应当组织地价评估，确定应缴纳的土地出让金额，拟订协议出让方案。

5.2.2 地价评估

市、县国土资源管理部门应当组织对申请转让地块的出让土地使用权市场价格和划拨土地使用权权益价格进行评估，估价基准期日为拟出让时点。

5.2.3 核定出让金额，拟订出让方案

市、县国土资源管理部门或国有土地使用权出让协调决策机构应当根据土地估价结果、产业政策和土地市场情况等，集体决策、综合确定办理出让手续时应缴纳土地使用权出让金额，并拟订协议出让方案。

应缴纳土地使用权出让金额应当按下式核定。

(1)转让后不改变用途等土地使用条件的：

应缴纳的土地使用权出让金额=拟出让时的出让土地使用权市场价格-拟出让时的划拨土地使用权权益价格

(2)转让后改变用途等土地使用条件的：

应缴纳的土地使用权出让金额=拟出让时的新土地使用条件下出让土地使用权市场价格-拟出让时的原土地使用条件下划拨土地使用权权益价格

协议出让方案应当包括：拟办理出让手续的地块位置、四至、用途、面积、年限、土地使用条件、拟出让时间和出让时应缴纳的出让金额等。

5.3 出让方案报批

市、县国土资源管理部门应当按照规定，将协议出让方案报市、县人民政府审批。

5.4 公开交易

协议出让方案批准后，市、县国土资源管理部门应向申请人发出《划拨土地使用权准予转让通知书》。

《划拨土地使用权准予转让通知书》应当包括准予转让的标的、原土地使用权人、转让确定受让人的要求、受让人的权利、义务、应缴纳的土地出让金等。

取得《划拨土地使用权准予转让通知书》的申请人，应当将拟转让的土地使用权在土地有形市场等场所公开交易，确定受让人和成交价款。

5.5 签订出让合同，公布出让结果

通过公开交易确定受让方和成交价款后，转让人应当与受让人签订转让合同，约定双方的权利和义务，明确划拨土地使用权转让价款。

受让人应在达成交易后10日内，持转让合同、原《国有土地使用证》、《划拨土地使用权准予转让通知书》、转让方和受让方的身份证明材料等，向市、县国土资源管理部门申请办理土地出让手续。

市、县国土资源管理部门应当按照批准的协议出让方案、公开交易情况等，依法收回原土地使用权人的《国有土地划拨决定书》，注销土地登记，收回原土地证书，与受让方签订《国有土地使用权出让合同》。

市、县国土资源管理部门应当按照有关规定公布协议出让结果。

5.6 办理土地登记

略。

5.7 资料归档

出让手续办结后，市、县国土资源管理部门应当对宗地出让过程中的用地申请、审批、交易、签订合同等各环节相关资料、文件进行整理，并按规定归档。应归档的宗地出让资料包括以下内容：

(1)申请人的申请材料。

(2)宗地条件及相关资料。

(3)土地评估资料。

(4)出让金额确定资料。

(5)协议出让方案。

(6)出让方案批复文件。

(7)《划拨土地使用权准予转让通知书》等相关资料。

(8)公开交易资料及转让合同等资料。

(9)《国有土地使用权出让合同》。

(10)协议出让公告资料。

(11)其他应归档的材料。

思考题

1.简述国有土地使用权出让的定义、特点。

2.国有土地使用权出让的方式有哪些？
3.国有土地使用权出让的最高年限是如何规定的？
4.关于国有土地使用权出让最低价是如何规定的？
5.协议出让，招标、拍卖、挂牌出让国有土地使用权的用地范围有哪些？
6.简述招标、拍卖、挂牌出让国有土地使用权的程序。
7.简述国有土地使用权出让合同的内容。
8.什么是国有土地使用权转让？转让的方式有哪些？
9.简述国有土地使用权转让的原则和条件。
10.简述国有土地使用权出租的概念及条件。
11.简述国有土地使用权抵押的概念、特征。
12.简述国有土地使用权抵押中抵押权的实现条件和方式。

项目6 农村集体建设用地管理

【学习目标】

1.了解我国农村集体建设用地的内涵；

2.明确我国农村集体建设用地的原则、审批程序；

3.理解农村集体建设用地宅基地、农村集体企业用地、农村集体公益用地的相关法律知识。

【知识目标】

1.掌握农村集体建设用地概念及范围；

2.了解我国农村集体建设用地宅基地、农村集体企业用地、农村集体公益用地的用地现状及用地管理计划的内容。

【学习过程】

1.案例导入

2.视频播放([首席评论2013]集体建设用地入市要过几道坎?)

3.分组讨论

【背景知识】

农村集体建设用地概述

我国《宪法》规定:农村和城市郊区的土地,除由法律规定属于国家所有的以外,属于农民集体所有;宅基地和自留地、自留山,属于农民集体所有。并且规定,国家为了公共利益的需要,可以依照法律规定对土地实行征用。农村土地归农民集体所有,农民个人不享有土地所有权。在《民法通则》中,界定为乡(镇)、村两级所有。在《农业法》和《土地管理法》中,则是乡(镇)、村或村内农业集体经济组织所有。由此可见,集体土地产权的主体有三种形式:乡(镇)农民集体经济组织、村农民集体经济组织、村内农业集体经济组织,可简称为"乡(镇)、村、组"三级。

根据《土地管理法》,农村集体建设用地主要是指:农民从事二、三产业生产及其居住生活的空间承载地,包括农村居住用地、农村公共服务及基础设施用地、村办及乡镇企业用地、商业服务业用地、工业园区及仓储用地等,土地产权为农村集体所有。根据农村规划管理要求,可以将农村集体建设用地界定为:农民集体所有的并经依法批准使用的兴办乡镇企业用地、村建设住宅用地、乡(镇)村公共设施和公益事业建设用地。它们主要包括:①农民宅基地;②乡(镇)村企业用地;③乡(镇)村公益事业用地;④乡(镇)村公共设施用地。

农村集体建设用地的研究除现在已是建设用地的土地外,还包括即将农转非的农地,以及规划或村庄整理、村庄建设需要转换为建设用地的用地管理。

1 农村集体建设用地的概念

农村集体建设用地,是指由农村基层政权组织或者农村各级农业集体经济组织以及农村居民个人投资,依据农村建设规划进行各项非农业建设依法使用的农村集体土地。《土地管理法》所称农村集体建设用地是用于建造建筑物、构筑物的土地,包括原有的建设用地和经批准办理农用地转用手续的农用地,也是指非农业建设用地。

农村集体建设用地主要是通过集体所有土地使用权转移的方式取得,不改变土地所有制的性质。乡(镇)村建设所占有的土地为农民集体所有。乡(镇)村建设用地属于农民集体所有,在一般情况下,其所有权和使用权是相分离的。乡(镇)村企业对其建设用地只有使用权,没有所有权;农村居民的住宅用地的所有权,归农民集体所有,各农村的居民只有使用权,没有所有权。乡(镇)村建设用地的所有权与地上建筑物和其他设施的所有权一般也是分离的。

2 农民集体所有建设用地的范围

《土地管理法》第四十三条规定,在三种情况下可以使用农民集体所有的建设用地。

2.1 乡(镇)办企业使用本集体经济组织农民集体所有的土地

如乡(镇)办企业使用属于本乡(镇)集体所有的土地,村办企业使用属于本村集体所有的土地,村民组办企业使用本村民组所有的土地,个人办企业使用所在农民集体组织的土地。

2.2 农村村民建设住宅使用本集体所有的土地

城镇居民使用农民集体土地,或农村村民建设住宅使用其他集体所有的土地是不允许的。

2.3 乡(镇)村公共设施和公益事业使用农民集体所有的土地

这种情况不管是使用本集体所有的土地,还是使用其他集体所有的土地都是允许的,主要是考虑到一些农村必须的道路、水利设施及学校等建设,在本集体经济组织所有土地内无法安排,需要使用其他农民集体所有土地的实际情况。包括农村道路、水利设施、学校、通信、医疗卫生、敬老院、幼儿园、村委办公室使用农民集体所有的土地。

3 农村集体建设用地使用的原则

乡镇企业、乡(镇)村公共设施、公益事业和农村村民建住宅,使用农民集体所有的建设用地都必须遵循以下原则:

(1)必须是乡镇企业、乡(镇)村公共设施、公益事业、农村村民住宅等乡(镇)村建设项目,方可使用农村集体建设用地。

(2)必须符合乡(镇)土地利用总体规划和土地利用年度计划。乡(镇)土地利用规划是集镇、村庄建设用地的最高原则,一切建设都必须服从,对没有农用地计划指标或超过农用地转用计划指标的,不得批准新增建设用地。

(3)必须依法取得县级以上人民政府批准。不论是乡镇企业、公共设施、公益事业还是农民宅基地,都必须依法取得批准。否则都被视为是非法占地,必须依法处理。

如果涉及占用农用地的,必须依法办理农用地转用审批手续。

(4)建设占地与农村土地整理挂钩,严格控制占用耕地。原则上,农村建设用地的规模不得再扩大,如需扩大规模或占用耕地,必须对农村土地进行整理,增加耕地有效面积。

(5)农民集体所有的土地的使用权不得出让、转让或者出租用于非农业建筑,但是符合土地利用总体规划并依法取得建设用地的企业,因破产、兼并等情形致使土地使用权必须转移的,应当严格依法办理审批手续。

4　农村集体建设用地的取得和收回

农村集体建设用地使用权的取得主要是通过集体所有土地使用权转移的方式取得,并不改变土地所有制的性质。

《土地管理法》规定,农村集体经济组织报经原批准用地的人民政府批准,可以收回土地使用权,是指可以收回农民集体的建设用地使用权,不包括农用地使用权和农村集体土地的承包经营权。按照规定,下列情况下可以收回土地使用权:

(1)为乡(镇)村公共设施和公益事业建设,需要使用土地的,经过批准,农村集体经济组织可以收回集体建设用地使用权,但对土地使用权人造成损失的应当给予补偿,原土地使用者及地上建筑物需要搬迁的,农村集体经济组织应当负责搬迁。为了防止农民集体经济组织借收回土地使用权侵害土地使用者的合法权益,必须在建设用地报批时,同时报送收回土地使用权方案,并取得批准,不准随意使用收回土地使用权的权力。

(2)不按照批准的用途使用土地的。是指建设用地被依法批准后,土地使用者擅自改变批准土地的用途,如批准为公益事业用地,而土地使用者未取得土地批准机关同意变为乡镇企业用地等,都是不允许的。出现这种情况,经原批准机关批准,农村集体经济组织应收回土地使用权,并不予补偿。

(3)因撤销、迁移等原因而停止使用土地的。是指乡镇企业、公益事业、公共设施的所有者因某种原因被撤销,或迁移到其他地方,不再需要使用或无法使用该土地的,可以由农民集体经济组织收回土地使用权,重新安排使用,但不包括企业的破产和兼并等情形。

5　农村集体建设用地的审批

根据《土地管理法》规定,只有县级以上人民政府有权对农村建设用地进行审批。审批时必须严格按照乡(镇)土地利用总体规划确定的土地用途进行,符合省级人民政府制定的用地指标和农村集体建设用地计划用地指标的要求。一切擅自审批行为都是无效的,而且对其违法行为者还将追究责任。《土地管理法》对乡(镇)村企业建设用地,乡(镇)村公共设施、公益事业建设用地,农村村民宅基地等农村集体建设用地的审批权限分别进行了规定,但可以概括为以下两点:

(1)一般情况下,除涉及占用农用地的外,按照省级人民政府规定的批准权限,由县级或者县级以上地方人民政府批准。其中,农村村民宅基地明确规定由县人民政府批准。

(2)涉及占用农用地的,应当依照《土地管理法》关于农用地转用的审批权限规定由省级人民政府批准。县级或者乡级人民政府可以提出自己的审查意见,供省级人民政府批准时考虑。

任务 1　农村村民宅基地管理

【任务目标】

1.理解农村村民宅基地的概念及申请条件;

2.掌握农村村民宅基地的审批程序、审查内容及管理措施。

【学习过程】

1.课件演示

2.案例导入

3.视频播放(批宅基地引起的风波)

4.分组讨论

【案例导入】

农村村民一户只能拥有一处宅基地

——郭某出卖宅基地后再次申请宅基地被拒绝案

1992 年 2 月,郭某因分户需要,向其所在地的村委会提出宅基地申请。村委会同意,经乡(镇)人民政府审核通过后,县级人民政府批准同意其宅基地用地申请。村委会根据村内用地实际和规划划分一宗土地作为郭某的宅基地,随后郭某在该宅基地建房,但郭某一直与其父母居住而未在此居住。同年 10 月,同村的村民李某因居住需要,向郭某提出购买该房屋。郭某便私自将该房屋和其所申请的宅基地以高价转让给了李某,双方也未向土地管理部门和房产部门申请变更登记。2004 年郭某又以分户需要为由,再次向村委会提出宅基地用地申请。村委会经研究后决定不予同意。郭某认为村委会侵犯了自己的合法权益,因此向该市农村土地纠纷仲裁委员会提出仲裁申请,要求村委会为其重新划分一宗宅基地。

经该市农村土地纠纷仲裁委员会组成合议庭评议后,该市农村土地纠纷仲裁委员会根据《中华人民共和国土地管理法》裁决:依法驳回郭某要求重新划分宅基地的仲裁请求。

【分析】

《土地管理法》第六十二条明确规定：农村村民一户只能拥有一处宅基地，农村村民出卖、出租住房后，再申请宅基地的，不予批准。因此，仲裁委员会驳回郭某再次划分宅基地的仲裁请求。相关依据可参照《土地管理法》第六十二条，《物权法》第一百五十二条～第一百五十五条，《确定土地所有权和使用权的若干规定》第四十五条～第五十二条，国土资源部《印发〈关于加强农村宅基地管理的意见〉的通知》，《关于进一步完善农村宅基地管理制度切实维护农民权益的通知》，《国务院关于深化改革严格土地管理的决定》，《国务院办公厅关于严格执行有关农村集体建设用地法律和政策的通知》，《国务院关于促进节约集约用地的通知》，《国土资源部关于坚持依法依规管理节约集约用地支持社会主义新农村建设的通知》，《查处土地违法行为立案标准》等。

【背景知识】

农村村民宅基地管理

1 农村村民宅基地的概念

农村村民宅基地是指农村居民建设住宅所使用的集体土地。农村居民主要包括：农村村民、回原籍乡村落户的城镇职工、退伍军人、离退休干部、回乡定居的华侨、港澳台同胞等。

宅基地通常包含主要建筑物（居住用房）、附属建（构）筑物（如厨房、仓库、厕所、畜禽舍、沼气池等）以及房屋周围独家使用的土地。宅基地不包括农民生产晒场用地。农村村民宅基地虽然规模小，但分布比较广，遍及千家万户，是村镇建设用地管理的主要工作之一。

2 农村村民使用农村宅基地的要求

（1）农村居民一户只能拥有一处宅基地。

（2）宅基地的面积不得超过省、自治区、直辖市规定的标准。

（3）农村居民建住宅，应当符合乡（镇）土地利用总体规划，并尽量使用原有的宅基地和村内空闲地。

（4）宅基地涉及占用农用地，应先依法办理农用地转用审批。

（5）出租、出卖房屋和非法转让房屋的，再申请宅基地不予批准。

3 农村村民宅基地审批程序和权限

根据《物权法》的相关规定：宅基地使用权是我国特有的一种用益物权，它是从新中国成立以来为解决农民住宅问题的土国土资源管理策逐步演变而来的。广义上的宅基地使用权包括城镇宅基地使用权和农村宅基地使用权，但城镇宅基地使用权属于历史遗留问题，现实生活中已经非常少见。狭义上的宅基地使用权仅指农村宅基地使用权，是指集体组织成员因建造住宅以及附属设施而对集体土地享有占有、使用的一种用益物权。

3.1　宅基地使用权的取得方式

宅基地使用权的取得是指宅基地使用权人通过法律规定的方式在农村集体土地上取得建造住宅的权利。从我国现行有关宅基地使用权的法律规定和国家有关规定来看，宅基地使用权的取得有审批取得与附随取得两种方式。

3.1.1　审批取得

审批取得是指农户提出申请，经土地管理部门的审批取得宅基地使用权。

按照《土地管理法》的规定，申请宅基地应当以户为基本单位，且原则上一户只能申请一处宅基地，这就是所谓的"一户一宅"原则。申请宅基地的主体限于没有宅基地的村民，以农户的名义提出申请。"没有宅基地"包括自始无宅基地、确需分户居住、因国家或乡（镇）建设需要另行安排宅基地的或者在农村落户需要住宅而无宅基地等。当然，"一户一宅"原则只限于宅基地使用权的创设取得，而不包括通过房屋所有权而附随地取得宅基地使用权的情况。因此，"一户一宅"只是就申请而言的，其真实含义是"一户只能申请一处宅基地"。法律不应当禁止公民通过继承等方式取得两处以上宅基地的使用权。

3.1.2　附随取得

所谓附随取得，是指通过取得房屋所有权而附随取得宅基地使用权。尽管宅基地使用权不能单独转让，但我国法律允许农村房屋在一定条件下可以转让。例如，《继承法》第三条规定，公民的房屋属于遗产，可以由其继承人继承。在房屋被继承后，按照"地随房走"的原则，房屋占用范围内的宅基地使用权亦随之转移。而且，这种取得不受"一户一宅"原则的限制。

为保障农民的基本居住条件，在宅基地灭失后，没有宅基地的农户有权重新申请宅基地使用权。并非任何事由导致宅基地使用权灭失的，都可重新分配宅基地。可重新分得宅基地的事由主要包括：

（1）因自然灾害使宅基地灭失的；

（2）宅基地使用权被征收的；

（3）宅基地使用权因土地规划而被收回的。

宅基地使用权基于其他原因灭失的，农户一般无权重新申请宅基地使用权。

已经登记的宅基地使用权消灭的，权利人应当及时办理注销登记。

3.2　审批宅基地的程序

农村居民建房必须符合有关条件，并且具备建房物质、经济条件，方可按下列程序进行。

3.2.1　申请

用户按规定用地标准，提出建房设想，向所在地村民委员会提出用地申请，填写农村宅基地申请表。

凡是要建房的农户必须按规定的宅基地限额，提出建设设想，向建房所在地的村民小组、村委会或者其他农村经济组织提出用地申请，填写农村宅基地申请表。申请表中由用户负责填写的内容应包括：

（1）申请者（用户）的姓名、家庭人口数、原住址和所属单位；

（2）申请建造房屋的种类（平房、楼房等）间数；

（3）申请用地的面积、种类（原宅基地、荒地、空闲地、耕地或者农用地等）及选址意向；

（4）申请建房的理由；

(5)其他有关事项。

向村民组织提出申请只是初步的,还需依照有关规定分别向乡级人民政府或者县级人民政府国土资源管理部门正式提出申请。回乡落户或其他非农业户口申请的落户应提供原单位开具的证明。

3.2.2　村民会议讨论

村民委员会根据村镇规划,对其用地申请进行全面审核,必要时需提请村民大会讨论通过,通过的在本集体经济组织或村民小组张榜公布。公布期满无异议,报经乡(镇)人民政府审核。

根据《村庄和集镇建设规划管理条例》规定,农村村民在村庄、集镇规划区内建住宅的,应当先向村农业集体经济组织或者村民委员会提出建房申请,经村民代表会议或村民大会讨论通过后,方可审批。村民小组或村民委员会,在不突破上级下达的建房占地控制指标的前提下,对用地面积按指标进行核定,根据村镇规划拟定建房地点,并对用户的申请提出处理意见。村民会议讨论后,需要加盖村民小组和村民委员会的印章。村民会议讨论后,用户应将申请表递交乡级人民政府。

3.2.3　审核

(1)需要使用农用地的,经乡级人民政府初步审查、县级人民政府建设行政部门审查同意并出具选址意见书后,方可依照《土地管理法》向县级人民政府国土资源管理部门申请用地,由县级人民政府(或者规定的其他机关)审核,提出审核意见。逐级上报省级人民政府批准。

(2)使用非农用地,由乡级人民政府根据村庄、集镇规划和土地利用规划进行审核,提出审核意见,并上报县级人民政府批准。

3.2.4　批准

宅基地经乡(镇)人民政府审核后,报县级人民政府批准,其中涉及占农用地的,应当办理农用地转用审批手续。政府批准后,发给《建设用地批准书》。

接到上报的建房用地申请后,有批准权的人民政府依法根据土地利用规划和有关政策,对占用农用地的申请进行审批;或者县级人民政府根据乡(镇)土地利用规划和有关政策,对占用非农用地的申请进行审批。经审查,符合条件的予以批准,不符合条件的不予批准,并说明原因。经批准的宅基地,申请人缴清有关税费后,发给建设用地许可证或者其他建设用地批准证书。

3.2.5　拨付土地和核发土地使用证

宅基地依法批准后,实地丈量批放宅基地,检查现场灰线,核实无误后,方可动工建设。村民住宅建成后,实地检查是否按照批准的面积和要求使用土地。办理宅基地登记发证手续。

核发建设用地批准证明后,国土资源管理部门按批准范围打桩放线和交地;用户应当按照规定对房屋建设进行设计,并按要求施工。住宅建设竣工后,国土资源管理部门应负责组织验收,核查实际用地,符合批准的用地位置、范围、面积和用途的,到国土资源管理部门办理宅基地登记手续,由县级人民政府发给集体土地建设用地使用证或者宅基地使用证。在审批后,乡(镇)土地管理员配合有关人员拨付土地。

3.3　审批宅基地的权限

农村居民住宅用地,经乡(镇)人民政府审核,由县级人民政府批准。其中涉及占用农用地的,依照《土地管理法》第四十四条的规定办理审批手续。

4　农村宅基地的审查

4.1　申请宅基地条件的审查

农村居民建房实行一户一宅基地使用、管理制度。农村村民每户只能有一处宅基地,每户农民建房用地标准由省、自治区、直辖市在土地管理地方法规中规定,不得超越标准建房。这主要是指新申请宅基地而言,即宅基地已达到规定的标准就不能再申请新的宅基地,要建新住宅可以在原宅基地上改建,或退出原宅基地再申请新宅基地。

对由于房产继承等原因形成的多处住宅,原则上不作处理,村民可以出卖等方式处理,也可以维持原状,但房屋不得翻建。房屋损坏后,退出多余的宅基地。

4.1.1　批准使用宅基地的情况

农村村民申请宅基地必须符合下列情况之一:

(1)现在住房影响乡(镇)村建设规划,需要搬迁重建的;

(2)农村居民户除身边留一子女外,其他子女确需另立门户而已有的宅基地低于分户标准的;

(3)经主管部门批准,由外地迁入的农户无住房的;

(4)集体组织招聘的技术人员要求在当地落户且户口已迁入的;

(5)离休、退休、退职的干部职工,复退军人和华侨,侨眷,港澳台同胞持合法证明回原籍定居,需要建房而又无宅基地的。

4.1.2　不批准使用宅基地的情况

有下列情况之一的,不得批准使用宅基地:

(1)出卖、出租或者以其他形式非法转让房屋的。村民因住房出卖、出租或以其他形式非法转让房屋的,即使宅基地面积达不到标准,或没有宅基地,申请宅基地,也不予批准。

(2)户口已迁出,不在当地居住的。

(3)户口已合法迁入,但原籍宅基地未退还集体的。

(4)一户有一处或一处以上住宅的。

农村村民一户只能拥有一处宅基地。对于因房产继承等原因形成的多处宅基地,原则上不作处理,村民可以出卖方式进行处理,但只能出卖给宅基地面积达不到标准的本村村民;也可以维持原状,但房屋不得翻建,房屋损坏不能利用的,应退出多余的宅基地。因其他原因造成的一户多宅,可以由村民委员会或农村集体经济组织将多余的宅基地依法收回,统一安排使用,有地面附着物的,应当给予补偿,补偿标准由村民会议确定;也可以实行有偿使用,缴纳宅基地超标使用费,但房屋损坏不能利用的,不准翻建,必须退出多余的宅基地。对收回和退出的宅基地,应当依法办理集体土地使用权注销登记手续。

4.1.3　其他情况

其他规定不应建房和安排宅基地用地的。

农民的住宅不得向城市居民出售。村民因住房出卖、出租而使宅基地达不到标准,或丧失宅基地的,不得再申请宅基地,但因两户的宅基地都达不到标准而相互调剂,经过批准的可以申请宅基地。严禁利用建住宅为名搞房地产开发和炒房地产的行为。对将现有住宅改为经营场所的,除不再批准新的宅基地外,还应按其经营场所实际占用土地面积,从经营之日起，核收土地使用费。对于户口已经"农转非"的人员，应适时核减宅基地面积。另外，城镇职工要求自费建房应由城建部门统一规划，经国土资源管理部门批准后统一征地、建房，不准私自到农村买地、租地建房。

4.2 宅基地标准的审查

我国地域辽阔，自然条件差别较大，生活习惯各有不同。因山区、丘陵、平原、牧区、城郊集镇等情况不同，各地宅基地面积标准也不完全一致。

省、自治区、直辖市人民政府应当根据本行政区域的情况制定本行政区域的宅基地标准。县级人民政府可以根据本地具体情况，在省级人民政府规定的限额内制定本行政区域内的宅基地面积标准。宅基地的面积不得超过省、自治区、直辖市规定的标准。

4.3 建房用地方向的审查

(1)看村内有无空闲地可利用，能否利用劣等地。

(2)看村内建筑布局是否合理，可否调整。

(3)看村内道路是否过宽。

(4)看可否建成楼房或联户建设。

5 加强农村村民宅基地管理的措施

(1)严格实施规划，从严控制村镇建设用地规模。

①抓紧完善乡(镇)土地利用总体规划。

②按规划从严控制村镇建设用地。

③加强农村宅基地用地计划管理。

(2)改革和完善宅基地审批制度，规范审批程序。

(3)推进农村建设用地整理，促进土地集约利用。

(4)加强法制宣传教育，严格执法。

任务2 乡(镇)村公共设施、公益事业用地管理

【任务目标】

1.理解乡(镇)村公共设施、公益事业建设用地的概念；

2.掌握乡(镇)村公共设施、公益事业建设用地的审批程序。

【学习过程】

1.课件演示

2.案例导入([广东早晨] 贫困县公益用地变豪华别墅)

3.分组讨论

【案例导入】

村委会非法占地建设公共设施案

2006 年 7 月,某市东江镇某村委会以丰富村民文化生活、健身娱乐为由占用本村集体土地建文化大院。得到群众举报后,市国土资源局执法监察大队立即派出监察人员赶到现场进行调查。经调查核实,东江镇某村委会未经国土资源部门批准,于 2006 年 7 月擅自占用村内集体土地 3 000 m^2 建文化大院。市国土资源局执法工作人员下达了《责令停止违法行为通知书》,但东江镇某村委会以该占地项目为公益事业为由不听劝阻、继续施工。

2006 年 7 月 7 日,市国土资源局监察人员对该村委会继续施工的行为进行了强行制止,并再次对东江镇某村委会下达《责令停止违法行为通知书》,责令该村委会立即停止施工,听候处理。经查,该宗违法用地不符合土地利用总体规划。8 月 2 日, 市国土资源局依法对东江镇某村委会下达了《行政处罚告知书》、《行政处罚听证告知书》,告知东江镇某村委会 3 日内享有陈述、申辩以及听证的权利。3 日内该村委会没有提出任何申请和要求。2006 年 8 月 11 日,市国土资源局依法对东江镇某村委会下达了《行政处罚决定书》。

市国土资源局在下达的《行政处罚决定书》中,责令某村委会自接到处罚决定书之日起 15 日内自行拆除在非法占用的 3 000 m^2 土地上新建的建筑物和其他设施,恢复土地原状,并处罚款人民币 60 000 元。在法定期限内,某村委会没有申请复议或提起行政诉讼,也未履行处罚决定。同年 11 月 11 日,市国土资源局申请人民法院对此案强制执行。

【分析】

现实中,很多农村集体经济组织错误地认为,只要土地是本村的,自己就可以随意使用,不用向有关部门申请批准。根据《土地管理法》的规定,乡(镇)村公共设施、公益事业建设可以使用农民集体所有的土地,但要依法经过批准。《土地管理法》第六十一条对乡(镇)村公共设施、公益事业建设需要使用土地如何进行审批作了具体的规定,《山东省实施〈土地管理法〉办法》第二十四条对审批权限进行了明确界定。

本案中,东江镇某村委会建文化大院,其目的主要是:丰富村民的文化生活,属公共设施、公益事业范畴,理应提倡。但东江镇某村委会错误地认为,只要是公共设施、公益事业用地可不必经过审批,从而导致非法占地。当前农村土地违法现象较为普遍且形式多样,如未批先建、违章建房、私自买卖、截留挪用征地补偿款等。究其原因,与乡(镇)村基层干部土地法律法规知识欠缺、法治意识淡薄有很大关系。一些基层干部对农村土地管理、使用的相关法律法规和政策知之甚少,对"十分珍惜、合理利用土地和切实保护耕地"这一基本国策的重要性认识不足,"为公违法不算违法"的思想根深蒂固。因此,各级政府和国土资源部门要进一步加大国土资源法律法规的宣传力度,特别要把农村基层干部作为重点宣传对象,增强其严格保护耕地和依法用地意识,切实加强农村集体土地管理。

相关依据可参照《土地管理法》第四十三条、第六十一条、第七十六条及《土地管理法实施条例》第四十二条。

【背景知识】

乡(镇)村公共设施、公益事业用地管理概述

1　乡(镇)村公共设施、公益事业建设用地的概念

乡(镇)村公共设施、公益事业建设用地是指农村基层政权组织及其农业集体经济组织为兴建各项生产、生活及社会服务设施和兴办各项公共福利事业的需要而依法使用的农村集体土地。

(1)乡(镇)村公共设施建设用地是指乡(镇)村中为适应公众的物质生活需要而建设各种设施的用地,如道路、桥梁、供水、排水、电力、通信、公共交通、公共厕所、煤气等设施用地。

(2)乡(镇)村公益事业用地指乡(镇)村中为进行社会活动和公众活动的文化、教育、卫生、医疗、保健及公共利益需要而设置的各种事业用地,如中学、小学、卫生所、幼儿园、敬老院、体育场、商店、电影院及其他用地。

2　乡(镇)村公共设施、公益事业建设用地的审批程序

乡(镇)村公共设施、公益事业建设需要使用土地的,由乡(镇)人民政府审核,向县级以上地方人民政府土地行政主管部门提出申请,按照省、自治区、直辖市规定的批准权限,必须符合土地利用总体规划、年度计划;由县级以上地方人民政府批准;其中,涉及占用农用地的,应先办理农用地转用审批手续。审批程序如下。

2.1　申请

乡(镇)村公共设施、公益事业建设,需要使用土地的,建设单位首先向其所在地的乡级人民政府提出申请。由农村集体经济组织或者建设单位提出,经乡(镇)人民政府审核,向县、市人民政府土地行政主管部门提出建设用地申请。经乡(镇)人民政府审核,向县级以上地方人民政府国土资源管理部门正式提出申请。用地单位应按规定填写《建设用地申请表》。

2.2　审核

土地行政主管部门按照国家有关规定对建设用地进行审查后,按照省、自治区、直辖市的规定报有批准权的人民政府批准。涉及占用农用地的,应当先行按照《土地管理法》的规定办理农用地转让手续。县级国土资源管理部门依据乡(镇)村建设计划控制指标和乡(镇)村建设规划,会同有关部门安排适宜的地址,并依法对该申请及提交的有关资料进行审查、核实,并提出审查意见。国土资源管理部门审核后,应分下列情况上报:

(1)涉及占用农用地的,逐级上报省级人民政府批准;

(2)占用其他土地的,按照省级人民政府规定的批准权限,逐级上报有批准权限的地方人民政府批准。

2.3　批准、拨付土地、发证

土地行政主管部门按照国家有关规定对建设用地进行审查后,按照省、自治区、直辖市的规定报有批准权的人民政府批准。涉及占用农用地的,应当先行按照《土地管理法》的规

定办理农用地转让手续。建设用地经依法批准后，由县、市人民政府土地行政主管部门通知申请用地单位，并组织实施。申请用地应当按照国家有关规定履行开垦耕地义务和缴纳有关费用等。工程竣工后，由县、市人民政府土地行政主管部门负责对建设用地和开垦耕地等情况进行验收，并办理土地登记，核发《集体土地使用证》。建设用地经依法批准后，乡(镇)村公共设施、公益事业建设涉及占用国有土地的，按照使用国有土地的有关规定办理。

3　乡(镇)村公共设施和公益事业用地的补偿

乡(镇)村公共设施和公益事业用地补偿费用标准应参照《土地管理法》和各省、自治区、直辖市制定的有关实施办法中的规定，对被占地单位支付土地补偿、安置补助及青苗、附着物补偿等费用。

任务3　乡(镇)村企业建设用地管理

【任务目标】

1.理解乡(镇)村企业建设用地的概念；
2.掌握乡(镇)村企业建设用地的审批权限和审批程序；
3.了解乡(镇)村企业建设用地的补偿和安置。

【学习过程】

1.课件演示
2.案例导入
3.视频播放([热点怎么看] 企业不能随便到农村“圈地”)
4.分组讨论

【案例导入】

福建省石狮市港塘塑料玩具厂诉石狮市国土规划建设局土地行政处罚决定案

原告福建省石狮市港塘塑料玩具厂于1990年未经有权部门批准，擅自占用地址在石狮市灵秀镇港塘村青石片五十号的土地2 213 m^2，并已建成石条、砖混合水泥钢筋结构的厂房和其他设施，现状二层，建筑面积为3 528 m^2，其非法占用的土地在石狮市土地利用总体规划内。被告石狮市国土规划建设局于2004年6月7日接群众举报对本案进行立案后，依法对原告进行了行政处罚告知和听证程序，给予原告充分举证、陈述和申辩的权利，经集体研究和审批于2004年7月2日作出狮国规行罚〔2004〕6号土地违法案件行政处罚决定。

认定被处罚单位未批先建的行为已违反了《土地管理法》第五十九条的规定，根据《土地管理法》第七十六条和《土地管理法实施条例》第四十二条的规定，决定采取以下处罚：

(1)责令退还非法占用的土地，没收在非法占用土地上的建筑物和其他设施；

(2)非法占用的土地面积每平方米处以30元人民币的罚款，即2 213 m^2×30元/m^2 = 66 390元。

福建省石狮市人民法院认为：原告港塘塑料玩具厂虽然有与第三人港塘村委会签订用地租赁合同，向港塘村委会缴纳租金，但其在租用土地上建设厂房未经土地管理部门批准，违反《土地管理法》第五十九条的规定，其非法占地的事实存在，事实清楚。原告以其有向村委会租用土地为由否认其非法占地，理由不能成立，该非法用地在石狮土地利用总体规划范围内，被告根据《土地管理法》第七十六条及《土地管理法实施条例》第四十二条的规定，对原告处罚程序合法。原告虽然于1990年完成基建，但其违法占地一直持续到现在，根据最高人民法院《关于如何计算土地违法行为追诉时效的答复》，并未超过处罚时效。综上所述，被告石狮市国土规划建设局作出的行政处罚，事实清楚，程序合法，适用依据正确。福建省石狮市人民法院根据《行政诉讼法》第五十四条第一项的规定作出如下判决：维持被告石狮市国土规划建设局〔2004〕6号土地违法案件行政处罚决定书。

福建省泉州市中级人民法院经审理认为：被上诉人石狮市国土规划建设局接群众举报对本案调查取证后，其行政处罚决定书认定上诉人福建省石狮市港塘塑料玩具厂于1990年年初未经有权部门批准，擅自在石狮市灵秀镇港塘村青石片五十号非法占用土地2 213 m^2，并基建成石条、砖混合水泥钢筋结构的厂房和其他设施，现状二层，建筑面积为3 528 m^2，其非法占用的土地虽在石狮市土地利用总体规划内，但上诉人未批先建的行为违反了1988年12月29日修正的《土地管理法》第四十四条或1999年1月1日起施行的《土地管理法》第五十九条的规定，该决定所认定的事实清楚。由于上诉人的违法行为发生在1990年，根据"实体从旧，程序从新"的原则，被上诉人应适用1991年2月1日施行的《土地管理法实施条例》第三十条的规定：依照《土地管理法》第四十三条、第四十四条的规定处以罚款的，按照非法占用土地每平方米15元以下的标准执行。1999年4月7日国土资源部国土资发〔1999〕87号《关于查处土地违法行为如何适用〈中华人民共和国土地管理法〉有关问题的通知》也作出了明确规定：根据原土地管理法和新法的规定，均构成土地违法行为的，适用处罚较轻的法律。因此，被上诉人对上诉人作出处罚时适用1999年1月1日起施行的《土地管理法实施条例》第四十二条的规定，即依照《土地管理法》第七十六条的规定处以罚款的，罚款额为非法占用土地每平方米30元以下，是适用了处罚较重的法律对上诉人进行处罚，属适用法律错误。

上诉人提出其所使用的土地是向原审第三人通过租赁方式取得的，土地的所有权仍然归属原审第三人，上诉人仅是基建行为未经审批，违反的是有关建设规划方面的法律法规，上诉人并不存在非法占地行为。上诉人建设厂房所使用的土地虽然是向原审第三人租赁的，但上诉人未依照土地管理法的规定办理相关的土地审批手续，擅自占用土地的行为即属于非法占用土地的行为。被上诉人以上述人作为处罚的主体并无不妥。上诉人的该上诉理由无法律依据，法院不予采纳。上诉人认为被上诉人应对违法出租土地的原审第三人进行处罚，而非处罚上诉人。原审第三人是否应受处罚属另一行政法律关系，不属本案审查的范畴。上诉人提出本案的基建行为在1990年已经完成，被上诉人至今才进行处罚也违反了《行政处罚法》第二十九条的规定。根据最高人民法院〔1997〕法行字第26号答复国土资源部《关于如何计算土地违法行为追诉时效的请示》的函:对非法占用土地的违法行为,在未恢复原状之前应视为具有继续状态,其行政处罚的追诉时效,应根据《行政处罚法》第二十九条第二款的规定,从违法行为终了之日起计算。上诉人非法占用土地的违法行为,在本案立案时仍未恢复原状,应视为具有继续状态,被上诉人对上诉人进行处罚并无不当。上诉人还提出被上诉人所举证的集体讨论记录超过举证期限,不能认定被上诉人的行政行为程序合法。虽然被上诉人在原审第一次开庭前未能提供该份证据,超过举证期限,但该份证据中涉及被上诉人其他事务的记录,且被上诉人在诉讼中也申请原审法院调取了该份证据,应属举证程序上的轻微瑕疵,不影响被上诉人在本案行政执法程序上的合法性。综上所述,被上诉人作出的该行政处罚决定认定事实清楚,但适用法律错误,应予撤销。原审判决认定事实清楚,适用法律错误,应予改判。依照《行政诉讼法》第六十一条第二项、第五十四条第二项第二款的规定,作出如下判决:

(1)撤销被上诉人石狮市国土规划建设局狮国规行罚〔2004〕6号土地违法案件行政处罚决定书;

(2)由被上诉人石狮市国土规划建设局重新作出具体行政行为。

【分析】

对发生在《土地管理法》颁布实施前的非法占地行为,根据原土地管理法和新法的规定,均构成土地违法行为的,适用处罚较轻的法律。对非法占用土地的违法行为,在未恢复原状之前应视为具有继续状态,其行政处罚的追诉时效,应根据《行政处罚法》第二十九条第二款的规定,从违法行为终了之日起计算。相关依据可参照《土地管理法》第四十四条、第五十九条、第六十条,《物权法》第一百五十一条,《确定土地所有权和使用权的若干规定》第二十四条、第二十五条、第四十三条、第四十四条及国务院办公厅《关于严格执行有关农村集体建设用地法律和政策的通知》,《国务院关于深化改革严格土地管理的决定》,《国务院办公厅关于严格执行有关农村集体建设用地法律和政策的通知》,《国务院关于促进节约集约用地的通知 》,《国土资源部关于坚持依法依规管理节约集约用地支持社会主义新农村建设的通知》,《查处土地违法行为立案标准》等。

【背景知识】

1 乡(镇)村企业建设用地概念

乡镇企业用地包括乡(镇)、村两级农村经济组织兴办的企业,农民集体联办的企业,农民个体企业以及农民集体与其他单位和个人联办的企业使用本集体所有的土地。发展乡镇企业要尽量不占或少占耕地,节约使用土地。乡镇企业用地要按照经批准的村镇建设规划的要求,合理布局,适当集中,依法办理用地审批手续。对乡镇企业用地应当严格控制,防止出现土地粗放利用、闲置浪费、布局分散和违法占用耕地等问题。省、自治区、直辖市应当制定乡镇企业的用地标准。

2　乡(镇)村企业建设用地的审批

《土地管理法》规定,使用农民集体所有土地兴办企业的,只有农村集体经济组织利用本集体所有的土地与其他单位和个人以联营形式入股共同兴办企业的,可以使用农民集体所有的土地。包括村农民集体使用村农民集体所有土地,村民组使用本村民组的土地,或村内联户或农户使用本村(或村民组)的土地,并在土地利用总体规划确定的建设用地区内,由农民集体经济组织或村民委员会向县级以上人民政府土地行政主管部门提出用地申请,报人民政府批准。乡镇企业使用农民集体所有土地的批准权限,由省、自治区、直辖市规定,即只能由地方人民政府批准。各省、自治区、直辖市在制定土地管理法实施办法时,将对此作出规定。

农村集体经济组织使用乡镇土地利用总规划划定的建设用地兴办企业或者与其他单位、个人以土地使用权入股、联营等形式共同兴办企业的,应当持有关批准文件,向县级以上地方人民政府土地行政主管部门提出申请,按照省、自治区、直辖市规定的批准权限,由县级以上人民政府批准;其中,涉及占用农用地的,应先办理农用地转用审批手续。

2.1　乡(镇)村建设用地的审批权限

根据《土地管理法》第六十条规定,乡镇企业用地情况分别由下列人民政府批准:

(1)一般情况下,即除涉及占用农用地的外,按照省级人民政府规定的批准权限,由县级或者县级以上地方人民政府批准;

(2)涉及占用农用地的,应当依照《土地管理法》关于农用地转用的审批权限规定由省级人民政府批准。县级或者乡级人民政府可以提出自己的审查意见,供省级人民政府批准时考虑。

2.2　乡镇企业建设用地的审批程序

乡镇企业用地,要按照经批准的村镇建设规划的要求,合理布局,适当集中,依法办理用地审批手续。审批程序如下。

2.2.1　预申请

申请人持县级以上人民政府批准的设计任务书或其他文件,向土地所在地的县级以上政府国土资源管理部门提出用地申请。

2.2.2　选址

县级国土资源管理部门根据有关用地计划控制指标,会同规划、环保等部门,依据经批准的乡(镇)村建设规划,确定适宜地址。

2.2.3　正式申请

用地单位持上级主管部门正式批准的有关文件和总平面设计图,向国土资源管理部门正式申请用地,并按规定填写《建设用地申请表》。

《建设用地申请表》应写明:申请者的名称、地址和所属单位;建设项目的种类;申请用地的面积、种类(原宅基地、荒地、空闲地、耕地或者农用地等)及选址意向;其他有关事项。

在申请的同时,申请者应当向国土资源管理部门提交下列文件:经批准的建设项目设计任务书或其他批准文件;县级建设行政主管部门出具的选址意见书;建设项目总平面布置图和地理位置图;建设项目资金来源的证明材料及投资计划;必要时,应当提交建设项目可行性研究报告;环保等有关部门签署的意见;法律规定或者国土资源管理部门要求提供的其他资料(如申请者的身份或者资格证明等)。建设项目使用其他农村集体土地的,还必须附有与该组织签订的用地协议书。以集体所有土地使用权作价、入股、联营等形式与其他单位或者个人共同兴办企业的,该土地使用权应当经过评估。申请时,应当提交依法成立的评估机构出具的评估证明书。

建设项目用地申请文件、资料报送齐备,国土资源管理部门立即承办审查报批工作。凡未按本规定报送或所报送的文件、资料不全的,国土资源管理部门应通知限期补报,逾期不补,原件退回。

2.2.4 审核

县级以上人民政府国土资源管理部门接到用地申请后,应当依法对该申请及提交的有关资料进行审查、核实,并提出自己的审查意见。

在审核上报文件、材料时,应注意以下几个问题:

(1)项目的批准文件是否有效,即是否存在虚假或越权审批。凡是新建、改建、扩建的乡镇企业,都应在县级以上计划、设计等部门的指导或主持下,编制出设计任务书并报县级以上人民政府批准后,方可向县级土地行政主管部门提出用地申请。

(2)查看选址是否合理。是否有规划部门的选址意见;扩建项目的,要考虑充分利用原有基地;占用耕地或者农用地的,要从严控制,可调整使用非耕地或非农用地的,要提出新的选址意见。

(3)查看用地数量和生产规模是否相当。省级政府可以按照乡镇企业的不同行业和经营规模,分别规定用地标准。有乡(镇)村企业用地定额标准的地区,要严格执行定额标准;尚无定额标准的地区,一是要参考同类工业项目用地定额标准;二是要做好现场勘验、核实工作。

(4)查看总平面图布置是否合理。厂区的功能分区是否合理,车间组织是否恰当,厂区道路是否过宽,建筑密度是否太低等,仔细分析后确定报批或令其修改。

(5)审查、核实要求上报的报批文件是否齐备。

国土资源管理部门审核后,应分下列情况上报:

①涉及占用农用地的,逐级上报省级人民政府批准;

②占用其他土地的。按照省级政府规定的批准权限,上报有批准权限的县级以上地方政府批准。

2.2.5 批准

对占用农用地的,由有批准权限的人民政府依法根据土地利用总体规划和有关政策审批;对占用其他土地的,由县级以上地方人民政府按照法律规定,依据乡(镇)土地利用总体规划和有关政策审批。经审查符合条件的,予以批准;否则,不予批准,并说明原因。

2.2.6 拨付土地

经有批准权限的人民政府批准后,按照批准文件发给申请人建设用地批准书,建设项目所在地的县级以上地方政府国土资源管理部门据此拨付土地,并组织现场放线,准许施工。

2.2.7 发证

项目竣工后,县级以上地方人民政府国土资源管理部门要组织验收。经验收,符合批准用地要求的,依法办理登记手续,发给集体土地建设用地使用证。

3 乡(镇)村企业建设用地的补偿和安置

乡(镇)村企业建设用地,必须严格控制。各省、自治区、直辖市依照乡(镇)村企业的不同行业和经营规模,分别规定用地标准。乡(镇)村企业使用农民集体所有的土地,应当对被用地单位给予补偿,并妥善安置农民的生产和生活,乡(镇)村企业建设用地的补偿和标准,按各省、自治区、直辖市的具体规定执行。

任务4 农村集体建设用地流转管理

【任务目标】

1.理解农村集体建设用地流转的概念;
2.掌握农村集体建设用地流转的审批权限和审批程序;
3.了解农村集体建设用地流转。

【学习过程】

1.课件演示
2.案例分析
3.视频播放([子午线]农村土地制度改革,如何走起? 安徽:允许集体建设用地通过流转用于工业建设)
4.分组讨论

【案例导入】

"小产权房"带来的麻烦

2003年6月,郑州的代小姐花10.5万元在郑州市三官庙南街买了一套房子。如果没有以后的事情发生,这套包括车库在内共130多m^2的房子绝对可以让代小姐安居乐业。而代小姐按约定首付了5万元房款,去办房产证时,才知道对方的房子是在村集体土地上盖的,个人仅拥有80%的产权。尽管房主靳先生已按约定将房子交给了代小姐,但去办理过户手续时才知道,这种房屋属于农村集体自主开发的小产权房,不能办理过户手续。

由于无法办理过户手续,代小姐也不再支付剩余款项,也没退还居住房屋。房主靳先生2014年将代小姐诉至法院,要求解除双方在2003年6月签订的购房合同,要求法院判令代小姐返还房屋。

一审法院认定该房是自主开发的“小产权房”，按规定不能办理房屋过户手续。因此，靳先生要求解除双方购房合同并返还房屋的诉讼请求得到了法院的支持，并判决靳先生胜诉。而代小姐则提出反诉，代小姐诉称，按照原先约定，在她首付房款5万元后，待房屋过户到她名下后，其再支付剩余的5.5万元。房主靳先生曾承诺，3个月办好房产证过户手续。法院判决解除双方的购房合同后，给她带来了巨大经济损失，其中装修费47 805元，该房屋升值给其带来经济损失19.5万元，合计242 805元。由于是房主的过错导致其蒙受损失，故房主靳先生应赔偿其所有损失。

而靳先生则提出，代小姐应支付6年来的租金计37 795元。法院再审认为，靳先生作为房产的拥有人，在对该房屋掌握的情况全面准确的情况下，仍和代小姐签订房屋买卖合同，并在买卖合同中承诺负责为原告办理房产权过户，因无法办理过户导致双方买卖合同解除，靳先生应承担主要责任。法院据此判决，靳先生在判决生效10日内，除返还代小姐购房款5万元外，还应赔偿代小姐因合同解除造成的损失99 840元，而代小姐则需支付靳先生6年来的租金21 360元。

对此判决靳先生也提出了上诉。法官认为，如果靳先生不履行法院判决，法院强制执行该案子时，也只能执行靳先生的房产，而这又走了个怪圈，让案件回到了起点。

【背景知识】

农村集体建设用地流转管理

1　农村集体建设用地流转的历史背景

国土资源部统计数据显示，农村集体建设用地的数量约相当于城市建设用地的2.5倍，各为约1 700万hm^2和700万hm^2。

《土地管理法》第四十三条规定：任何单位和个人进行建设，需要使用土地的，必须依法申请使用国有土地；但是，兴办乡镇企业和村民建设住宅经依法批准使用本集体经济组织农民集体所有的土地的，或者乡（镇）村公共设施和公益事业建设经依法批准使用农民集体所有的土地的除外。

只有在三种情况下，将农村集体土地用于建设用地无需转征为国家所有：

（1）兴办乡镇集体企业；

（2）村民建设住宅；

（3）建设乡（镇）村公共设施和公益事业。

《土地管理法》第六十三条规定：农民集体所有的土地的使用权不得出让、转让或者出租用于非农业建设；但是，符合土地利用总体规划并依法取得建设用地的企业，因破产、兼并等情形致使土地使用权依法发生转移的除外。

农村集体建设用地流转模式见图6-1。

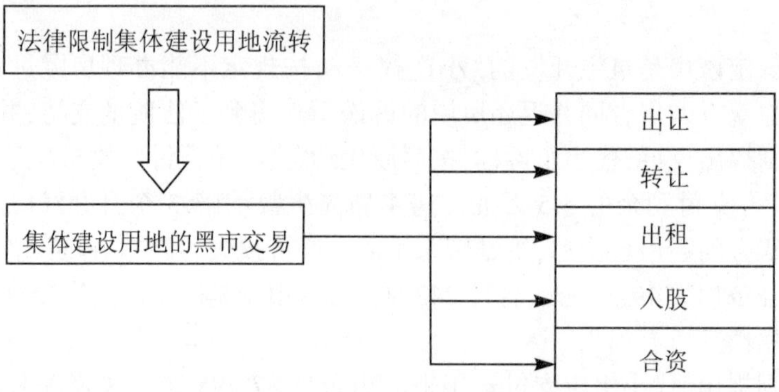

图 6-1 农村集体建设用地流转模式

2 农村集体建设用地流转的概念

农村集体建设用地流转,是指农村集体土地中已依法办理农用地转用和非农建设用地使用手续的,其使用权经过批准,采用转让、租赁、抵押和作价入股等多种方式,实现土地使用权属转移或实际使用人发生变更的行为,即集体建设用地的所有者将土地使用权转移给其他主体以及土地使用权拥有人再转移土地权利的行为。

我国法律对于集体建设用地迄今并没有一个确切定义。但可以肯定的是按权属看,该建设用地的所有权属于农民集体,而不是属于国家;按土地的用途看,它不是指农用地,也不是指未利用土地;按合法性看,它是指依法经批准的建设用地,是合法的而不是非法的建设用地。集体建设用地流转可分为所有权流转和使用权流转。农村集体土地所有权流转是指由于国家征用,土地所有权由农民集体所有转变为国家所有的一种方式;土地使用权流转是农民集体或个体农户将其使用的集体非农建设用地通过出租、转让、入股等方式让与他人使用的行为。

3 集体建设用地流转的类型、模式和特点

3.1 集体建设用地流转类型

3.1.1 按流转的产权不同分类

按流转的产权不同,集体建设用地流转分为所有权流转、使用权流转和土地用途流转。

(1)土地所有权流转:是指由于国家征用,土地所有权由农民集体所有转变为国家所有的一种方式。

(2)土地使用权流转:是指农民集体或个体农户将其使用的集体非农建设用地通过出租、转让、入股等方式让与他人使用的行为。

(3)土地用途流转:是指农村集体农用地向集体非农用地转变,改变了土地利用方式。

3.1.2 按流转的层次不同分类

按流转的层次不同分为以下两种:

(1)集体建设用地使用权的初次流转(承包、出租、出让、入股、合作联营)。

(2)农村集体建设用地使用权的再次流转(转包、转租、转让、司法处置)。

3.1.3　按流转的方式不同分类

按流转的方式不同分为以下七种：

(1) 土地出租：集体直接将土地出租，或建好厂房以厂房出租（主要形式）；企业出租土地；农民建房出租房屋，连带出租土地。

(2) 土地出让：直接出让；企业改制导致出让。

(3) 土地转让：企业因合并、兼并及转产、破产等原因导致土地发生转让；农民因进城等原因转让房产导致发生土地转让。

(4) 土地作价入股：农村集体经济组织以集体土地使用权作为资本入股，与其他个人或者组织合伙办厂、经商共聚利益。

(5) 土地合作、联营：以合作建房者居多。

(6) 司法裁定：发生企业破产、倒闭和债权债务等原因，经司法部门裁定，强制性流转。

(7) 土地抵押：抵押资金融通的从属行为。处置抵押土地以实现抵押权时，可参照转让、租赁和作价入股方式。

3.2　集体建设用地流转模式

对集体建设用地的流转主要存在两个问题：一是集体建设用地是否应该向市场流转，经过长期争论后，大多学者都认为集体建设用地入市具有客观性、必然性。二是集体建设用地应该怎样流转、怎样进入市场，即集体建设用地流转模式的问题。从实际情况看，各地较少规定集体建设用地是否可直接流转。而江苏省无锡市则明确指出，城市（镇）规划区内集存量建设用地用于商业等经营性用途的，必须先征为国有土地。

在集体建设用地流转实践中主要形成了 3 种流转模式：转权让利模式，保权让利模式，两种方式相结合，即规划区内转权让利，规划区外保权让利。

3.2.1　依流转的权利转让和收益分配不同分

集体非农建设用地流转模式见图 6-2。

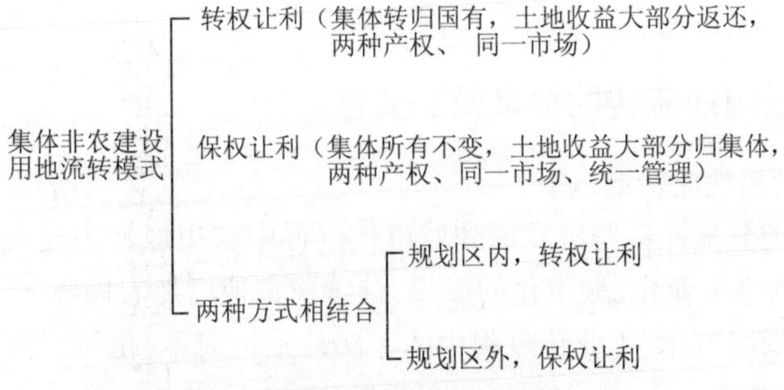

图 6-2　集体非农建设用地流转模式

3.2.2　依流转的驱动力不同分

3.2.2.1　乡镇企业改制型的苏州模式

乡镇企业通过转让、出租、作价入股改制的，必须通过集体建设用地流转的办法转换土地使用权人或更换实际使用者。

3.2.2.2 乡镇政府推动型的芜湖模式

由乡镇的土地发展中心同农村集体和承包者签订有偿流转合同,将流转来的建设用地进行前期开发,再按照"三集中"原则,将建设用地转包、出让或者租赁给用地者。

3.2.2.3 经济发展驱动型的广东模式

具体的操作与国有建设用地管理的出让、转让、租赁等没有太大的区别,只是主体发生改变。

3.3 按流转的方式不同分为

(1)集体建设用地所有权的转让,采取"转权让利",指集体建设用地流转时,将集体建设用地的所有权转为国有,并办理国有土地出让手续,收取的土地收益大部分返回集体经济组织。

(2)集体建设用地使用权的租赁,即集体土地所有者将一定年限的集体建设用地租赁给土地使用者,并定期向使用者收取租金,土地使用者取得承租集体建设用地使用权。

(3)集体建设用地使用权作价出资式入股,即集体土地所有者的一定年限的集体建设用地使用权作价,以出资式入股方式投入企业,并按出资额或股份分红,土地使用者取得集体建设用地使用权。

(4)集体建设用地使用权合作、联营,即集体土地所有者,以一定年限的集体建设用地使用权作为条件,与其他单位或个人合作、联营、共同兴办企业。

3.4 集体建设用地流转的特点

(1)集体建设用地大量入市,已成为社会经济活动的重要组成部分。

(2)集体建设用地流转形式多样,以租赁为主。

(3)流转主体多元化,土地经济关系错综复杂。

(4)流转地类多样化,但生产经营性用地居多。

(5)流转数量与经济发展水平成正比例关系。

4 农村集体建设用地流转的意义及必要性

4.1 农村集体建设用地流转的意义

(1)有利于合理分配社会经济发展和城市化过程中农用地转为建设用地过程中的土地收益,使农民能够共享工业化、城市化的成果,持续稳定地增加农民收入。

(2)有利于降低城市化、工业化过程中的一次性土地成本,也可以降低中小创业者和发展农村经济起步的难度。

(3)有利于提高土地利用效益和效率。

(4)有利于逐步建立城乡土地统一规划、统一管理和统一利用的体系。

总之,城市化、工业化进程导致对非农建设用地需求急剧增长,农村集体建设用地自发流转处于法律上的"灰色地带"及伴存的种种问题,对获得相关政策支持提出了迫切的要求。因而,将农村集体非农建设用地流转纳入调整范畴并合理规治已势在必行。

4.2 农村集体建设用地流转的必要性

城乡统筹的过程也是农村城镇化、农业产业化、农民市民化的过程。在现行管理制度下,耕地和基本农田的数量和质量以及农民的土地承包经营权都是“高压线”,土地供需矛盾十分突出,农村集体土地利用粗放、效益不高的情况十分普遍。另外,城市建设和产业发展必须利用大量的土地资源,而新增建设用地和农地转用规模国家又控制得很严。同时,在推进城镇化和产业化发展的过程中,被征地农民的利益还没有在制度和政策层面上得到根本的保证,其长远生计还没有得到有效的保障,由此引发的矛盾越来越突出,已经成为影响社会和谐稳定的重大隐患。

5　农村集体建设用地流转的原则和条件

5.1　集体建设用地使用权流转的基本原则

(1)坚持依法有序流转。

在切实保证耕地总量不减少、质量不降低、综合生产能力有提高的前提下,有序推进流转工作。

(2)坚持土地所有权与使用权相分离。

在保持集体所有权性质不变的前提下,集体建设用地使用权实行有偿、有限期规范流转。

(3)坚持自愿、有偿、公开、公平。

稳定所有权、放开经营权、拓宽使用权、维护收益权,充分尊重农民的意愿,发挥农民的主体作用,本着“放权让利”的精神,按照市场的原则处理好土地流转过程中的利益分配关系,确保农村集体经济组织和农民的收益权。

(4)坚持依照规划、按照程序流转。

要在科学编制土地利用规划、村镇建设规划、产业发展规划等的基础上,强化流转的管理和服务,新增集体建设用地必须符合土地利用总体规划、城市总体规划、村庄和集镇规划,并依法办理农用地转用手续,审批后方可实施流转,有序推进农用地和建设用地流转。

(5)坚持两种产权,同一市场、统一管理。

无论是利用集体存量建设用地还是利用符合规划增量的集体建设用地,各类企业(包括镇企业、村办企业、私有企业、国有企业等)均可按照规定的程序,使用符合规划的集体建设用地。

(6)必须坚持十分珍惜、合理利用土地和切实保护耕地的基本国策和“占补平衡”制度。

在流转中切实落实国家土地用途管制、新增建设用地有偿使用等制度。

5.2　集体建设用地流转的条件

在推进土地流转工作中,为防止出现农用地大量转为建设用地,必须对集体建设用地流转的条件进行必要的限制,防止出现农用地大量转为建设用地。

(1)必须符合土地利用总体规划、城市规划和村镇建设规划。

集体土地中只有土地利用总体规划确定的建设用地,才能作为建设用地而流转。不符合规划的集体建设用地不得扩建、改建,也不允许进行流转。

(2)权属合法,四至清楚,没有纠纷。即已经依法确权,明确了集体地的所有者和使用者,面积准确,领有相应的集体土地所有权证。

(3)已经依法批准作为建设用地或已经依法批准转为建设用地。

(4)符合用途管制的要求,具体土地用途要符合城市规划或村镇规划,不得擅自改变用途。

对商业性房地产的土地供应总量要严格控制,集体建设用地不得擅自改变用途,搞商业性房地产。

(5)集体建设用地的流转,只适用于试点区、县、城市规划区外的村庄、集镇、建制镇集体建设用地使用权流转管理。

6 集体建设用地流转申报审批程序

集体建设用地流转参照国有土地使用权出让审批管理办法和程序办理。

以村民经济组织为单位,凡符合土地利用总体规划、城市规划和村镇建设规划的农民集体土地,均可按以下程序将该村民经济组织全部农用地转为建设用地并予以流转。

6.1 流转许可申请

集体土地所有权者持原批准使用土地的批复或非农业建设用地使用证、接受流转方的项目批文和有关部门的规划意见,以及集体经济组织 2/3 以上成员同意的证明,向当地镇政府提出流转申请,镇政府根据村镇规划进行初审,并在 30 日内重点审查权属是否清楚、土地用途是否符合规划,流转农民是否自愿后,报送区国土资源分局复审。复审后,向县级以上人民政府土地管理部门提出土地流转书面申请,同时申请地价评估;评估地价经审核确定后,集体土地所有权者与土地使用者根据不同的流转方式草签相应的土地流转合同。

6.2 流转许可

人民政府负责召集区县规划、农业、民政、劳动部门进行流转会审,并报经市人民政府审批后,由区国土资源分局向集体土地所有者颁发《集体建设用地使用权流转许可证》。

6.3 签订流转合同

集体土地所有者取得流转许可后,应将待流转宗地的条件和流转要求在土地有形市场挂牌。采用招标拍卖协议方式,确定使用者、流转方式、土地收益等。土地管理部门根据国家法律、法规,参照国有土地出让合同文本,针对土地流转方式,相应制定集体建设用地转让、作价入股和出租等统一规范的土地流转合同文本,集体建设用地流转双方必须签订流转合同。集体建设用地第一次流转,由集体建设用地所有者与接受流转的使用者签订集体建设用地流转合同;第一次流转后的再次流转,由集体建设用地使用者与接受流转的使用者签订流转合同。

6.4 办理土地流转登记

双方应在合同签订 30 日内持合同原本,向土地管理部门申请土地登记。在履行“占补平衡”义务或缴纳耕地开垦费、按合同约定的时间付清土地价款后,土地管理部门办理土地申报登记。土地使用权转让的,由接受流转方领取集体建设用地使用证;土地使用权出租的,由出租方领取土地出租许可证。

6.5 集体建设用地流转时,其地面建筑物及其附着物随之流转

集体建设用地流转时,其地面建筑物及其附着物随之流转;其地面建筑物及其附着物流转,集体建设用地同时流转。地面建筑物及其附着物作为动产流转的除外。

7 集体建设用地再流转申报审批程序

集体建设用地再流转是指土地使用者依法取得集体建设用土使用权,在完成开发建设投资后,在使用年期内,将余期土地使用权合法流转。

(1)依法取得集体建设用地使用权的土地使用者,持非农业建设用地使用证和流转合同,向县级以上土地管理部门提出书面申请,同时申请地价评估;县级以上土地管理部门将待流转的宗地条件和流转要求在土地有形市场挂牌,采取招标拍卖方式确定用地者。

(2)用地者确定后,向市、区土地行政管理部门申请土地变更登记。

(3)对因各种原因占用耕地已形成的集体建设用地,只要符合土地利用总体规划、村镇规划,在实施"占补平衡"后都可以流转,同时补交新增建设用地有偿使用费。

(4)再次流转的土地使用期限,为前次土地流转合同规定的期限减去土地使用者使用后的剩余年限。

8　完善集体建设用地流转制度的对策和建议

集体建设用地使用权流转制度是我国土地一级市场制度的重要组成部分。因此,要把完善集体建设用地使用权流转制度纳入土地一级市场制度改革的总体框架中统筹考虑。要着眼于建立和完善社会主义市场经济体制的要求,改革和完善我国的土地一级市场制度体系。为此,提出以下对策和建议:

(1)深化征地制度改革,合理确定土地征收范围;

(2)修改完善相关法律法规,为流转提供法律支撑;

(3)强化土地管理工作,为土地流转提供基础服务;

(4)建立和完善配套制度,规范有序推进流转;

(5)加强集体建设用地流转中的执法监督网络建设,依法整治违法行为;

(6)加大各部门协调配合力度,共同营造促进流转的环境。

思考题

1.什么是农村集体建设用地?其范围及使用的原则分别是什么?

2.简述农村集体建设用地的审批程序。

3.农村村民宅基地的概念及申请条件分别是什么?

4.简述农村村民宅基地的审批程序。

5.农村村民宅基地审查内容有哪些?

6.简述乡(镇)村公共设施、公益事业、乡(镇)村企业建设用地的审批程序。

7.简述农村集体建设用地流转审批程序。

项目 7　外商投资企业用地管理

【学习目标】

1.明确我国外商投资企业用地的审批程序；
2.了解我国外商投资企业用地相关法律知识。

【知识目标】

1.掌握外商投资企业用地概念及取得方式；
2.了解外商投资企业用地的限制条件；
3.掌握外商投资企业用地使用费的概念及内容。

【学习过程】

1.课件演示
2.案例导入
3.分组讨论

【案例导入】

中外合资公司应缴未缴城市房地产税、土地使用费案

2003 年 8 月，税务局举报中心受理署名举报，反映北京某有限公司存在转移收入不纳税嫌疑。举报中心及时上报市局，批转后交由第二稽查所实施检查。北京市税务局检查组于 2003 年 9 月 1 日至 11 月 5 日，对北京某有限公司 2002 年 1 月 1 日至 2003 年 5 月 31 日的有关纳税情况进行了检查。

(1)基本情况：北京某有限公司系中外合资企业，注册资金 120 万元；经营雪上运动、餐饮服务；在地税局应缴纳的税种有营业税、个人所得税、车船使用牌照税、印花税、城市房地产税、土地使用费。

(2)检查发现问题：

①营业税：经审核，该公司账簿、凭证及报表，发现举报人所反映的内容有些存在，有些不完全属实。检查组针对举报内容对总经理作了调查询问笔录，他承认存在收入未记账问题(部分现金收入)，但没有举报那么多，应该是 60 万元(有记录)，这部分收入，根据税法规定，应补缴营业税 600 000×3% = 18 000(元)。

②城市房地产税:经调查核实,该企业2002年初有房产原值100万元,应缴未缴城市房地产税100万×1.2%×(1-30%)×2(年)=16 800元。

③土地使用费:该企业土地使用面积100 000 m^2,按北京市外商投资企业土地使用费标准的规定,属于十级土地区,应按体育业2元/m^2缴纳,该企业应缴未缴土地使用费100 000×2元/m^2×2(年)=200 000×2=400 000元。

(3)处理结果及法律依据:

①根据《中华人民共和国营业税暂行条例》第一条、第二条的规定:该企业2003年1~5月滑雪收入600 000元,应按3%补缴营业税18 000元。

②根据《城市房地产税暂行条例》第一条、第三条、第六条、第七条及京国税外〔1995〕005号的规定:该企业应补缴2002年度、2003年度城市房地产税16 800元。

③根据《北京市征收外商投资企业土地使用费规定》第二条、第四条、第六条、第十一条规定:该企业应补缴2002年度、2003年度土地使用费400 000元。

④根据《中华人民共和国税收征收管理法》第三十二条的规定:对该企业应补营业税款加收滞纳金1 305元。

⑤根据《中华人民共和国税收征收管理法》第六十四条的规定:对该企业未按时申报缴纳营业税行为处以应纳税款50%的罚款9 000元。

【分析】

该企业未按期缴纳城市房地产税和土地使用费的原因,是不知道其应纳城市房地产税和土地使用费,企业错误地认为经营地址处在农村,不属征收范围。2000年该区由乡改镇,按照“属地征收”原则,大多数企业都在征收范围之内。一些培训中心在这一税收政策上理解有偏差,以“未核定、不知道”作为不按期纳税的借口。特别是一些中央在京单位的培训中心或市属国家机关的培训中心,经营房产由其主管部门建造,企业账面上没有房产原值,按照有关规定,税务机关有权要求其提供主管部门就该企业房产缴纳房产税的证明,如果提供不出或应纳未纳,则应由该培训中心缴纳。衷心希望:企业办税人员应多学习税收政策,经常与主管税务所沟通,建立健全企业会计核算制度,正确计算应纳税款。极个别纳税人不可存在侥幸心理,一经税务机关查处,滞纳金、罚款的加收反而会增加纳税成本,构成犯罪的,还要依法追究刑事责任。所要指出的是,罚款加收滞纳金并非税务机关的最终目的,只是通过这些手段对以身试法的企业给以必要的惩戒,同时也起到警醒企业的作用。

【背景知识】

外商投资企业用地管理

1 外商投资企业用地的概念

外商投资企业,是指外国的投资者在我国境内直接投资,并参与企业的经营活动过程和经营管理,按投资比例或合同规定担负企业的部分或全部风险,并分享企业所得的部分或全部利润的企业。这里所说的外商投资企业是指非以房地产开发为经营内容的外商投资企业，包括中外合资经营企业、中外合作经营企业和外商独资经营企业。

外商投资企业用地是指外商投资企业依照我国法律规定，取得的用于开展生产经营活动和工程建设的土地。

2　外商投资企业用地的取得方式

2.1　通过划拨方式取得土地使用权

由县级以上人民政府依法批准后，所在地市、县土地管理部门与外商投资企业签订土地使用合同，并按规定缴纳场地使用费，办理登记手续，颁发土地使用证，外商投资企业即取得土地使用权，但不得转让、抵押和出租。

如果中方合资者或合作者把土地使用权作为投资折价入股或者作为合作条件而与外商共同组建企业，只要中外合资企业或合作企业的合资合同或合作合同被政府有关部门批准，并且在所在地县级以上工商行政管理部门注册登记领取营业执照，就可以取得土地使用权。土地使用权作价应该与土地使用费相等。

如果在组建企业时，国有土地使用权没有作为中方合资者或合作者的投资折价入股或者作为合作条件的，根据《中华人民共和国中外合资经营企业法》第五条规定，中外合资经营企业或中外合作经营企业应该向中国政府缴纳土地使用费。

2.2　通过出让方式取得土地使用权

外商投资企业通过出让方式取得土地使用权是指国家土地管理部门按照规定的条件、年限和用途，与外商投资企业签订国有土地使用权出让合同，外商投资企业向国家支付一定年限的土地使用权出让金，并获得一定年限的国有土地使用权的行为。

一般程序为：

(1)提出申请。在拟订初步出让方案后，由外商投资企业向其所在地市、县级人民政府提出用地申请。

(2)拟订方案。包括出让土地的面积、出让年限、出让金额、使用条件等内容，编制出让合同。

(3)报批。

(4)组织实施。

(5)缴纳土地出让金，领取国有土地使用权证。

(6)备案建档。

2.3　通过转让方式取得土地使用权

外商投资企业通过转让方式获得土地使用权，是指土地使用者将土地使用权转让给外商投资企业的行为。应当与土地使用权转让者签订转让合同，办理土地使用权转移登记方可使用。其主要方式包括出售、交换与赠与。

2.4　通过出租方式取得土地使用权

外商投资企业通过出租方式获得土地使用权，是指土地使用者作为出租人将土地使用权单独或者随同地上建筑物及其他附着物租赁给外商投资企业使用，由外商投资企业向出租人支付租金的行为。应当与土地使用权出租者签订租赁合同，并依照规定办理登记之后方可取得土地使用权。

对于外商投资企业用地,我国做出以下限制:

(1)外商投资企业取得的是土地使用权,而不是土地所有权;

(2)外商投资企业用地年限与企业经营期限相同;

(3)外商投资企业不得擅自改变土地的用途;

(4)外商投资企业使用土地必须严格遵守所在地的城市建设规划;

(5)外商投资企业使用土地必须保护用地范围内的水资源、矿产资源或其他资源不受污染和破坏。

3　外商投资企业用地的审批程序

3.1　申请

合资经营企业、中外合作经营企业,应由中方合营者提出用地申请报告,外商独资企业应委托外经贸部门批准的对外咨询代理机构提出用地申请报告。

县级以上人民政府土地主管部门进行初审,符合用地条件的,发给《建设用地计划通知书》。

3.2　批准

土地主管部门接到外商投资企业的用地申请后,应邀请城市规划部门选址定点,审核用地规划布局,确定用地范围。批准后,领取《建设用地规划许可证》。

3.3　建设工程方案设计

略。

3.4　方案报批

中方合营者按照我国关于基本建设程序的规定办理外商投资企业工程设计方案(初步设计或技术设计)的报批手续。外商投资企业的工程设计,必须接受各级建设主管部门的检查和监督。

3.5　正式报批

投资企业提交下列文件到土地管理部门正式申报建设用地。

3.5.1　环保局(环评)

(1)建设项目立项前环境保护意见表。

(2)环境影响报告书(表)。

(3)建设项目环境影响登记(报告)表。

(4)环评报告书(表)。

3.5.2　建设局(选址审批)

(1)申请。

(2)经批准的项目建议书或上报的可行性研究报告、选址方案(带地形图)、选址要求及依据。

(3)属原址改建需改变土地使用性质的,须附原建设用地规划许可证、土地权属证和房产产权证件(复印件)一份。

(4)必要时提交有关部门(如环保、消防、文物保护、供水、供电等)的审批意见或协议。

(5)土地权属证明。

(6)其他需要的图纸和文件。

3.5.3　国土资源局(用地规划预审)

(1)《建设用地预审申请表》。

(2)预审的申请报告(内容包括拟建项目基本情况、拟选址情况、拟用地总规模和拟用地类型、补充耕地初步方案)。

3.6　批准用地

外商投资企业用地经审查正式批准后,由土地管理部门与外商投资企业签订《国有土地使用合同》。外商按《国有土地使用合同》,向土地管理部门支付有关费用。领取《建设用地许可证》。

3.7　土地登记

领取《国有土地使用证》,进行土地登记。

4　外商投资企业用地的土地使用费

4.1　土地使用费的概念

外商投资企业土地使用费又称为场地使用费,是指我国政府对外商投资企业建设用地和使用中方场地所征收的费用。

它包括征收土地的补偿费用、原有建筑物的拆迁费用、人员安置费用,以及为中外合营企业直接配套的厂外道路、管线等公共设施应分摊的投资等。

中外合营企业特殊需要的厂外工程的投资,不包括在场地使用费内,由双方根据具体情况协商,由合营企业负担部分或全部投资,具体内容和投资数应在合同中订明。

土地使用费的性质相当于土地出让金,但是在实践中,土地使用费的数额大大低于土地使用权出让金。

4.2　土地使用费的征收对象

《国务院关于中外合营企业建设用地的暂行规定》中规定:中外合营企业用地,不论新征用土地,还是利用原有企业的场地,都应计收场地使用费。征收主体为地方人民政府。土地使用费由县、市土地管理局负责代征,全额上缴地方财政。

土地使用费的征收对象主要包括以下内容:

(1)中外合资经营的工业、旅游业、商业、服务业、农牧业及合资建设的住宅、公寓等所需建设用地。

(2)与国外华侨、港澳同胞合资经营建设的企业和工程用地。

(3)外商、国外华侨、港澳台同胞在我国单独投资建设的企业和工程用地。

4.3　土地使用费的征收标准

土地使用费的征收标准由各省、自治区、直辖市人民政府制定。市、区、县财政局(简称财政部门) 根据使用土地合同确定的用地面积、土地等级征收外商投资企业土地使用费。外商投资企业从批准成立之日起缴纳土地使用费。土地使用费按季征收。

(1)中外合营企业场地使用费总的水平每年每平方米最低不少于5元,最高不超过300元。其中大中城市的市区和近郊区最低不少于10元。以后随着经济的发展,可以逐步调整。

(2)资金利润率过低,而产品又确属急需的中外合营企业,可以经过批准,适当降低场地使用费。

4.4　土地使用费的缴纳

土地使用费的缴纳分为以下两种方式。

4.4.1　作为中国合营者投资的股本

土地使用费作为中外合营企业中国合营者投资的，凡合同已规定经营期限的，按合同规定的合营期限一次预收计算；凡合同未规定经营期限的，15 年一次预收计算。

4.4.2　由中外合营企业按年向当国土资源管理府缴纳

分年向当国土资源管理府缴纳土地使用费的，计算方法也可以采取多种形式，如按规定的标准缴纳、按营业收入的比例提取等。

4.5　关于场地使用费的补充规定

《财政部关于外商投资企业场地使用费征收问题的意见》中规定：

(1) 以划拨方式取得土地使用权的，外商投资企业由于没有支付土地出让金，应当按规定缴纳场地使用费。

(2) 以出让方式取得土地使用权的，外商投资企业由于已支付了土地出让金，不再缴纳场地使用费。

(3) 以租赁方式取得土地使用权的，如租金计算时已考虑场地开发和土地使用费因素，则不需缴纳场地使用费；如租金中未考虑场地开发和土地使用费因素，则由承租人即外商投资企业缴纳场地使用费。

在中外合资合作经营中，外商投资企业的中方以土地使用权作价出资或提供合作条件的，应当由中方投资者区别以上情况缴纳场地使用费。

思考题

1.外商投资企业用地概念及取得方式是什么？

2.外商投资企业用地的土地使用费的概念及内容是什么？

项目 8　国有企业改制中土地使用权管理

【学习目标】

1.熟悉国有企业改制过程中土地使用权的管理；
2.能够对国有企业改制中涉及的各种不同类型的土地使用权进行正确分析。

【知识目标】

1.理解国有企业改制过程中国有土地使用权处置、集体土地使用权的法律规范；
2.掌握国有土地使用权处置的基本方式；
3.掌握集体土地使用权处置的基本方式；
4.了解国有企业改制过程中涉及其他地表资源权属的相关问题。

任务 1　国有企业改制中国有土地使用权的处置

【任务目标】

1.熟悉《中华人民共和国土地管理法》、《中华人民共和国城镇国有土地使用权出让和转让暂行条例》、《中华人民共和国土地管理法实施条例》。

2.掌握国有土地使用权出让，熟悉出让中土地使用权出让金额、缴纳期限、用途与期限，及他项权利的设定。

3.掌握国有土地使用权租赁，熟悉出租方是否已合法取得了出租土地的使用权、土地租赁期限的问题、租赁土地上的建筑物“房地分离”问题、租金缴纳问题。

4.掌握国有土地使用权作价入股，熟悉发起人土地使用权的取得是否有瑕疵、折股金额的问题、发起人作为出资的土地使用权是否设定权利负担。

5.熟悉国家对国有土地使用权划拨的相关法律规定。

6.了解受让取得土地使用权、以招拍挂的方式取得土地使用权。

7.熟悉各种国有土地使用权处置方式的程序。

【学习过程】

1.课件演示
2.分组讨论

【案例导入】

国有企业改制中的土地使用权处置案例

A公司脱胎于某直辖市某县粮食收储库(简称粮储库),隶属某县粮食局(简称粮食局),于1975年正式成立。设立之初主要承担着计划经济体制下粮食的购销、调拨和储存功能。1993年,国家粮食体制改革,粮储库开展多种经营,成立了A公司,主要经营土建工程机械租赁、库房租赁和运输业务。自从粮食政策放开以来,粮储库主营业务功能逐渐减弱,至2001年完全消失,其资产和人员全部由A公司接收。

2004年粮食局为了精干主业,分流安置富余人员,决定依据859号文件对A公司实行改制。因地处机场附近,对以物流为主营业务的A公司来说,有优越的地理优势,因此粮食局认为其具备一定的市场生存能力,决定将A公司由国有公司直接改制成民营企业。

经初步评估,A公司净资产为5万元。而经初步测算,改制成本为300万元,可见现有净资产不够支付改制成本,而粮食局自身又没有能力拿出现金补足不足部分。因此,为顺利推进改制,经捷盟咨询公司建议,依照国土资发〔2001〕44号文:“为支持和促进企业改革,企业改制时,可依据划拨土地取得费和开发成本,评定划拨土地使用权价格,作为原土地使用者的权益,计入企业资产”,将原部分划拨土地评估作价纳入A公司的改制资产。拟纳入改制资产的两宗地,共17 245 m^2,按评估价格合计总价约862万元。这样A公司的净资产增为867万元,减去改制成本300万元后,剩余部分全部出售给A公司的员工。

上述方案有效地解决了改制成本不足的问题,但在具体设计土地使用权处置方案中又出现了两个问题:

第一,A公司现共使用无偿划拨土地五宗,面积69 996 m^2。但土地登记的使用者为粮储库,土地用途为粮食储存。因粮储库在主业消失后,未做注销登记而是资产和人员由A公司接收,因此也就没有进行土地变更登记。

第二,依照上述资产处置方案,两宗划拨土地使用权进入资产。通过剩余资产的处置,必然导致这部分划拨土地使用权的出让。但剩余三宗土地的使用权如何处置呢?

针对出现的问题,捷盟咨询公司与委托方和当地土地管理部门进行了深入的探讨和研究,提出了以下解决方案:

首先,明确了对进入资产的两宗地采取以出让方式取得土地使用权,由改制后新成立的公司受让。

其次,对于剩余三宗土地显然已经改变了原来的用途,但现土地用途符合本地划拨土地目录,根据859号文件精神可以继续以划拨方式使用;但是考虑到新成立公司将变为无主管单位的民营企业,与粮食局完全脱钩,为了明晰产权和创造土地收益,建议以有偿使用的方式处置。但如采用出让的方式,新成立公司承受不起资金压力,因此建议新成立公司以租赁的方式使用其余三宗土地。

最后,建议在改制的同时,进行土地变更登记,以明确土地权属关系。出让的两宗土地变更为改制新公司使用,其余三宗土地的使用者变更为粮食局。从而由粮食局将其保留划拨方式的三宗土地以每年5 000元/亩的价格租赁给新成立公司,同时签订一定期限的租赁合同。

【分析】

从上述案例可以看到A公司的土地使用权处置是其改制的一个关键问题,一方面,A公司目前使用的土地权属不清,为土地权属界定带来困难;另一方面,A公司使用的土地在改制前已经改变了用途,为寻找政策依据带来了一定难度。此土地使用权处置方案的顺利通过,证明在用好政策的前提下,积极争取地方政府的支持,加强与相关各方的沟通是有效处置土地问题的致胜法宝。

【背景知识】

国有企业改制中国有土地使用权的处置

1　国有企业改制中国有土地使用权处置的法律规范体系

国有企业改制过程中国有土地使用权的处置问题就是改制后的股份有限公司如何合法取得国有土地使用权的问题。我国目前涉及这一问题的法律法规体系如下。

1.1　法律

《中华人民共和国土地管理法》(2004年8月28日修正)第九条"土地使用权"、第十五条"国有土地承包经营权"、第四十条"开发未确定使用权的国有荒山、荒地、荒滩"、第五十四条"建设用地使用权的取得方式"、第五十五条"土地有偿使用费的缴纳和使用"、第五十六条"土地用途的变更"、第五十七条"临时用地"、第五十八条"国有土地使用权的收回"。

1.2　行政法规

《中华人民共和国土地管理法实施条例》(1998年12月27日中华人民共和国国务院令第256号)第二条"国家所有的土地"、第十七条"开发未确定使用权的国有荒山、荒地、荒滩"、第二十九条"国有土地有偿使用的方式",《中华人民共和国城镇国有土地使用权出让和转让暂行条例》(1990年5月19日中华人民共和国国务院令第55号)。

1.3　部门规章与规范性文件

《划拨土地使用权管理暂行办法》(国家土地管理局1992年2月24日发布)、《股份有限公司土地使用权管理暂行规定》(国家土地管理局1994年12月3日发布,2003年2月20日已废止)、《确定土地所有权和使用权若干问题的规定》(国家土地管理局1995年3月15日发布)第二章"国家土地所有权"、第四章"国有土地使用权"、《关于股份有限公司国有土地作价入股股权持有等问题的请示的批复》(国家土地管理局1997年3月25日发布)、《国有企业改革中划拨土地使用权管理暂行规定》(国家土地管理局1998年2月17日发布)、《规范国有土地租赁若干意见》(国土资源部1999年7月27日发布)、《关于加强土地资产管理促进国有企业改革和发展的若干意见》(国土资源部1999年11月25日发布)、《关于改革土地估价结果确认和土地资产处置审批办法的通知》(国土资源部2001年2月13日发布)、《招标拍卖挂牌出让国有土地使用权规定》(国土资源部2002年5月9日发布)、《协议出让国有土地使用权规定》(国家土地管理局2003年6月11日发布)、《协议出让国有土地使用权最低价确定办法》(国土资源部2003年6月11日发布)。

1.4 地方政策

国有土地作为地方政府管理的重要国有资产,许多地方政府都出台了相关的政策,特别是近几年来,一些地方政府为了扶持本地的企业发行上市,在土地使用权方面制定了大量的优惠政策。这些优惠政策,如果不违反上述法律法规,也是有效的,如《湖南省政府关于加强土地资产管理促进国有企业改革和发展的通知》(湖南省人民政府2000年5月29日发布)、安庆市《关于鼓励和促进企业上市的若干意见》(安庆市人民政府2004年12月14日发布)等。

2 企业改制过程中土地使用权处置的基本方式

依据上述法律、法规及规章,企业在改制上市过程中取得国有土地使用权的基本方式有出让、租赁、作价出资(入股)、保留划拨用地等。此外,还有"招拍挂"等市场化取得国有土地使用权的方式及受让等二级市场取得方式。

2.1 国有土地使用权协议出让

2.1.1 国有土地使用权协议出让概述

国有土地使用权协议出让,是指国家将国有土地使用权在一定年限内出让给改制企业,由土地使用企业向国家支付土地使用权出让金的行为。土地使用权协议出让应由市、县土地管理部门与土地使用企业签订出让合同。采用这种土地资产处置方式,在签订土地使用权出让合同、缴纳土地使用权出让金之后,企业取得的土地使用权,可以转让、出租或作价入股,便于公司灵活地进行处置。但企业通过出让取得土地使用权要面临沉重的资金负担,对于一些赢利能力好、现金压力小、用地面积小的企业或改变用途、被拍卖等规定必须以出让方式取得土地使用权的企业多采用。许多规模较小的民营企业,如兔宝宝、凤竹纺织、盾安环境、天奇股份、七匹狼等采取以出让的方式取得土地使用权。

2.1.2 国有土地使用权协议出让过程中需要注意的问题

2.1.2.1 土地出让金的数额

《国有企业改革中划拨土地使用权管理暂行规定》第九条规定"土地使用权除保留划拨用地方式外,采取其他方式处置的,必须进行地价评估,要以评估价格为依据确定土地出让金的数额"。关于出让金的数额,国家土地管理局1992年颁布的《划拨土地使用权管理暂行办法》第二十六条规定"土地使用权出让金,区别土地使用权转让、出租、抵押等不同方式,按标定地价的一定比例收取,最低不得低于标定地价的40%。标定地价由所在地市、县人民政府土地管理部门根据基准地价,按土地使用权转让、出租、抵押期限和地块条件核定"。2003年《协议出让国有土地使用权规定》第五条规定"协议出让最低价不得低于新增建设用地的土地有偿使用费、征地(拆迁)补偿费用以及按照国家规定应当缴纳的有关税费之和,有基准地价的地区,协议出让最低价不得低于出让地块所在级别基准地价的70%"。因此,土地使用权出让金要参照改制当地政府出台的标定地价与基准地价及最低下浮限度,根据地段、级别判断出让金额是否符合规定。

根据《国有企业改革中划拨土地使用权管理暂行规定》第十七条规定"在土地有偿使用费用方面,可采取适当优惠政策鼓励和支持国有企业改革,具体办法由各地根据本地实际情况制定”。

2.1.2.2 土地使用权出让金的缴付期限

关于土地使用权出让金的缴付期限，根据《中华人民共和国城镇国有土地使用权出让和转让暂行条例》第十四条“土地使用者应当在签订土地使用权出让合同后六十日内，支付全部土地使用权出让金。逾期未全部支付的，出让方有权解除合同，并可请求违约赔偿”，但一般来说，这条法律规定只有在极少数地方被严格执行，许多地方政府在执行时相对灵活，一般仅规定企业在某一时间内（一般是一两年内甚至更长，视出让金数额及企业情况而定）缴纳。《中华人民共和国城镇国有土地使用权出让和转让暂行条例》第十六条“土地使用者在支付全部土地使用权出让金后，应当依照规定办理登记，领取土地使用证，取得土地使用权”，故按规定在未缴纳完土地出让金前，不能取得土地使用权证，尽管地方政府有变通的做法，企业还是应在向证监会申报上市申请前将土地出让金缴纳完毕，取得土地使用权证。

2.1.2.3 土地上设定的他项权利

通过出让方式取得的土地使用权，其权利的饱满状态仅次于土地的所有权，权利人可以出租、抵押，因此还应当到有关登记主管部门进行核实，了解该幅土地使用权上是否已设定了租赁、抵押等他项权利，特别是抵押权的设定是否会影响到企业对土地的正常使用。

2.1.2.4 出让土地的用途与期限

我国实行土地用途管制和土地利用总体规划制度，因此要关注企业取得的土地使用权的用途，如果企业改变用途，可能会面临补缴土地出让金的问题。另外，我国土地使用权实行有期限出让制度，因此还要关注土地使用权的期限。《中华人民共和国城镇国有土地使用权出让和转让暂行条例》第十二条规定“土地使用权出让最高年限按下列用途确定：（一）居住用地七十年；（二）工业用地五十年；（三）教育、科技、文化、卫生、体育用地五十年；（四）商业、旅游、娱乐用地四十年；（五）综合或者其他用地五十年”。

2.2 国有土地使用权租赁

2.2.1 国有土地使用权租赁概述

租赁取得土地使用权指改制的股份公司与县级以上人民政府土地行政主管部门、控股股东或其他土地使用权主体签订一定年期的土地租赁合同，按年或定期支付租金以取得土地使用权。以租赁方式取得的土地使用权在符合法律规定的情况下可以转租赁。由于现金支付的压力小，同时不会影响净资产收益率，因此租赁取得土地使用权是改制后的股份公司采用的最多的土地使用权处置方式。在2004~2005年4月上市的公司中，飞亚股份、南京港、南宁糖业、久联发展、航天电器、恒源煤电、苏泊尔、长丰汽车、文山电力、开滦煤矿、雷鸣科化、北方创业、贵绳股份等众多企业都采取了这种方式，其中以国有控股公司居多。

2.2.2 国有土地使用权租赁过程中需要注意的问题

2.2.2.1 出租方是否已合法取得了出租土地的使用权

如土地使用权系租赁得来，首先应确认出租方有权租赁。改制后的股份公司，主要向两类主体通过租赁取得土地使用权，一类是向县级以上国土资源管理部门租赁取得，即一级市场租赁，如航天电器，其使用的5宗土地是向遵义市国土资源局办理了土地使用权租赁手续，取得了租赁土地的使用权，这类主体在资格上是没有问题的。另一类是向股份公司的控股股东及其下属单位租赁取得，即二级市场租赁，如飞亚股份、中材国际、南京港、南宁糖业、久联发展、航天电器、恒源煤电、北方创业、贵绳股份等，这种情况需要注意控股股东及其下属单位是否具有出租土地使用权的权利。

如果发起人拟将划拨土地租赁给股份公司，一般说来，控股股东应该先以出让或授权经营的方式取得土地使用权，也可先以租赁的方式取得，然后再转租赁给股份公司使用。

1."先出让再出租"方式

"先出让再出租"方式，即控股股东或其下属企业先以出让方式取得土地使用权后，再出租给股份公司。对于这种方式，应注意国土资源部1999年6月18日发布的《关于企业改制中土地资产处置有关问题的通知》规定"对于改制后新组建的公司为从事基建工程（如公路工程）的公司和物业公司的企业，由于该类企业的土地使用是其业务和资产运营的关键因素，需要取得长期而稳定的土地使用权，因此不宜采用'先出让再出租'的方式处置土地资产"，根据该文件的精神，上述企业也不宜采取"先租赁再转租赁"、"先授权经营再租赁"的方式取得土地使用权。

2."先租赁再转租赁"方式

有些股份公司的发起人，由于一时难以支付土地出让金，取得土地使用权证，因此采取"先租赁再转租赁"的方式使股份公司取得土地使用权。例如：郴电国际，其发起人宜章县电力总公司等以划拨方式取得的35幅土地先变更为租赁方式，然后再转租赁给股份公司。

3."先授权经营再租赁"方式

所谓授权经营，是指国家根据需要，可以一定年期的国有土地使用权作价后授权给经国务院批准设立的国家控股公司，作为国家授权投资机构的国有独资公司和集团公司经营管理。国有土地使用权授权经营，由国家土地管理局审批，并发给国有土地使用权经营管理授权书，被授权的国家控股公司、作为国家授权投资机构的国有独资公司和集团公司凭授权书，可以向其直属企业、控股企业、参股企业以作价出资（入股）或租赁等方式配置土地，企业应持土地使用权经营管理授权书和有关文件，按规定办理变更土地登记手续。例如：莫高股份自2000年1月起，以有偿租赁方式，向甘肃农垦总公司租赁使用农垦总公司划拨取得的工业、农业用地，由于当时农垦总公司尚未以授权经营或出让的方式取得上述土地使用权，因此双方于2000年1月5日签订了《土地使用临时协议》，约定在农垦总公司取得前述土地使用权前，由农垦总公司代收租金，并应依法将该期间内代收的租金上缴国土资源管理部门。这种临时租赁方式，获得了甘肃省国土资源厅同意并实施。2001年4月，经甘肃省国土资源厅甘国土资函〔2001〕14号文和甘国土资函〔2001〕16号文批准，同意农垦总公司采用国家授权经营方式，经营上述划拨用地。2001年4月，公司与农垦总公司签署了正式的《土地使用权租赁合同》。

2.2.2.2　关于土地租赁期限的问题

通过租赁的方式取得的土地使用权，并不能保证改制企业长期而稳定的使用，因此证监会规定，以租赁方式取得的土地使用权，要保证较长的租赁期。1999年7月国土资源部发布的《规范国有土地租赁若干意见》规定，国有土地租赁可以根据具体情况实行短期租赁和长期租赁。对短期使用或用于修建临时建筑物的土地，应实行短期租赁，短期租赁年限一般不超过5年；对需要进行地上建筑物、构筑物建设后长期使用的土地，应实行长期租赁，具体租赁期限由租赁合同约定，但最长租赁期限不得超过法律规定的同类用途土地出让最高年期。因此，大量通过租赁方式取得土地使用权的企业，都在租赁合同中约定了尽可能长的租赁期，如南京港与南京港务管理局签署的《土地租赁协议》，约定的租赁期限为自公司成立之日起45年,其他如马应龙、陕西建设等公司的招股文件中也披露了类似的租赁期限。事实上,上述超过20年的租赁期限是无效的,根据是1999年10月实施的《合同法》第二百一拾四条"租赁期限不得超过二十年。超过二十年的,超过部分无效。租赁期间届满,当事人可以续订租赁合同,但约定的租赁期限自续订之日起不得超过二十年"。由于《合同法》相比《规范国有土地租赁若干意见》是上位法、后法,《规范国有土地租赁若干意见》关于最长租赁期限的规定是无效的。因此,要提请企业注意租赁期限不得超过20年与该幅土地剩余使用年限中的较短者。

2.2.2.3　租赁土地上的建筑物"房地分离"问题

1.法律依据

根据我国《房地产法》第三十一条"房地产转让、抵押时,房屋的所有权和该房屋占用范围内的土地使用权同时转让、抵押";《城镇国有土地使用权出让和转让暂行条例》第二十三条"土地使用权转让时,其地上建筑物、其他附着物所有权随之转让";第二十四条"地上建筑物、其他附着物的所有人或者共有人,享有该建筑物、附着物使用范围内的土地使用权。土地使用者转让地上建筑物、其他附着物所有权时,其使用范围内的土地使用权随之转让,但地上建筑物、其他附着物作为动产转让的除外"。这些规定反映了我国的"房地一体"主义。国土资源部1999年6月18日发布的《关于企业改制中土地资产处置有关问题的通知》也规定"为降低土地资产管理的复杂性,对于以土地房屋为生产场地的企业,企业改制时可选择房地整体出租或整体出让、入股等方式处置土地资产"。

土地权利人以出让、受让方式获得土地使用权后,在土地上建筑房屋,或者房地均以租赁方式取得,自然不存在"房地分离"的问题,但如果在租赁的土地上拥有建筑物的所有权,房屋所有权证和土地使用权证的权利主体就会不一致,如果有一方处置权利,会影响到另一方的稳定经营,特别是土地使用权人处置权利,如土地权利人将土地使用权抵押、转让时会给租赁权人带来风险。

2.租赁土地上的建筑物"房地分离"需要注意的问题

(1)土地租赁期限在法律规定的范围内尽可能长,如双方约定20年的承租期,期满后可再续租20年,使租赁土地的使用权相对稳定。

(2)要考察土地使用权出租主体(一般是企业的控股股东或其他关联方)是否设定了抵押,如果设定抵押,应当通过符合法律规定的方式解除。

(3)房地分割的合法性。《城镇国有土地使用权出让和转让暂行条例》第二十五条第二款"土地使用权和地上建筑物、其他附着物所有权分割转让的,应当经市、县人民政府土地管理部门和房产管理部门批准,并依照规定办理过户登记",确认了房地一体的例外,但要求有权部门批准。《关于企业改制中土地资产处置有关问题的通知》规定"只有在新设公司向母公司租赁土地后再兴建地上建筑物和地上只有机器设备而没有房屋等建筑物,母公司将相应机器设备作价投入新公司但又不愿放弃土地使用权这两种情况下,才可按照房屋所有权与土地使用权可分离的原则,保留先出让再出租的土地处置方式,但要相应加强土地资产监管。包括出让金的征收管理,取消各类随意性优惠政策等;同时对采取先出让再出租的方式处置土地的改制企业,在上报审批时要同时上报草签的土地出让合同和土地租赁合同,严格审核其中的土地收益关系"。这说明在企业改制的实践中,国家土地管理部门认可"房地分离"的做法,但要在批准与登记程序方面符合上述规定。

2.2.2.4　租金缴纳问题

对于直接向土地管理部门租赁土地使用权的情况，有些地方政府为了扶持企业上市，会在租金缴纳方面制定一些优惠政策，如《无锡市人民政府关于企业改革中土地资产处置的意见》(锡政发〔1998〕169 号文)，该市 50 家重点企业集团在改制时以租赁方式取得土地使用权，缴纳土地租金确有困难的，经审核、批准，在 3 年内可给予减免租金优惠等。因此，要关注企业取得土地租金的优惠，是否在改制时经过审核与批准。

2.2.2.5　其他问题

租赁权是设定在土地使用权上的他项权利，因此应当在县、市级以上土地管理部门备案，并取得《他项权利证书》。

2.3　国有土地使用权作价入股

2.3.1　国有土地使用权作价入股概述

我国《公司法》第二十四条规定“股东可以用货币出资，也可以用实物、工业产权、非专利技术、土地使用权作价出资”；《国有企业改革中划拨土地使用权管理暂行规定》第七条规定，“根据国家产业政策，须由国家控股的关系国计民生、国民经济命脉的关键领域和基础性行业企业或大型骨干企业，改造或改组为有限责任公司、股份有限公司以及组建企业集团的，涉及的划拨土地使用权经省级以上人民政府土地管理部门批准，可以采取国家以土地使用权作价出资(入股)方式处置”；《关于加强土地资产管理促进国有企业改革和发展的若干意见》规定“对于自然垄断的行业、提供重要公共产品和服务的行业，以及支柱产业和高新技术产业中的重要骨干企业，根据企业改革和发展的需要，主要采用授权经营和国家作价出资(入股)方式配置土地，国家以作价转为国家资本金或股本金的方式，向集团公司或企业注入土地资产”。

因此，股份公司可以通过股东以土地使用权作价出资的方式取得土地的使用权，通过这种方式取得的土地使用权可以抵押、出租、转让。这种方式有两种具体的做法：一是将土地使用权折成国家股，由国土资源管理部门委托国有股持有单位持有；二是发起人以出让方式获得国有土地使用权，然后将其注入股份公司。由于土地使用权折股后会摊薄利润，因此很少有公司采取这种获得土地使用权的方式。登海种业、久联发展等采取这种方式。例如：久联发展在股份公司设立时，集团公司将位于贵阳市花溪区总面积为 181 660 m^2 的两宗土地投入到股份公司，2003 年 7 月 14 日，该两宗土地办理完毕产权过户登记手续；另一发起人五峰化工将位于贵州思南县思唐镇城北街面积为 33 779 m^2 的一宗土地投入到股份公司，2002 年 11 月 15 日，该宗土地办理完毕产权过户登记手续。集团公司投入股份公司的上述两宗土地系经贵州省国土资源厅黔国土函〔2001〕第 533 号文同意，由贵州省人民政府作为出资人，按照当地地价水平和土地出让金标准，以转增国家资本金方式投入到集团，集团于 2002 年 3 月 20 日取得上述土地的使用权证。思南五峰投入股份公司的上述一宗土地系经贵州省思南县人民政府思府函〔2001〕17 号文同意，由贵州省思南县人民政府按照当地地价水平和土地出让金标准，以转增国家资本金方式投入到五峰公司，五峰公司于 2001 年 12 月 20 日取得上述土地的使用权证。

2.3.2　国有土地使用权作价入股过程中需要注意的问题

2.3.2.1　发起人土地使用权的取得是否有瑕疵

发起人必须是以出让、受让或授权经营的方式取得的土地使用权，才能折为股份投入公司，划拨土地使用权是不能作为出资的。

如果发起人系以出让方式取得土地使用权，并已取得了土地使用权证，但却没有缴纳土地出让金或没有足额缴纳土地出让金，在此情形下，土地使用权作为出资的行为是否有效，是实践中颇有争议的问题。

2.3.2.2 折股金额的问题

由于土地出让金一般按照评估值的15%~30%计缴，所以有的公司在折股的时候，也把这一金额作为折股的依据，这实际上是以土地使用权出让价格代替了土地使用权的价值，监管部门认为会造成国有资产的流失，因此会对企业的发行上市造成法律障碍。

2.3.2.3 发起人作为出资的土地使用权是否设定权利负担

如果发起人在作为出资投入股份公司的土地使用权上设定了抵押权等权利负担，则这种土地使用权不仅在权利的行使上受到法律的限制，而且因其可能受到抵押权人的追索而在财产价值上发生贬损，甚至完全失去投资价值。发起人如果用这种设定了权利负担的土地使用权出资，就会产生出资不实的潜在风险，违反《公司法》资本确定的基本原则。因此，对于发起人以出资入股方式投入到股份公司的土地使用权，一定要关注其上是否设定了权利负担。

2.4 国有土地使用权划拨

土地使用权划拨，是指县级以上人民政府依法批准，在土地使用者缴纳补偿、安置等费用后将该幅土地交付其使用，或者将土地使用权无偿交付给土地使用者使用的行为。

国家土地管理局《国有企业改革中划拨土地使用权管理暂行规定》第八条规定：企业改革涉及的土地使用权，有下列情形之一的，经批准可以采取保留划拨方式处置：

(1)继续作为城市基础设施用地、公益事业用地和国家重点扶持的能源、交通、水利等项目用地，原土地用途不发生改变的，但改造或改组为公司制企业的除外；

(2)国有企业兼并国有企业或非国有企业以及国有企业合并、兼并或合并后的企业是国有工业生产企业的；

(3)在国有企业兼并、合并中，被兼并的国有企业或国有企业合并中的一方属于濒临破产的企业；

(4)国有企业改造或改组为国有独资公司的。

前款第1、2、4项保留划拨用地发生的期限不超过五年。

按照这一规定股份公司应当有偿使用土地，一般不能通过划拨的方式取得土地使用权，但这会加重许多改制国有企业的负担。因此，国土资源部颁布的《关于加强土地资产管理促进国有企业改革和发展的若干意见》规定"在涉及国家安全的领域和对国家长期发展具有战略意义的高新技术开发领域，国有企业可继续以划拨方式使用土地……对承担国家计划内重点技术改造项目的国有企业，原划拨土地可继续以划拨方式使用，也可以作价出资(入股)方式向企业注入土地资产"；"为减轻企业负担，国有企业在改革前可继续以划拨方式使用原有土地；改革后的企业用地符合《划拨供地目录》的，可仍以划拨方式使用。国有和集体企业兼并国有企业涉及的土地，不属于划拨供地范围的，经土地行政主管部门批准，也可在一定年限内维持划拨使用"。该规定扩大了划拨用地使用权的范围，使改制企业仍可通过划拨方式取得国有土地使用权。

同时，《中华人民共和国城市房地产管理法》第二十三条规定：下列建设用地的土地使用权，确属必需的，可以由县级以上人民政府依法批准划拨：

（1）国家机关用地和军事用地；

（2）城市基础设施用地和公益事业用地；

（3）国家重点扶持的能源、交通、水利等项目用地；

（4）法律、行政法规规定的其他用地。

《中华人民共和国土地管理法》第五十四条也有同样的规定。

由于这两部法律是《国有企业改革中划拨土地使用权管理暂行规定》的上位法，因此上市公司的土地使用涉及城市基础设施用地，国家重点扶持的能源、交通、水利等项目用地，仍有以划拨方式取得土地使用权的法律依据。

2.5　受让取得土地使用权

受让取得土地使用权，是从二级市场上取得土地使用权的一种土地使用权交易行为，是一种市场化的土地使用权取得方式。在2004年首发的公司中，东方宝龙、动力源、交大博通的土地使用权即以受让的方式取得。这种土地使用权取得方式，法律关系比较清晰，也不像国有企业改制要涉及很多政策性问题，但要审阅土地使用权转让合同，关注标的土地的规划用途、尚余的使用年限、转让金的支付、是否设定他项权利、土地使用权的过户登记及权属证书的变更等情况。

2.6　以招拍挂的方式取得土地使用权

国土资源部2002年5月9日发布的《招标拍卖挂牌出让国有土地使用权规定》第四条规定：商业、旅游、娱乐和商品住宅等各类经营性用地，必须以招标、拍卖或者挂牌方式出让。前款规定以外用途的土地的供地计划公布后，同一宗地有两个以上意向用地者的，也应当采用招标、拍卖或者挂牌方式出让。

特别是国土资源部《关于继续开展经营性土地使用权拍卖挂牌出让情况执法监察工作的通知》规定“各地要严格执行经营性土地使用权招标拍卖挂牌出让制度。2002年7月1日《招标拍卖挂牌出让国有土地使用权规定》实施后，除原划拨土地使用权人不改变原土地用途申请补办出让手续和按国家有关政策规定属于历史遗留问题之外，商业、旅游、娱乐和商品住宅等经营性用地供应必须严格按规定采用招标拍卖挂牌方式，其他土地的供地计划公布后，同一宗地有两个或两个以上意向用地者的，也应当采用招标拍卖挂牌方式供应。各地要严格按国家有关政策规定界定《招标拍卖挂牌出让国有土地使用权规定》实施前的历史遗留问题，不得擅自扩大范围，也不得弄虚作假，变相搭车。要加快工作进度，在2004年8月31日前将历史遗留问题界定并处理完毕。8月31日后，不得再以历史遗留问题为由采用协议方式出让经营性土地使用权”。因此，股份公司在2004年8月31日后，取得土地使用权涉及商业、旅游、娱乐和商品住宅等项目的，需要以招拍挂的方式取得土地使用权，这一规定主要对房地产和商业、旅游类企业产生较大的影响。

3　企业改制过程中土地使用权处置的程序

3.1　企业改制过程中，划拨土地使用权的处置

企业改制如果发生在2001年2月13日之前，应根据《国有企业改革中划拨土地使用权管理暂行规定》第十条规定的如下程序进行。

3.1.1　拟订土地使用权处置方案

由企业或企业隶属单位拟订土地使用权处置方案,主要内容应包括企业改革的形式和内容、企业现使用土地的状况和拟处置土地的状况、拟处置方式和处置价格及理由等。进行土地使用权处置方案的报批的同时,还应提交以下材料:企业改革的批准文件、资产重组方案、土地使用权证书或土地权属证明以及其他有关材料。

3.1.2　地价评估结果确认和土地使用权处置方案审批

地价评估结果和土地使用权处置方案应当报有批准权的人民政府土地管理部门确认和审批。报批时,还应同时提交企业改革的批准文件、资产重组方案、土地使用权证书或土地权属证明以及其他有关材料。

企业进行公司制改造、改组或组建企业集团,属于国务院或国务院授权部门审批批准设立的公司和企业集团以及境外上市公司的,土地估价结果和土地使用权处置方案由企业隶属单位报国家土地管理局确认、审批;属于省级人民政府或其授权部门批准设立的公司和企业集团,土地估价结果和土地使用权处置方案由企业隶属单位报省级人民政府土地管理部门确认、审批。

企业实行股份合作制改组、租赁经营和出售、兼并、合并、破产的,土地估价结果和土地使用权处置方由企业隶属单位报上一级人民政府土地管理部门确认、审批;属于中央企业的,报国家土地管理局确认、审批。

3.1.3　签订合同与变更土地登记

土地使用权处置方案经批准后,采取国有土地使用权出让方式处置的,企业应持土地使用权处置批准文件和其他有关文件与土地所在地的市、县人民政府土地管理部门签订国有土地使用权出让合同,并按规定办理土地登记手续;采取国有土地租赁方式处置的,企业应持土地使用权处置批准文件和其他有关文件与土地所在地的县级以上人民政府土地管理部门签订国有土地租赁合同,并按规定办理土地登记手续;采取国家以土地使用权作价出资(入股)方式处置的,企业应持国家土地管理局或省级人民政府土地管理部门签署的土地使用权处置批准文件以及作价(入股)决定书,按规定办理土地登记手续;采取保留划拨方式处置的,企业应持土地使用权处置批准文件及其他有关文件按规定办理土地登记手续。

同时,土地使用权除保留划拨用地方式外,采取其他方式处置的,必须进行地价评估。企业应委托经国家土地管理局和省级人民政府土地管理部门认证的、具有相应土地估价资格的机构进行地价评估。因此,应注意评估机构资格。

3.2　企业改制过程中,国家作价出资(入股)、授权经营方式处置程序

对于省级以上人民政府批准实行授权经营或国家控股公司试点的企业,方可采用授权经营或国家作价出资(入股)方式配置土地。其中,经国务院批准改制的企业,土地资产处置方案应报国土资源部审批,其他企业的土地资产处置方案应报土地所在省级土地行政主管部门审批。为方便与有关部门衔接,同一企业涉及在两个以上省(自治区、直辖市)审批土地资产处置的,企业可持有关省(自治区、直辖市)的处置批准文件到该部转办统一的公函。

4　土地资产处置方案报批程序

(1)改制企业根据省级以上人民政府关于授权经营或国家控股公司试点的批准文件,

拟订土地资产处置总体方案，向有批准权的土地行政主管部门申请核准；

（2）土地资产处置总体方案核准后，企业应自主委托具备相应土地估价资质的机构进行评估，并依据土地状况和估价结果，拟订土地资产处置的具体方案；

（3）企业向市、县土地行政主管部门申请初审，市、县土地行政主管部门对土地产权状况、地价水平进行审查并出具意见；

（4）企业持改制方案、土地估价报告、土地资产处置具体方案和初审意见，到有批准权的土地行政主管部门办理土地估价报告备案和土地资产处置审批；

（5）企业持处置批准文件在财政部门办理国有资本金转增手续后，到土地所在的市、县土地行政主管部门办理土地变更登记。

国土资源部对土地资产处置方案核准和审批实行集体会审，各地也应实行集体决策。审批机关要简化审查内容，只对土地权属状况、土地处置方式和地价水平等内容进行重点审查。

【知识拓展】

各地关于改制土地资产处置的规定

对于国有企业在产权制度改革或投资主体多元化过程中土地资产的处置问题，各地方政府都有相关的规定和政策。现就其中有代表性的规定作以下介绍。

1　北京市关于主辅分离改制分流安置富余人员时土地使用权处置的规定

北京市出台的《北京市国有大中型企业主辅分离辅业改制分流安置富余人员实施细则》中对改制企业用地可采用的处置方式作了明确规定：

（1）改制企业用地，如其使用的土地未改变用途，经市人民政府、县（区）人民政府授权的土地管理部门批准后，可以保留划拨方式。相关手续商有审批权限的土地管理部门办理。

（2）需要转让土地使用权且不符合《划拨土地目录》的，应依法办理土地出让或土地租赁手续。

（3）改制所涉及的土地如改变用途，符合《划拨土地目录》的，可继续以划拨方式使用，不符合《划拨土地目录》的，应依法办理土地有偿使用手续。需按照《关于停止经营性项目国有土地使用权协议出让的有关规定》（京政办发〔2002〕33号）执行，改制企业通过出让方式取得国有土地使用权，对其缴纳的土地出让金按现行市属企业返还政策执行，即出让金的60%返还给企业，专项用于企业结构调整。

2　太原市关于兼并时土地使用权处置的规定

关于兼并时土地使用权的处置，太原市出台的《推进国有企业建立多元化投资主体的指导意见》中有较为详细的规定。区别兼并方分为两种方式：第一，被其他国有企业兼并或者加入到其他国有独资性质企业集团的企业，可仍以行政划拨方式占用和使用土地，也可采取其他方式占用和使用土地。第二，国有企业进行多元投资主体改制时，或被其他股份制企业、外商投资企业、私营企业兼并收购的企业，原占用的土地使用权可采取出让、租赁、作价出资(入股)等方式处置。符合《划拨供地项目目录》的多元化投资企业,可仍以划拨方式使用土地。改制或改变用途后不再符合法定划拨用地范围的,应当依法实行有偿使用。土地使用权有偿使用手续,既可由原国有企业补办,也可由改制后的企业依法办理,有偿使用费可按地价的20%确定,其余的80%留给企业,用于支持企业增资减债、结构调整或职工安置。经政府批准,还可将土地有偿使用费转为国有资本金注入企业。

3　本溪市关于用土地资产弥补员工安置费用的规定

本溪市出台的《本溪市推进国有工业企业改制工作的实施意见》中规定,在剔除土地使用权价值和非经营性资产,并进行资产核销和各项费用扣除后,企业净资产为负数或还有一定净资产但抵顶置换职工全民身份经济补偿金不足的,可将划拨土地按出让方式处置,用部分或全部上缴财政的土地出让金弥补;以全部土地出让金弥补净资产负数和置换职工全民身份经济补偿金仍不足的,经批准可用市政府置换职工全民身份专项资金弥补;还不足的,差额部分由改制后的企业承继,经税务机关批准,可分三年至五年计入企业管理费用。弥补职工置换全民身份补偿金后多余的土地,可采取出让、租赁、作价出资等方式处置。

任务2　企业改制上市过程中集体土地使用权处置

【任务目标】

1.熟悉《中华人民共和国土地管理法》、《农村土地承包经营权流转管理办法》、《确定土地所有权和使用权的若干规定》、《国务院办公厅关于进一步做好治理开发农村“四荒”资源工作的通知》、《中华人民共和国农村土地承包法》等相关法律、规范及部门规章;

2.熟悉试点关于集体建设用地使用权流转条件、流转方式与期限、流转的审批程序;

3.熟悉农村集体农用地使用权流转的原则、方式、程序;

4.熟悉农村集体未利用地使用权的处置方式。

【学习过程】

1.课件演示

2.分组讨论

【背景知识】

企业改制上市过程中集体土地使用权处置概述

1　集体土地使用权处置的法律规范体系

我国涉及集体土地使用权处置的法律规范体系如下。

1.1 法律

《中华人民共和国土地管理法》(2004年8月28日修正)第八条“土地所有权的归属”、第九条“土地使用权”、第十条“集体所有土地的经营和管理”、第十四条“农民集体所有土地承包经营权”、第四十四条“农用地转用审批”、第四十五条“国家建设土地征收”、第五十九条“乡村建设用地的范围和审批”、第六十条“乡村企业建设用地审批”、第六十一条“乡村公共设施、公益事业建设用地审批”、第六十三条“集体土地使用权的流转”、第六十五条“收回集体土地使用权的情形”、第七十七条“集体土地违法流转的法律责任”,《中华人民共和国农村土地承包法》(2002年8月29日颁布,2003年3月1日实施)。

1.2 部门规章与规范性文件

《确定土地所有权和使用权的若干规定》(国家土地管理局1995年3月15日发布)第三章“集体土地所有权”、第五章“集体建设用地使用权”,《国务院办公厅关于进一步做好治理开发农村“四荒”资源工作的通知》(国务院办公厅1999年12月31日发布),《农村土地承包经营权流转管理办法》(农业部2005年1月19日发布,2005年3月1日实施)。

1.3 地方法规、规章与政策

《中共桂林市委员会、桂林市人民政府关于农村集体土地承包经营权转让、转包、互换、入股、拍卖试行办法》(中共桂林市委员会桂林市人民政府1996年10月6日)、《中共浙江省委办公厅、浙江省人民政府办公厅关于积极有序地推进农村土地经营权流转的通知》(浙委办2001年9月1日〔2001〕53号)、《安徽省集体建设用地有偿使用和使用权流转试行办法》(安徽省人民政府2002年10月23日皖政〔2002〕60号)、《广东省关于实行农村集体建设用地使用权流转的通知》(广东省人民政府2003年6月24日发布)、《大连市集体建设用地使用权流转管理暂行办法》(大连市人民政府2003年12月29日大政发〔2003〕110号)、《佛山市试行农村集体建设用地使用权流转实施办法》(佛山市人民政府2004年6月22日发佛府〔2004〕103号)、《北京市农民集体建设用地使用权流转试点办法》、《安阳市集体建设用地流转管理试行办法》等。

1.4 司法解释

《最高人民法院关于审理农业承包合同纠纷案件若干问题的规定(试行)》(1999年6月28日法释〔1999〕15号)。

2 企业改制上市过程中集体土地使用权的处置方式

我国农村土地实行农民集体所有,农村的集体土地由农民集体经营、管理,农民集体组织是土地的所有权人,这本应使农村集体土地经营、管理方式更加灵活,然而,实际并非如此。集体土地的使用与流转受到了比国有土地更多的限制。这是因为国有土地是所有权派生出使用权,使用权是一种可以转让、可以设定他项权利的权利,其本质是一种物权,而集体土地是所有权派生承包经营权,承包经营权依据承包合同取得,是一种契约性的权利。如果农民集体所有的土地用于非农业建设,必须首先办理农用地的转用审批手续,经征为国有后,才能转为建设用地。

对于转征的集体土地,必须注意征用审批的权限,根据我国《土地管理法》第四十五条规定,征用下列土地的,由国务院批准:①基本农田;②基本农田以外的耕地超过三十五公顷的;③其他土地超过七十公顷的。

征用前款规定以外的土地的，由省、自治区、直辖市人民政府批准，并报国务院备案。然而，在实践中，一些地方政府往往采取“化整为零”的做法，规避国务院的审批。因此，要从实质上判断土地转征批准程序是否合法，而不仅限于法律形式，如可以通过连续转征土地的时间间隔、转征土地的用途、土地使用权主体等方面判断企业征用土地的审批是否规避了法律规定。

农村集体土地转征为建设用地的程序是非常复杂的。那么，如果不进行转征，依据现行的法律规定，集体土地有哪些合法的流转方式呢？

我国农村土地分为农用地、建设用地和未利用地，不同用途的土地使用权，其流转的法律规定是不同的。

农村集体建设用地包括农村宅基地、乡镇企业用地、乡村公益事业用地和公共设施用地。根据我国《土地管理法》第六十三条规定，除农村集体经济组织使用乡镇土地利用总体规划确定的建设用地与其他单位、个人以土地使用权入股、联营等形式共同兴办企业，经过批准，使入股、联营企业获得集体土地使用权以及因企业破产、兼并等情形致使土地使用权依法发生转移而取得以外，集体所有的建设用地，目前一般只能由本集体及其所属成员享有建设用地使用权，而不允许其他单位、个人拥有。

然而，随着我国社会经济的迅速发展，特别是城市化进程的加快，已凸显出这一法律规定的滞后性与制约作用。农村集体建设用地的使用权，以出让、转让、出租、抵押、入股等形式自发流转的行为大量存在，特别是在一些经济发达的地区，如珠江三角洲、长江三角洲、京津地区以及其他大中城市的郊区等。鉴于此，2001 年 2 月和 6 月，国土资源部分别在苏州、安阳召开了两次土地制度创新试点工作座谈会，设立了河南新乡、安阳，江苏苏州、昆山，安徽芜湖，上海南汇，浙江湖州，福建古田，广东深圳等多个集体建设用地流转试点地区。事实上，目前在全国对集体建设用地流转的行为基本上都采取了默认态度，限制集体建设用地流转的法律障碍坚冰已破，在法律上明确它的合法性只是个时间问题。为了规范集体建设用地的流转，各试点地区相继出台了相关管理办法，如《广东省关于实行农村集体建设用地使用权流转的通知》、《北京市农民集体建设用地使用权流转试点办法》、《安徽省集体建设用地有偿使用和使用权流转试行办法》等。这些地方文件明确规定了集体建设用地可以以出让、转让、抵押、出租等方式流转，并规定了流转的条件、流转的审批程序等内容。这些地方政府制定的文件，其关于土地流转的主要规定如下。

2.1　关于流转条件的内容

各地方规定的集体建设用地的流转条件的内容如下。

(1)符合规划要求，满足年度用地计划。

这里提到的规划，主要是指土地利用总体规划、城市规划、村镇规划和土地利用年度计划等。只有土地利用总体规划划分的建设用地才能作为建设用地使用和流转，具体的土地用途还要符合城市规划、村镇规划和满足土地利用年度计划。

(2)权属合法，四至清楚，没有纠纷。

流转的集体建设用地必须是依法确权，明确集体土地的所有者和现在土地的使用者，四至清楚且与周边土地所有者和使用者权属无争议，面积准确。绝大部分地区为了避免纠纷的产生，对需流转的集体非农建设所使用的土地先进行了确权、登记、发证工作，并明文规定“未经登记发放集体土地所有权证的，不得进行流转”(《安阳市集体建设用地流转管理试行办法》)。

(3)流转的必须是存量集体建设用地。

目前,各地集体建设用地的流转都只停留在已经依法批准作为建设用地使用或已经依法批准转为建设用地的集体土地,也就是通常所指的存量集体建设用地。

(4)限定集体建设用地流转的用途。

从国土资源部开展集体建设用地流转试点开始就有明确规定,集体土地不得流转作商业性房地产开发。

有的地方还规定了流转的程序条件,即"拟流转土地所属的集体经济组织成员会议三分之二以上成员或者三分之二以上成员代表同意流转"(《北京市农民集体建设用地使用权流转试点办法》)。

2.2 流转的方式与期限

各地方规定的集体建设用地的流转方式有下列几种。

2.2.1 出让

出让是指农民集体建设用地所有者将一定年期的集体建设用地使用权让与土地使用者,由土地使用者向农民集体土地所有者一次性支付出让价款的行为。类似于国有土地使用权的出让方式。各地一般规定,出让的最高年限不高于同类用途国有土地使用权出让的最高年限。

2.2.2 出租

出租这种方式同第一种方式的区别在于土地收益不是一次性收取,而是采用定期缴纳租金的形式分批收取。出租的年限不高于《合同法》规定的租赁合同的最高年限,即20年。出租农村集体建设用地的情形在城乡结合部比较普遍,一般用于建设工业园区、集贸、建材、家电、花卉等市场。

2.2.3 作价出资或入股

作价出资或入股是指集体建设用地所有者以一定年期的集体建设用地使用权作价,以出资或入股方式投入企业,并按出资额或股份分红,土地使用者取得作价出资(入股)集体建设用地的土地使用权。试点地区浙江湖州一些改制的乡镇企业采用了这一方式。土地使用年限不高于同类用途国有土地使用权出让的最高年限。

2.2.4 合作和联营

合作和联营是指集体建设用地所有者以一定年期的集体建设用地使用权作为条件与其他单位或个人合作联营,共同举办企业。

2.2.5 抵押

根据《担保法》的有关规定,集体土地(含建设用地)使用权本身是不能够单独设定抵押的,只有两种情形例外:①承包的荒地的土地使用权;②以乡(镇)、村企业的厂房等建筑物作为抵押物,其占用范围内的土地使用权同时抵押。实践中,各省一般都规定,集体建设用地使用权可以抵押,但应当签订抵押合同,并向市、县人民政府土地行政主管部门办理抵押登记。对于集体建设用地使用权抵押融资,大部分地区采取了较为保守的管理方式。一般来讲,主要是利用地上建筑物和附着物抵押贷款,土地连带抵押的方式进行融资,如果土地要单独抵押则必须由被抵押土地的集体土地所有者出具同意抵押的证明。

合法取得的集体建设用地使用权可以通过转让、转租的方式进行再次流转,但有的地区为了避免炒卖集体建设用地使用权，对其转让进行了限制，如安徽省规定“按照集体建设用地有偿使用合同约定投入开发建设的资金达到工程建设总投资的25%以上”方可转让。

另外，各地的地方规范性文件都规定了“房地一体”的集体建设用地使用权流转原则，如《安徽省集体建设用地有偿使用和使用权流转试行办法》第二十五条规定：“集体建设用地使用权流转时，其地上建筑物、其他附着物随之流转；集体建设用地上的建筑物、其他附着物流转时，其占用范围内的集体土地使用权随之流转。”

3　企业改制上市过程中集体土地使用权审批程序

集体建设用地使用权流转的审批程序，各地方的规定不尽相同，一般须经以下程序：

(1)土地所有权人持土地所有权证、集体建设用地使用权证，向乡镇人民政府申请初审；

(2)经初审后，向市、县国土资源部门提出申请；

(3)市、县国土资源部门批准后，办理土地登记手续，确认建设用地使用权和土地他项权利。

近年来，许多乡镇集体企业迅速发展壮大，有些已具备了公开发行股票与上市的条件，这些企业改制前基本上是无偿使用集体的建设用地，改制后，有的集体经济组织成为实际控制人，如三房巷，有的个人成为实际控制人，而集体建设用地使用权按上述方式的处置，如果企业所在地区是建设部批准的集体建设用地使用权流转的试点省市，并颁布了相关的规范性文件，是可以作为依据的。如安徽省芜湖市，1999年经国土资源部批准，成为全国第一个集体建设用地使用权流转试点城市，之后，安徽省也成为集体建设用地流转的“立法试验省”。“实践先行、法律滞后”是我国特色，司法解释、政策优于法律在我国是常态，放开集体建设用地使用权流转的法律限制已成为趋势，但以上的地方法规或政策毕竟不属于国家立法，效力等级较低。因此，在我国的土地管理基本法律没有进行修改或没有新的基本法律、行政法规规范集体建设用地使用权的流转前，为了谨慎起见，对于改制企业涉及的集体建设用地使用权的处置，最好在申报材料前，按照《土地管理法》等基本法律进行规范。

思考题

1.什么是国有土地使用权出让？简述国有土地使用权出让过程中需要注意的问题。

2.什么是国有土地使用权租赁？简述国有土地使用权租赁过程中需要注意的问题。

3.什么是国有土地使用权作价入股？简述国有土地使用权作价入股过程中需要注意的问题。

4.简述各种国有土地使用权处置方式的程序。

5.简述集体建设用地使用权流转条件、流转方式与期限。

6.简述集体建设用地使用权流转的审批程序。

项目9 专项建设用地管理

【学习目标】

1.熟悉专项建设用地管理的相关规定;
2.能够正确处理专项建设用地管理。

【知识目标】

1.熟悉专项建设用地管理的概念;
2.熟悉专项建设用地管理的要求。

任务1 城镇用地管理

【任务目标】

1.熟悉城镇及城镇用地的概念、城镇用地分类及城镇用地定额指标;
2.了解城镇规划及用地选择;
3.掌握城镇房屋拆迁的概念及形式,熟悉城镇房屋拆迁的工作程序,掌握城镇房屋拆迁的补偿和安置。

【学习过程】

1.案例导入
2.视频播放(春华镇2014年特色小城镇建设汇报)
3.分组讨论

【案例导入1】

谢天成:城镇化要摆脱"唯速度论"

前不久召开的中央经济工作会议强调指出,"推进城镇化健康发展是优化经济发展空间格局的重要内容,要有历史耐心,不要急于求成"。城镇化作为我国扩大内需的最大潜力和经济增长的新动力,在新常态背景下需要走出"唯速度论"歧途,告别"旧模式"、打破"旧思维”，转变“旧形态”，树立问题“新导向”，坚持制度“新改革”，主动适应经济发展新常态，实现城镇化新发展。

一是走出“唯速度论”歧途，要让“健康增长”成为新常态。从我国城镇化进程来看，改革开放以来城镇化速度不断加快，1978~2013年城镇化率年均增长约1个百分点，高于同期世界城镇化速度约0.6个百分点；特别是1996年城镇化率突破30%进入城镇化加速阶段以来，每年增幅均超过1个百分点，平均达到1.37个百分点。然而我国城镇化在快速推进过程中出现的一系列问题，表明城镇化质量不高，需要思考城镇化“速度”与“质量”如何协调发展。在新常态下，我国城镇化速度需要“量”、“质”并重，不宜提出诸如过去针对GDP增长的“保7、保8”等类似指标，而是通过设置城镇化率合理增长区间，因地制宜，分类引导东、中、西部地区城镇化率健康增长，宜快则快，宜慢则慢，不盲目攀比速度，避免“城镇化运动”。

二是告别“以土地换发展”旧模式，要让城市约束性发展成为新常态。有些地方财政过度依赖土地出让收入，“卖地”成为地方政府热衷之事，以至于城市“摊大饼”式扩张和新区、新城不断涌现，不仅浪费了大量耕地资源，威胁到国家粮食安全和生态安全，也加大了地方政府性债务等财政金融风险。“空城”、“鬼城”等现象，就是其副作用的有力注脚，城镇化单纯依赖土地增量扩张难以为继。习近平总书记要求要像保护文物一样，甚至像保护大熊猫那样保护耕地。国家新型城镇化规划提出严控增量、盘活存量、优化结构、提升效率，切实提高城镇建设用地集约化程度，通过合理划定城市“三区四线”，合理确定城市规模、开发边界、开发强度和保护性空间，防止城市边界无序蔓延。城市发展正由“扩张型”向“约束型”转型。

三是打破“单打独斗”旧思维，转变“一群城市”旧形态，要让城市群成为新常态。出于自身利益的考虑，城市集聚地区各城市间往往各自为政，产业同构、断头路等现象较为普遍，甚至是“以邻为壑”，竞争多于合作、大于合作，实为在空间分布上相对集中的“一群城市”。习近平在听取京津冀协同发展专题汇报时强调，要打破“一亩三分地”旧思维，努力实现优势互补、良性互动、共赢发展，为“单打独斗”的“一群城市”向“集聚效率高、辐射作用大、城镇体系优、功能互补强”的城市群转变明确了方向。以城市群为推进城镇化的主体形态，完全符合经济全球化背景下的城镇化一般规律，也符合我国资源环境承载能力的基本特征，有助于优化城镇规模结构，促进超大城市、特大城市、大城市、中城市、小城市及小城镇协调发展。

四是树立问题“新导向”，要让“城市病”治理成为新常态。随着城市人口数量不断增加，人口、资源与环境矛盾加剧，特别是北上广等超大城市，交通拥堵、雾霾等“城市病”问题日益突出，迫切需要加快治理。比如，在缓解拥堵上，一方面，要加快产城融合，对中心城区“做减法”、对新城“做加法”，促进职住平衡；另一方面，要倡导公共交通支撑和引导城市发展的规划模式，建立以“公共交通为导向”的土地开发模式，努力实现城市空间的“精明增长”。

五是坚持制度创新，要让改革成为新常态。大量农业转移人口难以融入城市社会，城市化进程滞后，是我国城镇化过程中遇到的最大难题，也直接关系到能否实现人的城镇化。2014年7月出台《关于进一步推进户籍制度改革的意见》，标志着户籍制度改革进入全面实施阶段；目前正处于公示阶段的《居住证管理办法(征求意见稿)》，明确“同城同待遇”，表明稳步推进城镇基本公共服务常住人口全覆盖,进入法制化、规范化、程序化发展新阶段。新一轮农村土地制度改革即将出台。重要领域、关键环节改革好戏连连,不断释放制度红利。一些直接影响城镇化的突出问题,正一步步从体制机制上得到破解。

【案例导入2】

一起房屋拆迁引发的诉讼案件

红阳大市场的所有人是天天公司,天天公司将其中的3间房出租给张三,张三将房屋转租给李四,李四又将房屋转租给王五。现在,房屋面临拆迁,张三面临着拆迁费,想一人独得拆迁款,就把李四诉上法庭,起诉要求解除和李四的租赁合同,理由是李四转租房屋未征得王五的同意。王五一听就急了,我刚刚租赁此房1年,还交了10万元的转让费,现在本金还没有回来,哪能走?再说了,当时签合同的时候,张三知道,况且后来,李四为了方便,房屋租金都是直接交给张三的啊,怎么现在说翻脸就翻脸了呢?王五急忙找到了律师。

【分析】

此案案由是租赁合同,实际上背后是被拆迁纠纷引发的巨大利益之争,张三名为解除租赁合同,实际上是为了独得拆迁款。就租赁合同而言,不论是天天公司还是张三,都是同意李四转租给王五的。王五已经在租赁地办理了营业执照,办理执照时需要天天公司出具的住房使用证明,所以天天公司是知道房屋转租给王五的,而且同意进行转租。张三也是同意李四转租给王五的,先不说张三已经口头同意李四转租的事实,因为没有证据在法庭上说了也不能被采信,但说张三收取王五租金的事情,就证明了张三同意李四转租给王五。只要确认了王五是合法的承租者,王五就能够依法得到拆迁补偿。鉴于李四是本案的被告,王五被追加为第三人。律师作为李四的代理人参加庭审。按照上述思路,收集证据。最后,法庭予以采信了律师的代理意见,驳回了张三的诉讼请求。

【背景知识】

城镇用地管理

1 城镇及城镇用地的概念

1.1 城镇的概念

城镇属于居民点的范畴。所谓居民点,是人们聚居和建筑物、构筑物、生产资料集中配置的场所。根据我国居民点的现状,居民点可分为城镇型和乡村型两大类。城镇型居民点和乡村型居民点的主要区别是:城镇一般为一定地域范围内的政治、经济、文化、交通的中心;城镇以非农业人口为主且高度集中;城镇的工商业发达,具有集中的经济、生态、社会效益。在建设用地管理中所指的“城镇”,即指整个城镇型居民点,也就是通常所说的大、中、小各类城市和各级建制镇。

1.2 城镇用地概念及分类

1.2.1 城镇用地的概念

对于城镇,土地利用就是利用土地的承载功能,建造建筑物和构筑物,发展城市经济。由于城镇建设用地规模大,发展快,所以城镇用地构成了我国建设用地的主体部分。城镇用地,是指城镇规划区内的所有土地。所谓城镇规划区,是指城镇建成区和因城镇建设发展需要实行规划控制的区域。它在地域上由两部分组成。一是城镇建成区,是指城镇区域内实际建设发展起来的建筑集中连片的地段以及部分分散在郊区与城镇有着密切联系的城镇基础设施用地。二是规划控制区,该区域一般为城镇建设的后备用地,目前可能仍为农业用地,但随着城镇的建设发展,这些用地将逐渐转为城镇建设用地。所以,城镇用地在实质上就是以上两部分用地的总和。

1.2.2 城镇用地分类

根据《土地利用现状分类》(GB/T 21010—2007)国家标准,城镇用地可分为以下几个类型:

(1)商服用地指主要用于商业、服务业的土地。

(2)城镇住宅用地指城镇用于生活居住的各类房屋用地及其附属设施用地。包括普通住宅、公寓、别墅等用地。

(3)工矿仓储用地指主要用于工业生产、物资存放场所的土地。

(4)公共管理与公共服务用地指用于机关团体、新闻出版、科教文卫、风景名胜、公共设施等的土地。

(5)特殊用地指用于军事设施、涉外、宗教、监教、殡葬等的土地。

(6)交通运输用地指用于运输通行的地面线路、场站等的土地。包括民用机场、港口、码头、地面运输管道和各种道路用地。

(7)城镇中的水域及水利设施用地指陆地水域,海涂,沟渠、水工建筑物等用地。

(8)城镇中的空闲地指城镇、工矿内部尚未利用的土地。

1.3 城镇用地定额指标

城镇建设用地管理中,城镇各类用地的定额指标是管理的主要依据之一。城镇用地定额指标受城镇规模,社会、经济、文化、自然等条件的制约。因此,各类城镇人民政府应依据国家颁布的控制性指标,制定或选择适合本地的定额指标。城镇用地定额指标,可分为总体规划用地指标和详细规划用地指标两类,前者是城镇发展的控制性指标,是编制城镇总体规划的依据;后者则是制定和审批城镇各建设小区用地计划的依据,是城镇近期建设规划范围内进行各项建设的具体指标。

2 城镇规划及用地选择

2.1 城镇规划

城镇规划就是一定时期内城镇详细发展的总体目标和计划,是城镇各项建设的综合部署。科学合理的城镇规划,是城镇建设和管理的基本依据,也是城镇建设用地管理的依据之一。

2.1.1 城镇规划的任务

城镇规划的任务，就是根据国家城镇建设和发展方针及各项技术经济政策、国民经济发展计划及区域规划，在城镇自然条件、历史发展、现状特点和建设条件的基础上布置城镇体系，确定城镇经济及社会发展目标，确定城镇的性质、规模和发展方向，合理利用城市土地，协调城市空间功能布局及进行各项建设的总体部署和全面安排，保证城镇按计划、有秩序、协调地发展。

2.1.2 城镇规划的内容

城镇规划一般可分为城镇总体规划和城镇详细规划两个阶段进行。这两个阶段的内容分别如下。

2.1.2.1 城镇总体规划的内容

城镇总体规划的内容主要包括确定城镇的性质、人口规模和用地规模、城镇发展方向，选定城镇主要建设标准和定额指标，对城镇建设用地布局、功能分区和各项建设进行总体部署，制定近期建设规划等。

2.1.2.2 城镇详细规划的内容

城镇详细规划的内容主要包括规划地段各项建设的具体用地范围，建设密度和高度等控制指标，总平面布置，工程管线综合规划和竖向规划等。

从以上内容可以看出，城镇总体规划与城镇详细规划具有如下关系：城镇总体规划是城镇详细规划的指导和依据，城镇详细规划是城镇总体规划的深入和具体化。

2.1.3 城镇规划的审核工作

城镇规划由建设行政主管部门会同有关部门编制。为保证城镇规划成果的质量，各级土地行政主管部门应积极参与城镇体系规划和城市规划的前期论证。对送审的城市规划，应认真审核，及时提出书面审核意见，送建设等部门并报同级政府，同时报上一级土地行政主管部门备案。审核的主要内容如下。

(1)城镇体系和城镇总体规划，是否从我国土地基本国情出发并与土地利用总体规划协调一致。

(2)城镇人口规模是否符合政府计划生育部门人口自然增长率的要求，城镇人口机械增长是否合理。

(3)城镇人均用地指标是否体现了规定的用地标准，是否体现从严控制。

(4)城镇建设发展是否建立在提高城镇土地产出率的基础上，是否首先利用城镇内部的空闲地和产出率低的各类土地，用地规模的扩大是否保证土地产出率的不断提高。

(5)城镇建设用地的扩大是否严格执行《基本农田保护条例》等有关法规的规定，是否体现对城镇郊区基本农田原则上不得占用的要求。

城镇规划经过批准、颁布实施后，城镇规划区的土地利用和各项建设必须符合城镇规划，服从规划管理。县级以上国土资源管理部门应严格按城镇规划要求审批城镇用地。

2.2 城镇用地选择

城镇的建设和发展必须选择适宜的用地。城镇建设用地选择就是以城镇规划及城镇土地利用规划为依据，在充分调查城镇自然环境条件的基础上，根据城镇各项工程建设的要求，进行用地适宜性评价，正确选择和合理组织城镇各项用地。城镇用地按其自然环境条件的优劣，通常可分为以下三类：

一类用地:即宜于建筑的用地。这类用地一般自然条件比较优越(如地形平坦、地块规整、有良好的地质条件等),能适应城镇各项设施的建设要求,不需或只需稍加简单的工程准备措施即可用于各类建设。

二类用地:即基本宜于建筑的用地。这类用地在某一个或某几个方面对城镇建设有不利影响(如地下水位较高、地形坡度大、抗洪标准偏低等),需要采取一定的工程措施加以改造才能适于建筑,且对城镇设施及工程项目的布置有一定的限制。

三类用地:即不适宜于建筑的用地。一般为自然条件极差的地段,如因特殊需要必须作为城镇建设用地时,则需采取特殊的工程技术措施后才能用于建设。三类用地还包括某些用地条件较好,但受人为因素影响而不能作为建设用地的地段(如高产农田、矿产埋藏地、水源卫生防护地段等)。

城镇用地选择应考虑满足以下要求。

2.2.1 要易于各项建设和城镇总体布局

城镇用地的地形、地质、水文等条件要满足各建设项目对用地的要求。充分利用自然条件、地理条件较好的土地,以节约城镇建设投资。所选地段必须考虑与周围地段的关系,要有利于城镇总体布局,便于各项设施的布置。

2.2.2 有利于安全、卫生和防疫

城镇用地应考虑地震、地质断裂带、冲沟、滑坡、地下采矿、洪涝灾害等因素的影响,确保城镇安全。城镇用地要有良好的环境条件,符合卫生标准,避开工业污染严重的地区。此外,还应避开疫病易发地区。

2.2.3 充分利用城镇现有基础,节约用地

城镇建设应充分利用现有基础,在此基础上改建、扩建,不宜过多地新增建设用地(征收大量农田搞建设);应充分挖掘城镇内部潜力,适当增加建筑密度、建筑容积率等,以提高土地利用率,节约用地。此外,所选用地必须考虑留有继续发展的余地。

3 城镇房屋的拆迁管理

城镇的发展是一个不断进行再建设的过程。根据我国的土地国情和有关政策,今后我国城镇的发展,主要靠内部挖潜、走旧城改造的路子,来提供所需的建设用地。城市房屋拆迁工作是城市建设、旧城改造的首要环节。拆迁工作做得如何,直接影响到旧城改造的进程。

3.1 城镇房屋拆迁的概念及形式

《城市房屋拆迁管理条例》(国务院令第305号,简称《拆迁条例》)中明确规定,城镇房屋拆迁是指取得房屋拆迁许可证的拆迁人,拆除城镇规划区内国有土地上的房屋及其附属物,并对被拆迁房屋的所有人进行补偿和安置的行为。

城市房屋拆迁形式有以下三种。

(1)统一拆迁。是指由政府拆迁管理部门统一组织,由具有房屋拆迁资格并取得《房屋拆迁资格证书》的单位承担拆迁范围内的房屋拆除、被拆迁人的补偿安置和其他相关的建设前期工作。这种方式对实行统一规划、综合开发的项目和向外商出让土地的项目很有利,是政府鼓励采取的方式。政府可以作出统一拆迁的决定。

(2)自行拆迁。由掌握拆迁政策、法规及具备拆迁技术的拆迁人实施本单位建设项目

的房屋拆迁工作。自行拆迁应当到拆迁主管部门办理核准手续。未经核准不得实施拆迁。

(3)委托拆迁。拆迁人委托具有房屋拆迁资格并取得《房屋拆迁资格证书》的单位承担其拆迁工作。接受委托的单位应当与拆迁人签订委托合同,并经拆迁主管部门鉴证。由专门从事房屋拆迁的单位承担拆迁工作,有利于节约人力和物力,减轻建设单位拆迁工作的负担,因此许多建设单位愿意采用委托拆迁的形式。房屋拆迁管理部门不得作为拆迁人,也不得接受拆迁委托。

3.2　城镇房屋拆迁工作程序

3.2.1　拆迁人申请房屋拆迁许可证

房屋拆迁是许多建设项目的前期工作。为了防止建设项目的实施者利用拆迁具有的强制性,损害被拆迁人的合法权益,同时也是为了保护拆迁人的合法权益,保障建设项目顺利进行,国家对房屋拆迁实行行政许可制度。

房地产发展商因进行房地产开发需要进行房屋拆迁时,要向被拆除房屋所在地的县级以上人民政府房屋拆迁主管部门提出拆迁申请,并同时提交与建设项目有关的批准文件和拆迁计划及拆迁补偿安置方案。这些文件是审批拆迁申请的基本依据。《城市房屋拆迁条例》规定,申请领取房屋拆迁许可证的,应当向房屋所在地的市、县人民政府房屋拆迁管理部门提交下列材料:

(1)建设项目批准文件。

(2)建设用地规划许可证。

(3)国有土地使用权批准文件。

(4)拆迁计划和拆迁方案。

(5)办理存款业务的金融机构出具的拆迁补偿安置资金证明。

拆迁计划和拆迁方案是拆迁申请的组成部分,其内容必须确切地说明拆迁的范围、对象及实施步骤,对拆迁范围内的被拆迁居民、机关、团体、企事业单位的补偿安置方案,安置房和临时安置周转房的房源情况,涉及拆迁的各项补偿费、补助费的预算情况,以及拆迁期限、具体时间安排等。

3.2.2　房屋拆迁审批

房屋拆迁主管部门收到拆迁申请和规定提交的批准文件后,应对申请内容进行审查,并对拆迁范围进行现场调查。主要审查申请人提供批准文件是否齐全、有效,拆迁范围内是否有受保护不允许拆除的建筑,拆迁范围内的房屋产权是否明确或有争议,对被拆迁人的补偿安置是否符合政策规定,补偿安置方案是否可行,拆迁期限是否合理等。

经审查符合条件并批准拆迁的,房屋拆迁主管部门发给拆迁申请人《房屋拆迁许可证》。《房屋拆迁许可证》是房屋拆迁的法律凭证。获得许可证后,拆迁申请人成为合法拆迁人,其拆迁行为受法律保护。

房屋拆迁管理部门在发放《房屋拆迁许可证》的同时,应当依照《拆迁条例》的规定将《房屋拆迁许可证》中载明的拆迁人、拆迁范围、拆迁期限等事项,以房屋拆迁公告的形式予以公告。拆迁范围确定后,拆迁范围内的单位和个人不得新建、扩建、改建房屋,不得改变房屋和土地用途,不得租赁房屋。

3.2.3　签订拆迁协议

拆迁人必须对被拆迁人进行补偿安置,被拆迁人必须执行批准的拆迁决定。拆迁人与被拆迁人必须在拆迁管理部门规定的拆迁期限内就有关问题签订书面协议，以协议形式确定拆迁当事人双方的权利和义务，其协议性质属于民事合同。依法成立的拆迁补偿安置协议，对当事人具有法律约束力。当事人应当按照约定履行自己的义务，不得擅自变更或者解除协议。依法成立的协议，受法律保护。

拆迁补偿安置协议的主要内容应包括：补偿方式和补偿金额、安置形式、安置地点、安置房面积、搬迁过渡方式和过渡期限、违约责任及拆迁当事人双方认为需要签订的其他内容。协议签订后要报送拆迁主管部门备案。上述所列拆迁补偿安置协议的主要内容，并非所有的拆迁补偿安置协议都应载明。具体载明哪些内容，还应视拆迁补偿方式的不同而不同。对于实行货币补偿的，拆迁补偿安置协议主要应载明补偿金额、搬迁期限；对于实行产权调换的，拆迁补偿安置协议主要应载明安置用房面积和安置地点、搬迁期限、搬迁过渡方式和过渡期限等。

协议签订后是否公证，由双方当事人自主选择。但根据《拆迁条例》规定，拆除代管房屋的，必须经公证机关公证。

3.2.4 实施拆迁

拆迁工作的实施必须在拆迁许可证规定的拆迁范围和拆迁期限内进行，不得超越拆迁范围和拆迁期限。

3.2.5 拆迁补偿安置资金的监管

为了避免拆迁单位出具虚假证明、抽逃拆迁补偿安置资金，造成被拆迁人长期在外过渡，政府必须加强对拆迁补偿安置资金的监督管理。因此，《拆迁条例》规定申请领取房屋拆迁许可证的，应当向房屋所在地的市、县人民政府房屋拆迁管理部门提交办理存款业务的金融机构出具的拆迁补偿安置资金证明，并规定了“拆迁人实施房屋拆迁的补偿安置资金应当全部用于房屋拆迁的补偿安置，不得挪作他用”。“县级以上地方人民政府房屋拆迁管理部门应当加强对拆迁补偿安置资金使用的监督”。

3.3 城镇房屋拆迁的补偿和安置

3.3.1 补偿对象

房屋拆迁补偿关系到拆迁当事人的经济利益。为保证被拆除房屋的所有权人的合法权益，拆迁人应当对被拆迁房屋所有人(包括代管人、国家授权的国有房屋管理人)给予补偿。应该明确的是，补偿的对象是被拆除房屋所有人，而不是使用人。所有人既包括公民也包括法人。

3.3.2 补偿方式

房屋拆迁补偿有两种方式，即货币补偿和房屋产权调换。

(1)货币补偿。是指拆迁人将被拆除房屋的价值，以货币结算方式补偿给被拆除房屋的所有人。货币补偿的金额，按照被拆除房屋的区位、用途、建筑面积等因素，以房地产市场评估价格确定。

(2)房屋产权调换。是指拆迁人用自己建造或购买的产权房屋与被拆迁房屋进行产权调换，并按拆迁房屋的评估价和调换房屋的市场价进行结算调换差价的行为。也就是说，以异地或原地再建的房屋与被拆除房屋进行产权交换，被拆迁人失去了被拆迁房屋的产权，调换之后拥有调换房屋的产权。拆除非公益事业房屋的附属物，不作产权调换，由拆迁人给予货币补偿。

3.3.3　补偿标准

《物权法》规定:征收单位、个人的房屋及其他不动产,应当依法给予拆迁补偿,维护被征收人的合法权益;征收个人住宅的,还应当保障被征收人的居住条件。任何单位和个人不得贪污、挪用、私分、截留、拖欠征收补偿费等费用。

《拆迁条例》规定了拆迁货币补偿标准确定的基本原则是等价有偿,采取的办法是:根据被拆迁房屋的区位、用途、建筑面积等因素,以房地产市场评估的办法确定。区位是指某一房屋的地理位置,主要包括在城市或区域中的地位、与其他地方往来的便捷性、与重要场所(如市中心、机场、港口、车站、政府机关)的距离、周围环境、景观等。用途是指被拆迁房屋所有权证书上标明的用途,所有权证未标明用途的,以产权档案中记录的用途为准。产权档案也未记录用途的,以实际用途为准。实际用途的界定以是否依法征得规划等部门同意,是否取得合法手续为依据。"等因素"应当包括被拆迁房屋的折旧程度、权益状况、建筑结构形式、使用率、楼层、朝向等。

无论是实行货币补偿还是产权调换,有一个基本原则是必须明确的,即等价的原则。所以,从价值量来衡量,产权调换与货币补偿是等价的。

3.3.4　拆迁安置

在拆除租赁房屋的情况下,《拆迁条例》规定了解除租赁协议的处理方式。由拆迁人对房屋所有人进行补偿,由所有人对承租人进行安置。拆迁补偿前已经解除了租赁协议或出租人对承租人进行了安置,实质上相当于非租赁房屋的补偿、安置,根据《拆迁条例》的规定,对所有人进行补偿、安置。出租人与承租人达不成协议时,为了保障承租人的权益不受损害,《拆迁条例》规定实行产权调换,被拆迁人与原房屋承租人就新调换房屋重新签订租赁协议。

《拆迁条例》将租赁房屋的补偿主体确定为房屋所有权人,但房屋拆迁的同时也会给承租人带来一定的损失和不便。因此,要兼顾对使用人的安置。拆迁安置房屋的质量和安全性能的好坏,直接关系到被拆除房屋的使用人的切身利益。《拆迁条例》明确了安置用房的质量安全标准。相关的管理部门要按各自的职责,分头把关,确保安置房符合城市规划,符合有关勘察设计、建设施工、建筑材料与构配件等的国家、行业标准或规范,并经竣工验收,取得工程质量合格证书。属于住宅小区的商品房,还须通过有关部门进行的综合验收。

3.3.5　特殊情况的拆迁补偿、安置

特殊情况的拆迁补偿、安置包括产权不明确房屋的拆迁补偿、安置。产权不明确的房屋是指无产权关系证明、产权人下落不明、暂时无法考证产权的合法所有人或因产权关系正在诉讼的房屋。《拆迁条例》规定,由拆迁人提出补偿方式,报房屋拆迁管理部门审核同意后实施拆迁。产权不明确的房屋拆除前,拆迁人还应当就拆迁房屋的有关事宜向公证机关办理证据保全。拆迁人应就被拆迁房屋向公证机关提交证据保全申请,并按公证机关规定的程序和要求办理公证,对公证机关出具的法律文书立案归档,以备查用。

此外,特殊情况的拆迁补偿、安置还包括抵押房屋的补偿、安置。设有抵押权的房屋进行拆迁时,应当按以下程序进行补偿安置。一是要认定抵押的有效性。按照《担保法》的规定,当事人以房地产进行抵押的,应当办理抵押登记,抵押合同自登记之日起生效。二是应当及时通知抵押权人,一般是接受抵押的银行。三是能解除抵押合同的,补偿款付给被拆迁人,付款前必须经抵押权人认可。四是不能解除抵押关系的,按照法律规定的清偿顺序进行

清偿,不足以清偿抵押权人的,抵押权人按照法律规定,向抵押人进行追偿。

任务2　工矿仓储用地管理

【任务目标】

1.熟悉工矿仓储用地的特点和用地管理一般要求;

2.了解各类工矿用地的管理要求。

【学习过程】

1.案例导入

2.视频播放(物流企业大宗商品仓储用地土地使用税减半征收)

3.分组讨论

【案例导入】

工业园区用地激增占比近半圈而不建等浪费现象严重

当前,工业园区建设项目作为地方政府拉动经济增长、实现产业结构调整和招商引资的重要载体而频繁上马。近日在黑龙江、内蒙古、湖南、重庆等地采访时发现,工业园区占我国建设用地扩张的比重日益增加,多地存在“多圈少建、圈而慢建或不建”等现象,其粗放、低效利用土地形势仍较为严峻,土地浪费现象令人担忧,土地监管部门对工业园区用地监管尚存诸多困惑。

1　工业园区占地面积激增

根据国土部在其官网发布的《2012 中国国土资源公报》显示,2012 年我国批准建设用地 61.52 万 hm^2,而在城镇村建设用地结构统计中,工矿仓储用地达到建设用地总面积的 40.9%。多位基层国土干部向记者表示,地方工矿仓储用地的主要用途就是建设各级工业园区。2008~2012 年国有建设用地供应情况显示,工矿仓储用地供应量在 2008 年为 9.3 万 hm^2,2012 年则增加到 20.3 万 hm^2,增长幅度较大。地方在推进工业化过程中,开发区、产业园区、高新技术产业园区层出不穷。中国土地勘测规划院土地利用规划评审中心副主任左玉强认为,开发区能承载的产业集聚规模和类型是有限的,如果一个市里有三个开发区,项目又都很类似,这样就可能存在恶性竞争,“大规模供给土地”则成了开发区吸引商家的重要筹码。

2　土地利用面临“三次浪费”

黑龙江、内蒙古、重庆等地的国土部门干部和园区管委会工作人员表示,因规划不健全、退出机制存在缺陷等原因，工业园区用地总体会出现闲置浪费、土地浪费以及升级浪费等三种浪费现象。

第一次，土地征收后无人问津的闲置浪费。

受当前经济下行和工业园区间竞争激烈影响，工业园区土地利用效率十分低下，在鄂尔多斯市高新技术产业园区，120 km^2 的规划面积，已开发面积还不足 50%。

第二次，企业"多圈少建、圈而不建"造成土地浪费。

(1) 以前招商引资所谓的好项目都是两三年不开工，为什么？因为很多人就不是来做项目的，而是来炒地的。

(2) 几乎所有地方的工业用地价格都是低于成本的，价格相当于流转土地价格的 50%，土地在一、二级市场一转手，企业就获得巨大利益，一些官员也获利，因此闲置土地很多。

第三次，"三高"(高污染、高耗能、高耗水)企业不肯走，造成园区土地提档升级浪费。

据了解，我国产业园区升级方式为逐级提升，即园区规划先从县级做起，经过不断发展和审批才能上升到国家级。在这个过程中，工业园区势必面临产业结构不断调整和升级。

主要是前置规划和退出机制都不完善。

3 存在上述问题的主要原因

3.1 集约硬指标遭遇"软执行"

单位用地投资、产出强度、容积率、建筑密度等是衡量工业用地利用效率的重要指标。为了促进土地集约、节约利用，国家规定工业用地出让时，出让合同中须对这些硬指标做出明确规定。但记者在基层采访时，一些干部坦言，节地指标往往"写在纸上、说在嘴上，却难以落地，当不得真"。接地高压线"不带电"，难以遏制土地低效利用甚至浪费。

3.2 土地供后监管存"盲区"

工业用地供后监管，是确保土地及时、高效开发达到集约、节约利用要求的重要环节。但一些国土部门干部反映，工业用地出让后，企业是否按合同要求及时开竣工，投资规模、厂房建设等是否满足集约用地要求等，基层国土部门无法有效进行评估，存在监管"盲区"。由于工业用地供后监管不到位、部门协同机制不健全等原因，无法对企业具体用地情况进行有效监管，还助长了一些企业借机"囤地"，加剧了土地浪费、低效利用。

【背景知识】

工矿仓储用地管理

1 工矿仓储用地的特点

1.1 工矿仓储用地的组成

工矿仓储用地是指主要用于工业生产、采矿、物资存放场所的土地。工业用地指工业生产及直接为工业生产服务的附属设施用地。工业建设用地由各类工业生产、加工企业的车间、厂房、仓库、公共服务设施、厂内道路、绿化用地等组成。采矿用地指采矿、采石、采砂

(沙)场、盐田、砖瓦窑等地面生产用地及尾矿堆放地。矿山建设用地由矿藏开采区和各种生产、服务设施等用地组成。工矿企业附属用地是指专门为工矿企业服务的各类建设用地,如铁路、公路专用线、输油管线、尾矿输送线、工业废渣堆场以及直接服务于工矿企业的居住用地等。工厂和矿山用地及其附属用地,实际上就是通常所说的工业用地。仓储用地指用于物资储备、中转的场所用地。

1.2 工矿仓储用地的特点

工矿仓储用地与其他用地相比,具有以下几个方面的特点。

1.2.1 占地面积大

在我国,有很多工矿企业占地达几百公顷,有的甚至上千公顷(如首都钢铁公司包括矿山用地共占5 726 hm^2,武汉钢铁公司占地2 500 hm^2 等)。工矿建设用地面积大小不仅因不同生产类别而异,而且与生产机械化、自动化程度,物料的运输方式,工艺流程等因素有关。

1.2.2 土地利用率低

目前我国工矿用地的土地利用率普遍较低,一些重型工矿企业一般都在20%~30%,很少超出40%,工矿企业内的土地得不到充分利用,造成了大量土地浪费。

1.2.3 对用地条件要求严格

工矿用地对地形、地质、经济地理条件,矿山用地对地理条件都有较严格的要求。此外,工矿用地对供电、供水、运输条件等也有较高要求。

1.2.4 对土地有一定的破坏和污染

工矿用地一般都会造成不同程度的土地、空气、水污染,导致对生态环境的破坏。尤其是矿山用地,在露天采矿时,直接破坏地表结构,使土地丧失农业生产能力;地下采矿,则易造成土地塌陷。

1.2.5 用地规模不断扩大

随着工业生产规模的不断扩大,工业用地规模也在扩大。城市用地的不断外延,很大一部分是工业用地扩展的结果;矿山用地则随着采矿的推进,开采范围越来越大,尾矿废石占地越来越多,塌陷区面积也越来越大。

2 工矿仓储用地管理的一般要求

针对工矿仓储用地的特点,尤其是其用地面积大、利用率低、破坏性较大的特点,工矿仓储用地管理一般应按以下要求进行。

2.1 依据用地定额,严格批前审查

各类工业企业用地定额是工矿用地批前审查的主要依据之一。城镇工业用地,可根据国家颁布的建设用地定额指标审批;乡镇工业用地,则应根据各地的具体情况,选择和制定合适的用地指标。土地行政主管部门在各项建设用地的设计和论证中,应积极参与,本着节约用地、不超占土地的原则,对于项目设计中不符合用地指标的,应提出修改意见,使建设项目的设计符合用地要求。

2.2 工矿仓储用地应积极挖掘内部潜力

目前我国工矿企业的土地利用率很低,因此今后工矿用地应走向内部挖潜的路子,通过

调整企业内部建筑物及设施的布局、提高建筑层数、提高单位用地面积的产量等方法来提高土地利用率,节约用地。对于以开采业为主的企业,包括建筑行业的各类砖瓦窑场的用地,要根据生产进展情况,分期审批征(拨)用土地。

2.3　重视工矿仓储用地污染问题

工矿企业的污染会破坏土地生态环境,影响土地的生产能力及城乡居民的生活。凡有污染的建设项目,在用地审批时,要对污染治理措施进行审查。凡未能解决污染问题的,用地申请要缓批、不批。对批准用地后,不按设计要求治理污染的,土地行政主管部门可提出整改措施,直至收回土地使用权。

2.4　建立工矿仓储用地批后检查登记制度

土地行政主管部门在建设用地审批后,要跟踪检查和管理。对在建项目,要随时检查其用地情况,确保按批准要求用地,对不符合要求的应及时要求纠正。在项目竣工1个月内,应会同有关部门进行全面检查。

2.5　工矿仓储用地应尽量少占耕地

城镇工业的发展,不可避免地会导致工业用地规模的扩大。新增工业用地,首先应选择农业生产力较低的土地,包括荒地、劣地、山坡地等,尽量少占或不占耕地。

2.6　抓好工矿用地的复垦工作

对于在工业生产或者工程建设过程中,出现有挖损、压占、塌陷土地的生产建设项目,生产或建设过程中或完成后,都应对被破坏土地进行复垦。做好被破坏土地的复垦管理,首先要对需复垦的建设项目的用地审批进行认真审查,复垦用地与生产项目用地,必须统一规划、设计、报批和实施,对于不履行或不按规定要求履行复垦义务的企业所需建设用地的申请,土地行政主管部门可以不予受理。对于批地后不履行复垦义务的,土地行政主管部门有权要求其履行;对拒不履行的,土地行政主管部门可会同有关部门采取一定的行政、经济处罚措施,并对该企业后续用地申请不予受理。

3　各类工矿用地的管理要求

3.1　燃料工业用地管理要求

3.1.1　煤炭工业用地管理

煤炭工业是国民经济中重要的基础产业,但同时也是用地数量最多、土地破坏最严重的工业门类之一。煤炭开采不论采取露天开采或地下开采方式,都会对土地造成一定程度的破坏,如不及时复垦,将导致土地生产力的完全丧失;同时还需要占用大量的弃土、矸石堆场,如不严格管理,会造成周围环境的严重污染。煤炭工业企业用地一般由煤炭开采区、生产及服务设施、矸石堆场及铁路专用线等用地组成。

煤炭工业用地管理的重点是做好以下两方面的工作。

一是抓好煤炭工业用地的征收、审批工作。由于煤炭工业用地数量大,对土地破坏严重,因此对于较大的煤矿用地,可采用“统一征收、分期划拨”的办法。对于煤矿用地,由土地行政主管部门根据煤矿设计要求,统一进行征收,然后根据煤矿生产进展情况进行分期划拨。对于征而未用的土地,应继续交由当地农民耕种。对于小煤窑用地的审批,更要从严掌握。此外,煤炭工业用地审批时,要把煤田复垦设计作为一项重要内容加以审查。根据“谁破坏、谁复垦”的原则,煤矿复垦设计应与煤田开采设计同步进行,并作为审批用地的依据之一。煤田设计应充分考虑复垦的需要,合理规划生产区、弃土和矸石堆放区及开采工艺流程,以便为采后复垦打下基础。

二是做好用地的批后管理。煤矿用地的批后管理,一方面,要管好排土场、矸石堆场及煤炭堆场的管理,解决乱占滥用问题和污染问题,并做好堆场与塌陷区、采空区的综合利用;另一方面,要重点抓好土地复垦。根据我国煤炭企业的生产状况,矸石山、塌陷区、露天采空区占地数量很大,煤矿应充分利用已有弃土、矸石,充填塌陷区,达到一定高度后再覆表土,进行采区复垦,使其恢复农林等生产能力。

3.1.2 石油工业用地管理

石油工业企业用地一般由油田开采区、对外运输系统、炼油厂、生产服务设施等用地组成。一般油田面积可达几十到几百平方千米。油田用地对地理位置要求严格,哪里有油就在哪里开采,而且用地的流动性较大。在石油工业用地管理中,土地行政主管部门除做好征地划拨工作外,还要重点把握以下几个方面:

一是根据生产规模和油田储量,合理确定用地数量。避免多征少用、征而不用的现象。

二是抓好油田临时用地的管理。石油勘探要申请临时用地,有的经钻井试油后,确定无工业开采价值,临时用地应及时收回;试油后确定有开采价值的矿井,应按核定的标准井场用地及井场道路用地向土地行政主管部门重新申请正式的征地手续。

三是做好土地复垦工作。对于试油后认为没有开采价值的钻井、废弃油井、石油勘探中因大量泥浆、喷油及油渍等造成土地污染和破坏的农田,要采取措施进行复垦。

四是炼油厂用地管理。根据国家的工业建设项目用地定额指标严格控制炼油厂用地的数量。炼油厂污染严重,防火、防爆要求高,应置于生活区及城镇的下风位,且应设置较宽的绿化防护林带。

3.2 电力工业用地管理的要求

3.2.1 火力发电厂用地管理

火力发电厂是利用煤、石油等作燃料生产电能的工厂。火力发电厂用地包括厂房、生产辅助设施、灰场、进排水渠、铁路、公路及施工用地等。我国火力发电厂用地一般偏大。因此,电厂用地应充分体现节约原则,在用地审批时,应按用地定额,对电厂设计方案的用地进行审查。火力发电厂用地管理主要有以下几个方面的要求:

(1)治理堆场污染,煤、粉煤灰和炉底渣长期堆放,会散发粉尘或随雨水流失,从而造成土地污染。因此,应定时采取喷水除尘措施,并合理规划堆场周围的排水设施,减少对周围土地的污染。

(2)对电厂粉煤灰、炉底渣进行综合利用。可用于筑路、制砖,对于靠近煤矿的火力发电厂,可用粉煤灰充填煤矿塌陷区,这样既可废物再利用,又节约了堆场用地。

(3)电厂施工中临时用地一般较多,应做好电厂临时用地管理。

3.2.2 水电站用地管理

水电站是用水力发电的工厂。它和火力发电厂相比,具有发电成本低、污染少等特点。水电站的布置形式有三种:堤坝式水电站、引水式水电站、混合式水电站。水电站对用地要求比较严格。一般只能选择在靠近水源的特定地段。水电站用地管理的重点是以下几个方面：

(1)做好水电站初步设计的审查工作。水电站建设应体现节约用地的原则,尤其是堤坝式水电站,多布置在山区或半山区,这些地方耕地本来就少,如果淹没过多,会给当地居民生活带来严重影响。土地行政主管部门应积极参与水电站初步设计的审查,提出节约用地的合理建议。

(2)做好移民安置工作。水电站建设一般占地多,而安置能力小。因此,水电站用地应做好征地补偿和移民安置工作。移民安置要与库区建设、资源开发、水土保持、经济发展相结合,逐步使移民生活达到或者超过原有水平。

(3)做好水电站上游库区或河段的水土保持工作。要在上游库区或河段集水面积范围内进行水土流失的综合治理,大力植树种草,合理规划农田水利设施,搞好农田基本建设。库区周围农田一般都应修成梯田,以解决农田耕作与水土流失的矛盾。

3.3 化学工业用地管理的要求

化学工业包括基本化学工业和有机化学工业两类。基本化学工业主要是生产硫酸、硝酸、盐酸和纯碱、烧碱、氯化钙等;有机化学工业则是利用煤、石油等化工原料通过合成方法生产有机化工产品。化学工业是产生污染的主要工业门类之一,其排出的废气、废水、废渣大多会造成严重污染和毒害。因此,这类用地的环保工作尤为突出。化工用地的理想地段是依山傍水,对其厂址选择和用地审批应严格把关。要选好废料堆场,防止污染区扩大。对有严重污染的化工企业,应远离城镇,并设置绿化隔离带。化工企业的厂外铁路、公路专用线等附属设施应尽量紧凑,尽量减少穿越居民点或割裂农田。

3.4 冶金工业用地管理的要求

3.4.1 黑色冶金工业用地管理

黑色冶金工业是生产加工铁、锰、铬等产品的工业生产体系,是国民经济中最基础的工业部门。黑色冶金工业企业用地的特点为占地面积大,所以节约用地潜力也就大。应在总图设计、厂房合并等方面力求减少占地。同时,该类企业的技术更新改造用地应以挖掘内部潜力为主,走拆旧改造的路子。钢铁厂是严重的污染源,在钢铁厂用地管理中,土地行政主管部门应配合其他部门做好治理污染、保护环境的工作。

3.4.2 有色冶金工业用地管理

有色冶金工业是指生产加工铁、锰、铬以外的所有金属工业生产体系。由于有色金属矿石品位一般很低,所以有色冶金企业的原材料用量和运输量都很大,这类用地的数量也很大。对有色冶金工业企业的用地管理,要合理规划堆物用地,有条件的应充分利用荒沟、塌陷区,把解决堆场用地和土地复垦联系起来。根据有色冶金工业的生产特点,企业用地可充分利用山坡地,尤其是选矿厂以利用 20°~40°的坡地最佳。治理有色冶金企业的污染也是用地管理的一项重要内容。此外,还要注意该类企业对用地布局的影响。如电解铝厂生产时会产生较大电磁干扰,在其周围不得再布置电台、机场等。

3.5 砖瓦窑厂用地管理

砖瓦是建筑行业的主要建筑材料。近年来,随着经济建设的发展,人民生活水平的不断提高,城镇建设和农民建房用材供不应求,黏土砖瓦备受青睐,各地窑厂应运而生,出现了各个乡甚至各个村都办窑厂的现象。砖瓦窑厂占地多,毁田严重,被人们称为“地老虎”,但砖瓦窑厂多为乡办、村办,又被农民看作是“摇钱树”,因此违法占地、瞒报占地的情况比较严

重。砖瓦窑厂用地管理,重点是抓好以下几个方面:

(1)严厉查处各种违法占地的窑厂。土地管理部门应经常深入乡村进行调查摸底,对未经批准占地建窑厂的、占用耕地良田建窑的、假报耕地为荒地获得用地批准的要坚决予以制止,已建窑厂要停产转产。

(2)严格控制占用耕地建窑厂。应引导砖瓦窑厂向丘陵、荒地、海滩等地转移。

(3)窑厂用地计划管理。要根据窑厂规模控制占地面积,同时根据窑厂生产能力,下达年度用地计划,规定取土范围和取土深度,逐年审批用地。

窑厂用地复垦工作。土地行政主管部门可以采取收取复垦押金或复垦基金的办法,督促企业搞好废弃窑厂的复垦。有条件的应尽可能复垦为耕地,或者复垦为林地、乡镇企业用地等。

3.6 仓储用地管理

3.6.1 布局准则

(1)同类仓库宜集中布置,以提高货物运送效率,降低成本。应根据所储物资的供应范围来确定具体选址布局,只有当供应区域较分散难以集中设置时,才可分成几个仓库进行布局。

(2)为保证货物迅速、便捷地抵达目的地,仓储用地应有良好方便快捷的道路与高速公路、机场、港口或城市主干路直接连通,以铁路运输为主的大型中转仓库应有铁路专用线与铁路干线相连。

(3)地质条件方面,仓储用地选址的具体要求为:地势较高,地面平坦,有一定坡度并利于排水,大中型仓库应设置在100年一遇洪水位之上,特种仓库应设置在200年一遇洪水位之上;常年平均地下水位不宜太高,蔬菜仓库的地下水位与地面的距离不小于2.5 m,以地下室作为食品和材料储藏库的仓库用地,其地下水位应距离地面4 m以上;仓储用地应有较高的地基承载力。

(4)考虑到与居住、工业等其他功能区的相互影响,居民密集的住宅区、附近有生产(或储存)易燃易爆危险品的工矿企业、附近有易对商品有腐蚀和污染影响的工矿企业等不应选作仓储用地。

(5)由于岸线是一个城市宝贵而有限的资源,不能完全被生产功能所占用。仓储用地沿河和沿海布置时,从功能和景观上对城市环境都会造成一些不良影响,应紧凑布局,不应侵占城市生活岸线,更不能对河流或沿海造成污染。

3.6.2 规划标准

(1)在普通仓储用地中安排相应项目时,按照规定确定卫生防护距离。

(2)仓储用地内允许设置的项目和设施有普通仓库、基层管理设施以及配套建设的园林建筑、小品和小型公用设施;由于土地的获取方式、经济效益存在很大的差别,应严格控制仓储用地内建筑功能的转换和变更,特别要对宿舍和市场等商业建筑进行严格限制,只有经相关主管部门特别审查后,才允许设置。此外,对于社会停车场(库)、对外交通设施、市政公用设施和危险品仓库等也要进行控制。

(3)危险品仓库的选址应按照城市总体规划要求编制专门的选址规划,报规划、消防、环保部门审定后才能确定最后的选址。

(4)堆场的设置应首先考虑不能给周边地区带来干扰和污染,因此不宜设在市中心区内。

(5)物流园区是近年来城市中出现的新型产业园区,是以仓储用地为主,兼有办公、商业、对外交通等多种用地类型的综合产业功能区。物流园区宜相对独立设置,应能够方便、快捷地与区域和城市交通系统相衔接,与铁路、快速道路、机场、港口有便捷的交通连接。

任务3 交通用地管理

【任务目标】

1.熟悉铁路用地、公路用地、航道及港口用地、机场用地的概念;

2.熟悉铁路用地管理、公路用地管理、航道及港口用地管理、机场用地管理的相关内容。

【学习过程】

1.案例导入

2.视频播放(江苏出台规定严禁交通运输用地多占多用)

3.分组讨论

【案例导入】

靖江公路站:拆除一非法侵占公路用地的隔离栅

8月7日上午,靖江市公路管理站路政人员巡查至新江平线203K+150三圩港桥时,发现路边一个正在建设中的农业合作社将隔离栅设置在水沟内侧,公路边坡的下沿水沟和一排绿化树木被圈了进去。

据当地村民反映,当时在放置隔离栅的时候,他们就对隔离栅太靠近公路一事向农业合作社负责人提过,但是没有被采纳,他们对此也有意见。了解相关情况后,执法人员设法联系到了该合作社负责人,告知其行为属非法侵占公路用地,根据公路法相关规定,隔离栅将被依法拆除,该负责人认识到错误并对拆除无异议。在附近村民的协助下,执法人员联系养护单位将违章隔离栅全部拆除。

【背景知识】

交通用地管理

1 铁路用地管理

1.1 铁路用地组成

铁路运输作为我国客货运输的主要方式,在国民经济中具有重要的地位和作用。铁路用地是指铁路部门依法取得使用权的土地,包括留用的和征(拨)用的运输生产用地、辅助生产用地、生活设施用地等。它一般由线路、站场、厂段、给水、砂石、农林、居住生活和其他用地组成。铁路用地的面积受用地技术指标的制约，其几类主要用地的技术指标如下：

(1)铁路线路用地宽度。我国铁路一般为标准轨距(1 435 mm)，路基宽度一般单线5.6～6.7 m，双线9.2～10.8 m。路线占地宽度因路基断面及线路类型的不同而不同。

(2)铁路站场用地。其包括站场用地和站前广场用地。

(3)铁路留用土地。根据国家有关规定，铁路两侧应留有一定的土地范围，作为修建铁路两侧排水沟、日常取土修路、造林绿化、稳定巩固路基、修建构筑物、保证行车安全等所用。

1.2　铁路用地管理

铁路用地的管理工作，由铁道部门内设的铁路用地管理机构具体负责，国务院和县级以上人民政府土地行政主管部门对其统一指导。铁路用地管理的重点是以下几个方面：

(1)铁路建设需要征收集体土地或划拨国有土地，应严格按照《土地管理法》和《铁路法》有关法律规定的审批程序和审批权限办理征(拨)用土地手续。依法批准的铁路建设用地，在领取建设用地批准书后，方可正式使用。

(2)铁路建设用地应按总体设计一次申请批准，也可根据需要以设计段办理用地手续。凡工期较长、工程复杂、不能同步竣工的建设项目(桥梁、隧道等)，按批准权限，经国家或省级土地行政主管部门同意，可以先期使用土地，然后在正式办理建设项目用地手续时一并申请报批。

(3)铁路建设项目竣工时，县级以上人民政府土地行政主管部门和铁路用地管理机构参与项目用地竣工验收，经核实无误，由当地县级以上人民政府土地行政主管部门收回建设用地批准书，换发国有土地使用证。

(4)铁路建设项目在征(拨)用地范围外需要增加临时用地，应向当地县级以上人民政府土地管理部门提出申请，经批准后方可使用；需延长临时用地期限的，应办理延期手续。临时用地不得建设地上、地下永久性建(构)筑物。

(5)铁路部门土地行政主管机构应当编制铁路用地利用规划。铁路用地利用规划必须与当地县级以上人民政府土地利用总体规划相协调，并纳入当地土地利用总体规划。远期扩建、新建铁路所需要的土地，由县级以上人民政府在土地利用总体规划中安排。在城市规划区范围内，铁路的线路、车站、枢纽以及其他有关设施的规划，应当纳入所在城市的总体规划。

(6)任何单位和个人不得非法占用铁路用地，严禁在铁路线路用地范围内进行开垦种植、挖渠修塘、采石采砂、取土弃渣、埋坟等破坏路基稳定的活动。

2　公路用地管理

2.1　公路分类

公路运输是现代化运输的主要方式之一，它的机动灵活、适应性强的特点，使其在城乡经济发展中发挥着极其重要的作用。在我国相当长的一段时期内，公路都将是需要重点发展的基础设施。公路是联络各城镇、乡村和工矿基地之间主要供汽车行驶的线型工程构筑物。公路一般由路基、路面、桥梁、涵洞、隧道及防护工程(如护栏等)、排水设施(如边沟)和其他附属设施等组成。公路根据交通量及其使用任务和性质可分为以下五个等级：

(1)高速公路为专供汽车分向、分车道行驶，并全部控制出入的多车道公路。

四车道高速公路应能适应将各种汽车折合成小客车的年平均日交通量25 000～

55 000辆。

六车道高速公路应能适应将各种汽车折合成小客车的年平均日交通量45 000~80 000辆。

八车道高速公路应能适应将各种汽车折合成小客车的年平均日交通量60 000~100 000辆。

(2)一级公路为供汽车分向、分车道行驶,并可根据需要控制出入的多车道公路。

四车道一级公路应能适应将各种汽车折合成小客车的年平均日交通量15 000~30 000辆。

六车道一级公路应能适应将各种汽车折合成小客车的年平均日交通量25 000~55 000辆。

(3)二级公路为供汽车行驶的双车道公路。

一般能适应每昼夜3 000~7 500辆中型载重汽车交通量。

(4)三级公路为主要供汽车行驶的双车道公路。

一般能适应每昼夜1 000~4 000辆中型载重汽车交通量。

(5)四级公路为主要供汽车行驶的双车道或单车道公路。

双车道四级公路能适应每昼夜中型载重汽车1 500辆以下交通量。

单车道四级公路能适应每昼夜中型载重汽车200辆以下交通量。

2.2　公路用地

公路用地包括公路线路用地和站场用地。公路线路用地由占地宽度和长度所决定。公路占地宽度包括路基宽度(由行车路面宽度和路肩宽度构成)、边沟、边坡、绿化带等的占地宽度。公路站场占地因站场规模不同而不同。

2.3　公路用地管理

公路用地的管理工作,采取国务院和县级以上人民政府土地行政主管部门统一指导,公路交通主管部门分工负责的管理体制。公路用地的管理要求主要有以下几个方面:

(1)公路用地任何单位和个人都不得侵占。严禁在公路上搭建棚屋、摆摊经营、堆放物料、挖沟引水、井洞掏矿、建筑施工;严禁蚕食路基、滥伐路基防护林木。不得在公路用地范围内埋设管线、修建渠道、种植作物,不得任意利用公路边沟进行灌溉或排放污水。

(2)公路两侧修建永久性工程设施,其建筑物边缘与公路用地边缘的间距为:国道不少于20 m,省道不少于15 m,县道不少于10 m,乡道不少于5 m。在公路两侧开山、伐木、施工作业,不得危及公路及公路设施的安全。

(3)不得在大型公路桥梁和公路渡口的上、下游各200 m范围内采挖沙石、修筑堤坝、倾倒垃圾、压缩或者扩展河床,进行爆破作业;不得在公路隧道上方和洞口外100 m范围内任意取土、采石、伐木。

(4)对公路进行日常性维修养护,在取土时应尽量利用老沟塘、河滩地等。对现有道路应逐步改造,可通过裁弯取直、拓宽延伸等办法,调整和组织路网。

(5)公路两侧留用地范围。国道、省道的留用地一般自每侧边沟起向外延伸1 m,作为养路取土用。若公路路基是挖方的,留用土地自坡顶起留用2 m;填方路基则保留取土坑以外1 m;若确定留用地之前原取土坑已消失或无取土坑的地段,则自路基斜坡坡角起,每边向外再留3 m。留用土地已办理征地手续的,其权属为国家所有,严禁任何单位和个人擅自占用；留用土地未办征地手续的，由当地农民利用，但应限制用途。

3　航道及港口用地管理

航道是指能供船舶航行的水道，包括天然航道和人工航道。港口则是供船只停泊、装卸货物、旅客往来的场所。港口一般由水域和陆域两部分组成。水域包括进港航道、码头前水域和锚地；陆域是用于布置各种码头设施的陆地，它包括码头、库场、装卸运输机械、道路及其他辅助生产设备用地。港口陆域占地可根据货物运输量确定。

航道、港口用地的管理要求主要有以下几个方面：

（1）在航道内不得擅自垦殖、设置水障，倾倒矿渣、垃圾，排放污染水体的物质等。不准炸鱼、电鱼、毒鱼。禁止在港口、码头附近挖沙、取土、淘金、弃置淤泥及爆破、钻探、挖筑鱼塘等。

（2）在堤防和河滩上兴建码头、仓库和穿堤管道及在航道上进行其他施工建设的，须事先征得交通主管部门的同意。

（3）大江大河的流域性堤防区域内的土地已办过征收手续的，土地属于国家所有，任何单位和个人不得擅自占用；未办征收手续的，应限制土地用途，不得进行有害堤防安全的一切行动。堤防的背水坡、迎水坡及滩地必须做好水土保持工作，不得取土、建房、建厂和其他非水利设施，已建的必须限期迁出。

（4）航道及码头用地应按正常手续审批，但遇防汛、水毁等特殊情况抢险需要用地时，可以先用地后办报批手续。航道、堤防、码头的维修养护，应尽量不用耕地。

4　机场用地管理

机场是供飞机起落和从事其他航空业务的场所。机场由空域和陆域两部分组成：空域包括等待空域和进近净空，陆域由飞行区和服务区两部分组成。飞行区是供飞机升降和调动作业的区域。它包括跑道、滑行道、停机坪等建筑物所占用的全部场地和机场净空区。服务区包括客货服务、机场管理机构、飞机飞行和保养服务用地等。我国民用机场用地一般在 100～500 hm^2，供短程地方航线使用的四级机场用地一般仅为 25～50 hm^2，而特大型机场用地有的高达 1 000 hm^2 左右。

机场用地管理的要求主要有以下几个方面。

（1）每个民用机场管理机构都要根据当地土地利用总体规划和城市规划以及航空业务发展的需要，制定本机场的总体规划，经民航局批准后组织实施。驻机场内的所有单位和个人，都必须服从机场总体规划。

（2）任何单位和个人使用民用机场范围内的土地，须事先征得机场管理机构同意，经当地政府土地行政主管部门审核批准，领取国有土地使用证后方可使用；依法使用民用机场范围内土地的单位和个人，在民用机场范围内兴建建筑物和设施，其位置、高度须符合机场总体规划和飞行安全、环保、防火等有关规定。

（3）机场用地应留有足够的发展余地。我国机场用地一般偏小，为适应机场建设发展的需要，机场用地应留有充分的发展余地，对其周围土地的利用应严格加以限制。

（4）应严格执行国家关于保护机场净空区的规定。在机场外围地带，完全不允许建房、植树及其他妨碍飞行起降的障碍物存在。在机场周围的一定范围内，不得修建高大建筑物，不得竖立高杆、高塔等。

(5)为满足机场通信要求,在机场周围一定范围内,不得布置高压输电线、变电站、发电厂、电信台、电气化铁路、铁路编组站以及有高频设备和 X 光设备的工厂、企业、科研、医疗单位等。

(6)对核准报废的机场以及因机场迁移等不再使用、废弃或多余的土地,按《土地管理法》、《土地复垦规定》等有关法规执行。

任务 4 军事用地管理

【任务目标】

1.了解军事用地概念及分类;

2.熟悉军事用地管理的任务、内容和要求。

【学习过程】

1.案例导入

2.分组讨论

【案例导入】

成都军区房地产管理局与陈金发土地侵权纠纷案

1949 年,中国人民解放军接收了位于贵阳市茶店村葫芦山原国民党军队弹药库用地,为成黔字第 7052 号军产地。1953~1964 年、1980 年、1984 年的营产档案均载明该地由贵州省军区营房处、贵阳军分区教导处、贵州警备区教导队管理使用。该地的范围现在较 1949 年缩小。1988 年 12 月,根据〔1998〕后营字第 766 号《关于军队土地详查有关问题的通知》,贵州省军区营房处委托贵州省第一测绘院对茶店村葫芦山进行界址点成果检核。1991 年,陈金发向贵阳公路路政养路段申请在贵开线 5 km+200 m 处修建临时房经营小吃,该地段在贵州分局军事用地的范围内。1993 年 6 月 8 日,陈金发又向贵阳路政养路段申请改建该临时房屋,黔灵乡茶店村村委会在申请书上盖章同意。1994 年 4 月,由贵阳市云岩区土地管理局、茶店村村委会、贵州分局三家对贵州分局葫芦山营区地界进行现场踏界,并于同月 27 日形成踏界纪要,三家均在该纪要上签字盖章。该纪要对贵州分局在葫芦山的军事用地的界址四至进行了确定。1995 年 3 月,贵州分局办理了该军事用地的《国家土地使用证》。陈金发于 1994 年在原临时的地基上修建了两层砖混结构房屋五间,该房的地基在贵州分局军事用地的范围之内,贵州分局要求陈金发停止侵占军事用地未果,于 1995 年 5 月 25 日向法院提起诉讼。1996 年 11 月 22 日,贵阳市云岩区土地管理局出具书面证明:该争执地在 1998 年土地详查时黔灵乡与部队没有踏界确权,葫芦山山脚路边原村民使用的土地一直归村集体所有。原再审判决认定以上事实的证据有营产档案、界址点成果手簿、踏界纪要、贵州分局办理的国有土地使用证,陈金发的建房申请、云岩区土地管理局的证明在卷佐证。原再审认为:贵州分局管理使用的茶店村葫芦山成黔字第7052号军产地,产权应属贵州分局。陈金发在贵州分局军事用地范围内修建房屋,侵犯了贵州分局的土地使用权。依照《中华人民共和国民事诉讼法》第一百七十九条第二款第(二)项、第一百八十四条的规定,遂判决:

一、撤销贵阳市中级人民法院〔1996〕黔法民终字第39号民事判决;

二、陈金发在本判决送达后3个月内,返还其占用的茶店村葫芦山新添大道贵开线5 km+200 m处的土地给成都军区房地产管理局贵州分局。

一、二审案件受理费共计2 100元,由陈金发负担。

【背景知识】

军事用地管理

1 军事用地的概念及分类

军事用地是指国家为了实现军事目的,根据国防建设和其他军事需要,提供给军队使用和管理的土地。它包括军队的国防工程、教育科研基地、营房、仓库、工厂等建设用地,以及出于安全目的而划定的某些军事禁区用地。军事用地是军队建设和国防建设中不可缺少的重要物质基础,是军队的宝贵物质财富。

军事用地按其工程性质和内容的不同,可分为以下几种类型:

(1)筑城工程用地(包括首脑防护工程、坑道、工事阵地、指挥所、海岛码头等用地)。

(2)空军防御工程用地(包括机场、防空阵地、雷达站指挥所、特种工程等用地)。

(3)海军防御工程用地(包括海军机场港湾、码头、停泊点、特种工程等用地)。

(4)国防公路、铁路、桥梁用地。

(5)营房、仓库、沿海码头用地。

(6)军事工厂及其附属设施用地。

(7)军事院校及科研机构用地。

(8)军队后勤基地及其农场用地。

2 军事用地管理的任务、内容和要求

2.1 军事用地管理的任务和内容

由于军队在国家建设中的特殊地位和作用,军事用地在国家建设用地中属于特殊用地。为充分利用和管理好军事用地,中央军委在军队系统增设了专职的土地管理机构。中国人民解放军土地管理局是全军土地管理的业务归口部门;各大军区、军兵种土地管理局是本区域、本系统土地管理业务的主管部门;他们分别负责全军及全区域军事用地的统一管理。

军事用地管理的任务是:根据国家有关法律、法规的规定,维护军用土地的国家所有制,维护军事用地的独立性和完整性,保护用地单位的合法权益;根据国家有关规定开展好土地

调查、登记、用地管理等工作,保护土地资源,提高土地利用率,为军队建设和国家建设服务。

军事用地管理的内容与国家土地管理的内容基本一致,主要包括土地调查、登记,军队建设用地管理,军队土地的利用与保护等。军用土地的调查、登记是摸清土地家底、确定土地权属、保护军用土地使用单位合法权益的主要措施和手段;军队建设用地管理是对军事营建、国防施工所需土地的审批、征收、划拨,以及对各类建设用地的管理;军队土地的利用与保护,是在军队用地范围内合理组织土地利用,提高土地利用率和军事经济效益,并依法采取各种措施进行土地保护,以营造军事用地的最佳生态环境。

2.2 军事用地管理的要求

军事用地由军队系统内设的土地管理部门集中统管,地方各级土地行政主管部门要与之搞好协作。军事用地管理的要求重点是以下几个方面:

军事用地有计划地实行定额管理,依据军队建设项目用地定额指标核定需求量,进行用地规划,审批用地计划。对于军事用地,有关单位应依法管理好、使用好和保护好,不得随意丢弃、出租和买卖。军队农场、马场、养殖场等用地不得荒芜,不得擅自改变耕地用途,确需改变用途的,须报总后勤部审批。

因国防施工和军事营建的需要使用地方土地的,应严格按国家建设征用土地的政策规定,报经县级以上人民政府批准;使用军队内部土地的,由军队土地管理部门批准。但因军事需要使用土地的,可先行使用土地,后办理用地手续,并应及时报告地方县、市人民政府;对于永久性的紧急军事用地,在使用后应及时按规定补办审批和征用手续。

除确需保留的准军事用地外,对于征而未用、多征少用、早征晚用的军事用地,应退还人民政府交由农民种植。对于被压缩的军事禁区范围内的土地,也应退还交由当地农民生产经营。军队继续留用的农副业生产基地,对外营业的宾馆、招待所等间接军事用地应按规定办理用地手续,并应缴纳土地使用税、农业税等,但可享受一定的优惠政策。

军队营建需要占用耕地的,要采取造地还田措施,予以弥补。建造在山坡地形上的军事设施,要切实做到不妨碍水土保持、不破坏林木、不损坏风景区自然景观。对军事用地范围内的名胜古迹、水利、道路、桥梁等建筑设施,应妥善保护,未经主管部门批准,不得任意毁坏。

在保证军队建设需要和保守国家军事机密的前提下,为了提高军用土地的利用率和经济效益,可对部分军用空余土地使用权依法进行转让、出租。军队依法转让、出租土地使用权,包括以土地使用权为条件与地方合建、换建房屋,兴办合资合作企业,出售、出租地上建筑物、其他附属物等,用地单位需持解放军土地管理局制发的《军用土地补办出让手续许可证》,按照国家有关规定,到县级以上土地行政主管部门补办土地使用权出让手续,办理土地变更手续。在补办土地出让手续时免缴土地出让金。

3 军事用地的开发利用

目前,我国部分军事用地存在着利用不充分、不合理,土地利用效益低下等现象。因此,军事用地特别是城市军事用地潜力还有待开发。搞好军事用地的开发利用主要应从以下几个方面来考虑。

3.1 提高土地利用率

由于军事用地的特殊性和无偿划拨,军用土地普遍存在着"空、散、闲"的现象,利用率不高,闲置浪费严重。因此,提高军用土地利用率大有潜力可挖。如对军用空余土地,可进行土地使用权的有偿转让、出租。对零星分散的营区,可以适当压缩、合并、调整等。

3.2 提高土地利用综合效益

军用土地的单一利用现象比较普遍,许多基地、训练场都可综合利用,有的还可实行集约化经营。如可在山地营区种植经济作物、果树,发展农副产品、加工业等;充分利用军队农场、马场、养殖场等。

3.3 调整军用土地布局

在城市军事用地中,许多原来位于城市边缘的营区,随着城市建设的发展,有的已逐渐成为城市的中心地带;对这类地处城市繁华地段的用地,经过有关部门批准,可纳入该城市的总体规划,根据城市规划的统一安排和要求,对营区进行改造、拆迁、异地重建等,以充分发挥城市用地的经济效益。

任务5 风景名胜区和自然保护区用地管理

【任务目标】

了解风景名胜区、自然保护区用地概念及用地管理要求。

【学习过程】

1.案例导入
2.分组讨论

【案例导入】

红树林自然保护区

红树林自然保护区是为了保护红树林建立的一种自然保护区。红树林是热带、亚热带海湾、河口泥滩上特有的常绿灌木和小乔木群落。红树林具有呼吸根或支柱根,种子可以在树上的果实中萌芽长成小苗,然后再脱离母株,坠落于淤泥中发育生长。小苗掉在海水中即使被海浪冲走,也能随波逐流,数月不死,一遇泥沙,数小时后即可生根成长。红树林生态系是世界上最富多样性、生产力最高的海洋生态系之一。在中国主要有广东深圳福田红树林自然保护区、海南海口市东寨港红树林自然保护区、广西合浦县山口红树林自然保护区、广东湛江红树林自然保护区四个红树林自然保护区。

位于深圳湾东北岸深圳河口的福田红树林自然保护区于1984年正式创建,面积368 hm^2,毗邻拉姆萨尔国际重要湿地——香港米埔保护区,是中国面积最小的国家级自然保护区。自然保护区内地势平坦、开阔、有沼泽、浅水和林木等多种自然景观,在此可观赏到落霞与千鸟齐飞、静水共长天一色的自然美景。红树林自然保护区已被“国际保护自然与自然资源联盟”列为国际重要保护组成单位之一,同时也是中国“人与生物圈”网络组成单位之一。福田红树林地处深圳湾东北岸，红树植物具有“胎生”、“泌盐”及“特殊根系”等奇特的生态特征，福田红树林内有红树植物 9 科 16 种，主要是秋茄、木榄、桐花树、白骨壤、海桑等；茂密的红树林东起新州河口，西至海滨生态公园，形成沿海岸线长约 9 km 的“绿色长城”，总面积达 367.64 hm^2。福田红树林有鸟类 194 种，其中卷羽鹈鹕、白肩雕、黑脸琵鹭、黑嘴鸥等 23 种为珍稀濒危物种，每年有 10 万只以上长途迁徙的候鸟在深圳湾停歇，是东半球国际候鸟通道上重要的“中转站”、“停歇地”和“加油站”。

红树林按功能分为以下三个区域：

(1)核心区。福田红树林区域核心区分两块，总面积 122.2 hm^2，占保护区福田红树林区域总面积的 33.3%。核心区是保护区(红树林部分)的主体和核心，该地是红树林生长最茂盛地区，是许多冬候鸟包括黑脸琵鹭等濒危鸟类的栖息地和觅食地，也是当地多种鸟类的繁殖地。

(2)缓冲区。缓冲区分为两块，共计面积 116.58 hm^2，占保护区福田红树林区域总面积的 31.7%。缓冲区范围内的基围鱼塘、芦丛洼地，是从湿地到陆地的过渡地带，小生境复杂多样，因此鸟类种群出现多样化，该区是各种动物及鸟类盘旋飞翔觅食区。

(3)实验区。实验区具体范围在保护区的西面，面积 123.26 hm^2，占保护区红树林区域总面积的 33.5%。

【背景知识】

风景名胜区和自然保护区用地管理

1 风景名胜区用地管理

1.1 风景名胜区的概念及分级

风景名胜区是指存在于地表的一种具有奇特形态的自然风光或经过人工精巧创造而形成的优美景色，以满足人们旅游、休憩需要的用地。国务院 1985 年发布的《风景名胜区管理暂行条例》规定：凡具有观赏、文化或科学价值，自然景物、人文景物比较集中，环境优美，具有一定规模和范围，可供人们游览、休息或进行科学、文化活动的地区，应当划为风景名胜区。风景名胜区不同于风景点或城镇内的园林绿地，风景名胜区一般具有一定的规模。如安徽黄山风景区面积约 154 km^2，无锡太湖风景区面积约 366 km^2。划定风景名胜区，要从保护区域内自然和人文景观，有利于管理和组织旅游出发，确定保护范围，而不应受行政区划的影响。

(1)风景名胜区，按其景物的观赏、文化科学价值、规模大小、旅游条件等情况可分为三级：

①国家重点风景名胜区。

②省级风景名胜区。

③市、县级风景名胜区。

(2)在同一等级的风景名胜区内，按景区、景点、景物的不同特点又可划分为不同的保护区：

①一级保护区景点、景物已列入世界遗产名单，具有重要的科学、历史、美学价值或其他

较高的价值。

②二级保护区风景名胜区内除属于一级保护区、待开发区外的风景区，都是二级保护区。

③三级保护区风景名胜区内尚待进一步开发的景点、景区。

④外围保护区对整个风景名胜区有直接影响的外围地带。

1.2 风景名胜区用地管理要求

风景名胜是国家极其珍贵的资源，是人类共同的财富，管好用好风景名胜区土地，是历史赋予的责任。根据国家有关规定，风景名胜区内可依法设立人民政府，全面负责风景名胜区的规划、管理和建设。风景名胜区不设政府的，应设立管理机构，在所属地方人民政府的领导下管理风景名胜区。风景名胜区用地管理工作应重点把握以下几个方面：

(1)根据各级保护区保护景物、景点的要求，管好用好土地。一级保护区要对区内的景物、景点保护原状和历史面貌。区内的山石路林要严格保护，绝不允许人为损坏，区内不得从事其他项目建设，严格控制与保护、游览无关的活动。二级保护区内可建小型服务设施，但应不破坏景观环境。凡有碍观赏的建筑物、构筑物应妥善隐蔽。区内不许建工厂及与游览无关的项目，严禁破坏风景和污染环境，严禁在区内开山炸石、砍伐树木、破坏植被。三级保护区内要严格保护地形地貌，做好绿化工作，增加植被覆盖率，保持水土，保护景区地貌景观的完整性。外围保护区要搞好环境保护，消除工业污染，做好绿化造林，保持水土、保护水源工作，严禁乱砍滥伐。

(2)风景名胜区的一切景点、景物和自然环境，都必须严格保护，不得破坏或随意改造。景区内及其周围的各类建筑物都应与现有景观相协调，不得破坏景观、污染环境、妨碍游览；严格控制游人集中景区的各项建设，重要景点上不得修建与保护景物无关的工程设施。

(3)风景名胜区用地必须纳入规划管理。风景名胜区一经划定，县级以上人民政府应当编制风景名胜区规划。在风景名胜区和保护地带内的建设项目，都应按国家规定的基本建设程序办理用地手续。建设项目的规划、选址和初步设计，应征得风景名胜区主管部门的同意。

(4)加强对风景名胜区大中型建设项目和工程设施用地的前期审查工作，严格控制造成土地污染、沙化、盐渍化、水土流失及破坏人文、自然、历史风貌的建设项目在风景名胜区范围内选址。

(5)建立风景名胜区土地利用的经常性监督检察制度。对买卖、出租、非法转让土地的行为和破坏风景名胜区土地资源的事件，一经发现要立即制止、依法惩处，并向上级主管部门报告；在风景名胜区内进行非法工程建设的，由土地行政主管部门依照《土地管理法》有关规定处理。

2 自然保护区用地管理

2.1 自然保护区的概念和分类

自然保护区是指国家为了保护自然资源、改善自然环境、开展科学研究等的需要，对具有代表性的不同自然地带的环境和生态系统，珍贵稀有动植物栖息生长地及其他自然历史遗址和重要的水源地等划出界限加以特殊保护的自然地域。

自然保护区根据其保护的对象、性质和任务的不同，可分为五种基本类型：生态系统自然保护区，珍贵林木及其他植被自然保护区，野生动物自然保护区，森林公园保护区，自然历史遗迹保护区。

根据自然保护区的管理要求,可将自然保护区分为核心区、缓冲区和实验区。核心区,又称绝对保护区,是原始状态保持较好的自然景观地带,需采取严格保护措施,不受各种干扰和破坏。缓冲区,又称相对保护区,位于核心区周围,属于半开发性的地区,可在不破坏原有生物群落环境的前提下,开展一些合理利用和改造的活动。实验区,又称一般保护区。实验区可根据所在地的特点和需要,利用本地的资源生产自己特有的产品,为当地或者所属自然景观地带的植被恢复和建立新的人工生态系统起示范推广作用。

2.2 自然保护区用地管理要求

自然保护区是以自然保护为主的科学实验、生产示范和旅游的重要基地,是国家宝贵的自然资源。根据有关规定,县级以上人民政府土地行政主管部门统一管理自然保护区的土地,环境保护行政主管部门对自然保护区实施综合管理。自然保护区用地的管理工作应重点把握以下几点:

(1)自然保护区用地应纳入规划管理。即由县级以上人民政府土地行政主管部门和环境保护行政主管部门会同有关部门编制自然保护区土地利用规划,在自然保护区内的土地利用和各项建设都必须符合规划,服从规划管理。

(2)自然保护区内的土地使用,不得随意改变土地用途,不得擅自扩大土地使用面积。确因特殊情况必须改变用途或扩大使用面积的,须事先征求环境保护及有关自然保护区行政主管部门的意见,由县级以上人民政府土地行政主管部门审查,报县级以上人民政府批准。

(3)禁止在自然保护区及其外围保护地带建立有污染、破坏或危害自然保护区自然环境和自然资源的设施。对此类设施用地,土地行政主管部门不予办理用地手续。建设其他设施,其污染排放不得超过规定的排放标准。

(4)禁止在自然保护区内进行开垦、开矿、采石、挖沙等活动;禁止任何单位和个人破坏、侵占、买卖或以其他形式非法转让自然保护区内的土地。

(5)在自然保护区及其外围保护地带修筑有关建设项目时,必须编制环境影响报告书(表),报环境保护行政主管部门审批;建设项目用地,应向县级以上人民政府土地行政主管部门提出申请,依法办理用地审批手续。

思考题

1.城镇用地的概念是什么?它可以分为哪几类?

2.简述城镇房屋拆迁的工作程序和补偿安置。

3.简述工矿仓储用地的组成及管理的一般要求。

4.如何确定铁路用地范围?对铁路用地、沿线用地管理有哪些要求?

5.公路用地由哪几部分组成?公路用地的管理要求有哪些?

6.什么是军事用地?如何管好、用好城市军事土地?

7.风景名胜区、自然保护区用地管理的要求有哪些?

项目10　建设用地集约利用

【学习目标】

1.熟悉建设用地集约利用的基本概念和理论；
2.了解我国建设用地集约利用的实践。

【知识目标】

1.理解建设用地集约利用的基本概念、理论及相关法律规范；
2.掌握城市建设用地节约集约利用评价的概念、目的、内容、步骤及指标体系；
3.熟悉国内城市土地利用存在的问题，熟悉城市用地集约利用的对策；
4.了解我国建设用地集约利用现状及实践；
视频播放(推进节约集约用地　破解土地供需矛盾)。

活动1　建设用地集约利用概念及城市建设用地节约集约利用评价

资源：网上搜集“土地日”的由来及历年“土地日”宣传口号及宣传主题，填写表10-1。

表10-1　历年“土地日”宣传主题

年份	主题	年份	主题	年份	主题
1991		1999		2007	
1992		2000		2008	
1993		2001		2009	
1994		2002		2010	
1995		2003		2011	
1996		2004		2012	
1997		2005		2013	
1998		2006		2014	

【案例导入1】

节约集约利用土地　转变土地利用方式

——第24个全国土地日寄语

党的十八大指出，要节约集约利用资源，推动资源利用方式根本转变。中央强调要毫不动摇地坚持最严格的耕地保护制度和节约用地制度，坚决守住耕地保护红线和粮食安全底线，坚定不移地推进节约集约用地，优化土地利用结构，提高土地利用效率。全国国土资源系统必须认真贯彻落实中央要求，在坚守耕地红线的同时，高举节约集约用地的大旗，严控增量、盘活存量，优化结构、提高效率，综合利用、健全标准，优化国土空间开发格局；要积极稳妥地推进土地管理制度改革，充分发挥市场配置资源的决定性作用，同时更好地发挥政府的作用，优化土地资源市场配置，健全土地节约集约利用的政策制度，完善土地利用标准体系；要大力推广节地技术和节地模式，打好制度、标准、经济、政策组合拳，努力以土地利用效率的提高促进经济发展质量的提升，以土地利用方式的转变促进经济发展方式的转变。

【案例导入 2】

我国城市节约集约用地评价将覆盖全国

从 2014 年开始，国土资源部将启动全国 80%以上地级市、60%以上县级市建设用地节约集约用地评价工作，用 6 年的时间全面掌握我国城市建设用地节约集约利用现状、潜力规模、空间分布与变化趋势。

1999 年以来，国土资源部先后部署开展了 4 次城市节约集约用地评价试点。第一批 9 个试点城市于 1999 年部署，第二批于 2011 年对 16 个省会城市（直辖市）进行评价，第三批 2012 年涵盖 14 个省会城市（直辖市），第四批 2013 年涵盖 20 个小城市。经过多年的试点推进，初步建立了城市节约集约用地评价的技术体系，形成了行业标准《建设用地节约集约利用评价规程》，探索形成了国家层面抓工作部署和成果发布、省级层面抓组织实施、市级层面重点抓成果应用和挖潜改造评价工作的组织模式，为形成由点到面的评价工程化格局打下基础。

除此类城市用地评价外，国土资源部 2006 年以来还组织开展了 3 轮开发区节约集约用地评价。各类节约集约用地评价体系的建立和完善，为提出城市建设用地规模挖潜、结构调整和布局优化的政策措施，促进城市土地利用与城镇化发展相协调起到了重要作用。

【背景知识】

建设用地集约利用概述

1 建设用地集约利用概念及内涵

1.1 建设用地集约利用概念

土地集约利用是土地粗放利用的对称，土地集约利用一般用单位面积上的资本、劳动的结合程度表示土地利用的集约度。土地利用集约度的提高是有限度的，它遵循土地利用报酬递减规律。土地集约利用可以分为农业土地集约利用和建设用地集约利用两大部分。

农业土地集约利用，是指在一定面积的土地上，集中地投入较多的生产资料和活劳动，使用先进的技术和管理方法，以求在较小面积的土地上获得高额产量和收入的一种农业土地利用方式。

建设用地集约利用，是指现期条件下，在满足城市发展适度规模、使建设用地获得最大规模效益和集聚效益的基础上，以建设用地合理布局、优化用地结构和可持续发展为前提，通过增加存量土地投入、改善经营管理等途径，来不断提高建设用地的使用效率，并取得良好的经济效益、社会效益和环境效益。

1.2 建设用地集约利用内涵

建设用地集约利用是在特定时段、特定区域内的一个动态的、相对的概念。具体来说，建设用地集约利用包含以下 4 种内涵：

（1）建设用地集约利用通过增加单位土地面积的投入量以获得单位面积土地上更大的产出，或者说，是以最小投入获得最大产出的过程。需要注意的是，最小投入不仅指生产资料（土地、资金、技术、劳动力、资源等）在建设用地上的有效配置，还包括非生产资料（水、空气、生态环境、人居空间等）在建设用地上的投入；最大产出不仅是土地出让金、税收等政府财政收入以及开发商的利润，还包括社会效益与环境效益的实现。

（2）建设用地集约利用要以建立合理和经济的空间布局、优化用地结构、科学和合理利用建设用地为前提，提高建设用地的整体利用水平，最大限度地利用现有土地。大量事实表明，建设用地布局和用地结构对建设用地集约利用水平具有重要影响，在建设中，即使投入再多，容积率和使用强度再高，如果用地布局或土地结构不合理，也达不到最佳的利用效果，有时甚至出现负效益。

（3）建设用地集约利用是一个动态的过程，随着经济发展水平和科技不断进步，建设用地效率不断提高，因此土地集约利用是我们追求的一个长远目标。

（4）建设用地集约利用水平具有区域差异性。我国地域辽阔，建设用地在自然、社会、经济条件方面差异很大，因此在选用指标标准上不能一刀切。不同性质和功能的建设用地，衡量指标之间也存在差异。

目前，在我国，建设用地集约利用重在研究城市发展适度规模，使建设用地获得最大规模效益和集聚效益，所以研究建设用地集约利用也重在研究城市建设用地集约。

2 城市建设用地节约集约利用评价

2.1 城市建设用地节约集约利用评价概念

城市建设用地节约集约利用评价是对城市建设用地利用状况进行调查、分析，评价建设用地节约集约利用程度水平，测算集约利用潜力，提出促进建设用地节约集约利用对策建议的过程。

2.2 城市建设用地节约集约利用评价目的

开展城市建设用地节约集约利用评价，旨在全面掌握城市建设用地节约集约利用状况、潜力规模与空间分布及变化趋势，提出城市建设用地规模挖潜、结构调整、布局优化的途径和措施，为科学用地管地提供重要依据，促进城市建设用地利用效率和效益提高，从而实现节约集约用地。

2.3 城市建设用地节约集约利用评价内容

按照评价对象及工作目标的差异，将城市建设用地节约集约利用评价分为两层次三大部分，即区域建设用地节约集约利用状况评价（简称区域用地状况评价）、城市建设用地集约利用潜力测算（包括城市建设用地集约利用状况评价，简称城市用地状况评价，以及城市建设用地集约利用潜力测算，简称城市用地潜力测算）。

2.3.1　区域用地状况评价

区域建设用地节约集约利用状况评价是以行政范围内的全部建设用地作为评价对象，在特定时间点或特定时间段内，通过对相同或相近类型的区域建设用地现实利用状况进行评价和比较，揭示其节约集约利用总体状况及差异。目的在于全面掌握区域建设用地节约集约利用的总体状况，为国家和各级政府制定土地政策、调控措施和政府考核提供依据，其工作宜由上而下分层次逐级开展。

2.3.2　城市用地状况评价

城市用地状况评价则是针对现状城市建设用地，通过划分居住、工业、商业、教育等功能区类型，对各类功能区分别评价其土地集约利用程度，确定属于过度利用、集约利用、中度利用和低度利用的类型。该评价旨在为各城市全面掌握自身建设用地集约利用状况、科学管理和合理利用建设用地，制定土地利用规划、计划及相关规划提供参考。

2.3.3　城市用地潜力测算

城市用地潜力测算是针对城市用地状况评价划定的低度利用区和中度利用区，分别测算特定时间点的规模潜力和经济潜力。其中，规模潜力是指将特定时间点的现实土地容量与达到符合土地利用总体规划、城市规划及相关法规规定的土地容量差距换算形成的土地规模；经济潜力是指将现状土地改造成为规划允许的土地利用状况时产生的经济价值差额。通过潜力测算，可以掌握城市建设用地挖潜的主要空间、规模和经济可行性。

2.4　城市建设用地节约集约利用评价步骤

2.4.1　区域用地状况评价步骤

区域用地状况评价的步骤为：

（1）定性分析：确定评价对象和范围，分析各评价对象的土地利用与社会、经济发展的协调状况，判断土地利用趋势类型，分为挖潜发展型、集约扩张型、低效扩张型、发展迟滞型和粗放扩张型。

（2）定量评价：采用多因素综合评价法进行，建立影响各评价对象建设用地节约集约利用状况的指标体系，确定相应权重、各评价对象的指标实际值，并选择适当方法进行指标标准化处理，计算各评价对象的各类评价指数值和总指数值，划分其土地利用状况类型。

2.4.2　城市用地状况评价步骤

城市用地状况评价的步骤为：

（1）确定评价涉及的工作地域，开展定性分析；

（2）采用多因素综合评价法进行定量评价，确定功能区类型，选择确定相应的评价指标体系，初步划分城市功能区，并选择各类功能区的样本片区，确定相应的指标理想值，计算其土地利用集约度，并判断其土地利用状况类型；

（3）根据样本片区的土地利用集约度，重新整理和划分城市功能区，确定各城市功能区边界，并判断其土地利用状况类型。

2.4.3　城市用地潜力测算步骤

城市用地潜力测算重点选择城市用地状况评价中被评为低度利用区、中度利用区的区域，开展规模潜力和经济潜力测算。规模潜力测算采用目标逼近法进行，并考虑基于现状用途和规划用途的不同情形；开展经济潜力测算时，应考虑利用空闲地挖潜、部分改造挖潜和整体拆除重建挖潜三种不同情形。在上述潜力测算的基础上,进行城市用地规模潜力分区和经济潜力分区,并分析确定有关功能区的潜力利用时序,开展不同情形的潜力汇总。

2.5 城市建设用地节约集约利用评价指标体系

评价指标体系的设计应从科学性、可操作性、动态性等原则出发,充分考虑建设用地节约集约利用的内涵界定,以及区域、城市不同层面评价的目的、对象和问题重点的差异。

2.5.1 区域用地状况评价指标体系的构建

区域用地状况评价是以行政区内的全部建设用地作为评价对象,从节约集约用地内涵等出发设定的指标体系。其中,土地利用强度指数反映土地承载人口、经济总量的能力和土地综合利用强度;增长耗地指数反映单位人口、经济增长量消耗的新增建设用地量;用地弹性指数反映建设用地消耗与人口、经济增长的协调程度;贡献比较指数反映建设用地消耗对全国或区域人口、经济增长的贡献匹配程度;管理绩效指数反映土地管理效果。此外,贡献比较指数和用地弹性指数共同用于定性分析,揭示评价对象的节约集约用地趋势类型;除贡献比较指数外的其他4个指数在定量评价中将得以应用。

2.5.2 城市用地状况评价指标体系的构建

城市用地状况评价的指标体系因不同类型功能区的特点分别选择设定,并从重要性、信息收集的易行性等方面考虑必选和备选的区分。其中,居住功能区、商业功能区、工业功能区重点考察土地的利用强度、投入状况和经济效益;教育功能区重点考察土地的利用强度和投入强度;而特别功能区作为不在居住、商业、工业、教育功能区范围内,但属于闲置地、空闲地、产业结构调整用地以及其他需要在土地利用管理中加以特别关注的区域,重点考察土地的利用强度。

2.5.3 讨论总结

根据前面学习内容,全体学生分组讨论进行城市建设用地节约集约利用评价的必要性。

活动成果:通过本次活动,结合自己的理解,进行写作练习,题目是"我对城市建设用地节约集约利用评价的一点认识"。可以查阅有关文献、网络资料。

活动2 收集关于土地利用节约集约管理的文件、规范

(1)每人填写文件、规范列表。

(2)通过本次活动,结合自己的理解,进行写作练习,题目是"我读《节约集约利用土地规定》"。可以查阅有关文字、网络资料。

任务1 当前我国城市土地利用存在的问题与集约利用的对策

【任务目标】

1.熟悉国内城市土地利用存在的问题;

2.掌握城市用地集约利用的对策。

【学习过程】

1.课件演示
2.视频播放(广东:推进节约集约用地　实现保发展与保资源双赢)
3.分组讨论

【背景知识】

当前我国城市土地利用存在的问题与集约利用的对策

1　当前我国城市土地利用存在的问题

1.1　城市用地扩张较快,土地利用率亟待提高

伴随着工业化、城镇化的发展浪潮,我国建设用地规模急剧扩张,耕地大量流失。1997~2007年,全国各类建设用地面积由29.18万km^2扩张到31.92万km^2,十年间扩张了2.74万km^2(4 110万亩)。与此同时,耕地面积由19.48亿亩缩减为18.26亿亩,共减少了1.22亿亩。建设用地扩张速度较快,扩张形式仍以外延扩张为主,土地利用率不高。但中国国情决定着建设用地利用必须以内涵发展为其主流发展方式。所以,加强建设用地集约利用研究,促进建设用地集约利用是促使内涵式发展的根本,是解决土地资源稀缺、人地关系紧张的必然选择。

1.2　城市用地利用结构不合理,集约利用潜力较大

一方面,城市用地结构不尽合理,土地闲置现象严重。我国许多城市工业用地比重在30%左右,远高于其他国家(国外一般不宜超过15%),用地结构不合理。据《全国土地利用总体规划大纲(2006~2020年)》,全国城镇规划范围内共有闲置、空闲和批而未供的土地近26.67万hm^2(约400万亩)。全国工业项目用地容积率为0.30~0.60,工业用地平均产出率远低于发达国家水平。并且,在城市建设中大量土地在征收后得不到及时利用的现象普遍存在,造成大量耕地闲置抛荒。一些城市不切实际地乱圈乱占现象严重,导致土地收益大量流失、农民利益被损害等一系列社会问题。

另一方面,城市用地集约利用潜力较大。按照我国城市规划建设用地的标准,中、小城市人均建设用地面积上限指标分别为100.00 m^2和110.00 m^2,特大城市上限指标为80.00 m^2。据《国土资源报》,2007年我国城市人均建设用地达到133.00 m^2,远远高于发达国家人均82.40 m^2和发展中国家人均83.30 m^2的水平。根据有关部门初步测算,我国城市建成区尚有40%左右的容纳能力,城市用地利用潜力较大。

1.3　土地供求关系混乱,土地市场竞争机制扭曲

以工业用地需求为主的需求结构,决定了其引入市场机制的困难性,而政府对土地供给的行政干预则人为造成土地供给量无限放大,导致土地供给远大于有效需求,小城镇及开发区土地市场供求尤为如此。地方政府间或为片面追求招商引资量而导致土地供应中出现恶性竞争和过度竞争,使城郊土地市场呈现"买方市场",实际供给量远大于有效需求量。用地者之间缺乏有

效竞争，土地的取得成本低廉，用地者缺乏集约用地的激励，致使土地资源利用粗放。

2 城市土地集约利用的对策

2.1 因地制宜，提高区域建设用地集约利用水平

建设用地集约利用水平具有区域差异性，与区域的经济社会发展水平息息相关，所以提高区域建设用地集约利用水平要充分考虑当地经济、社会和生态状况，因地制宜，制定相应的建设用地集约利用对策，从而提高区域建设的经济效益、社会效益和生态效益，带动区域有序、科学、快速的发展。

2.1.1 加大中心城区改造力度，挖掘土地利用潜力

2007 年我国城市人均建设用地达到 133.00 m^2，远远高于发达国家人均 82.40 m^2 和发展中国家人均 83.30 m^2 的水平。根据有关部门初步测算，我国城市建成区尚有 40%左右的容纳能力，可以说，我国城市中心城区土地利用潜力较大，所以加大中心城区改造力度，特别是旧城区的改造，对于集约利用土地而言意义重大。具体措施有：首先，在中心城区改造中，要勇于创新投资收益机制，保证改造资金的供应；在房屋补偿标准与程序上，统一规范的基础设施拆迁、兴建等业务都应尽量采取市场化方式，减少政府工作压力，并利用发行城市债券等融资方式，最大范围地吸收社会资本，充分利用社会闲散资金，扩大改造的资金来源，为挖掘中心城区土地利用潜力提供资金保障。其次，在旧城区改造中，还应坚持改善生态环境、提高居民住房条件和保护历史文物并重的原则，突出做好城市路网、居民区整体改建等工作，完善市政设施、基础设施建设，美化绿化城市，提升城市形象，并且在符合建筑技术规范，不影响周边环境、采光、通风等条件下，鼓励发展高层建筑，提高建筑容积率与建筑密度，挖掘土地利用潜力，集约利用土地。

2.1.2 强化土地投入力度，促进县域建设用地集约利用

我国各地级市中，中心城区建设用地集约利用水平要高于其他县域的集约利用水平。所以，在加大中心城区改造力度的同时，仍需要强化县域土地的投资力度，促进县域建设用地集约利用。具体措施有：首先，应加大县域固定资产投资，加大道路、水利设施、电网等基础设施的建设，提高县域建设用地投入产出水平。其次，鼓励各县积极引进工业项目，发展县域经济，在符合土地利用总体规划的基础上，对于能提高土地利用率和容积率的工业项目和企业单位，在建设用地审批、税收等方面实行优惠政策，以此提高县域建设用地集约利用水平。

2.1.3 统筹区域发展，提高区域建设用地集约利用水平

加大区域内技术、资金、劳动力等经济要素的交流，统筹区域发展，避免建设用地的重复和低效率建设，优化用地布局，提高人口集聚程度，以产生规模效益，提高整个区域的建设用地集约利用水平。具体措施有：首先，逐渐把占地较大、生产率低的企业从大城市中迁出，逐级地落户到次级城市，由此，既可以为大城市腾出空间集聚那些效益较高的第三产业，促进大城市的土地集约利用水平，又可以为次级城市带来较大经济效益，促进次级城市的城镇化发展和土地集约利用水平的提高；其次，实行区域产业一体化，避免区域内用地的重复建设，优化区域产业结构，提高区域土地投入产出水平，促进区域建设用地集约利用水平。

2.2 科学构建规划体系，加强规划的引导和控制

2.2.1 统筹规划职能，提升土地利用总体规划地位

目前我国国土方面的规划较多，并且各规划职能相对分散，在这种混乱的管理体制下，

很难发挥土地利用总体规划的宏观调控作用。土地利用总体规划、城市总体规划、交通规划、城镇体系规划等，没有形成一个有机的整体。所以，建立一个规划职能相统一、控制有力的规划体系意义重大。土地利用总体规划是在分析区域自然社会经济条件的基础上，合理配置土地资源、优化土地利用结构，为区域快速健康的发展提供土地保障的规划。在一定范围和意义上，土地利用总体规划要高于其他规划，一旦土地利用总体规划方案确定下来，要严格执行，其他相关规划不得与土地利用总体规划相冲突。为了进一步提高土地利用总体规划的地位，建议出台《土地利用总体规划法》，强化其法律地位，保障建设用地集约利用。

2.2.2 树立集约用地原则，提高建设用地利用集约度

土地利用总体规划修编，应树立集约用地原则，以严格保护耕地，严格控制建设用地规模为规划宗旨，设立区域内建设用地集约利用评价评估体系，提高建设用地利用效率，并且以统筹城乡发展为目标，以优化用地结构和节约集约用地为重点，做好城乡建设用地增减挂钩工作，最终实现增加耕地有效面积，提高耕地质量，节约集约利用建设用地，提高建设用地利用集约度。

2.2.3 科学编制乡(镇)村规划，促进农村居民点集约利用

高起点规划，不断加强乡(镇)土地利用总体规划、村庄和集镇规划及其管理，通过科学编制规划，把农村居民点整理与新农村建设统筹起来，合理确定农村居民点、农村工业、基础设施等发展的格局和建设用地规模，加快建设社会主义新农村，鼓励和引导乡镇企业向小城镇聚集，进一步提高农村建设用地的建筑密度和容积率，提升农村建设用地集约利用水平。

2.3 不断完善土地市场机制，优化土地资源配置

2.3.1 规范国有土地出让行为，促进集约用地

对于盈利性用地，要进一步完善招标拍卖挂牌出让制度。工业、商业、旅游、娱乐、商品住宅等盈利性用地，以及同一宗地有多个(包括两个)意向用地者的，都必须公开出让，不能实行协议出让。与此同时，需要强化对协议出让土地的监管，规定协议出让的最低标准，在一定时期内，行政划拨土地对于社会的公益事业用地和公共用地而言仍具有非常重要的作用，所以要严格控制划拨用地范围，进一步强调行政划拨土地的非盈利性质，以市场化方式运作的划拨项目，即改变了使用权人、土地用途或者土地使用条件等转让的划拨土地，不再符合划拨用地目录的，也应发挥市场的配置作用，显化土地价值，促进相关企业节约集约用地。

2.3.2 健全土地交易市场，大力发展二、三级土地市场

进一步完善二、三级土地市场，充分发挥市场资源配置的优势，采取多方面措施，最大限度地减少对土地资源价值的低估，显化土地资产的市场价值。并且在统一土地交易信息系统的基础上，努力提高土地市场的组织化程度，促进土地资源合理合法流动，提高土地配置效率。在维护公共利益的基础上，健全土地市场的管理制度，加大土地储备的力度，促进存量建设用地集约利用。

2.4 切实加强土地宏观调控，促进建设用地集约利用

2.4.1 充分发挥经济激励机制，促进建设用地集约利用

通过一些土地税收、土地出让价格等优惠政策，积极引导企业单位加强建设用地集约利用。鼓励企业增加单位用地的投资、提高建筑容积率和建筑密度是促进建设用地集约利用土地的重要途径。具体措施有：首先，使土地出让价格的上升幅度略低于土地市场价值的上

涨水平,将土地集约利用水平提升产生的部分土地增值让利于用地企业;其次,增加存量建设用地的投资,在规划许可范围内提升建筑容积率的,可以不要求追加土地出让金,以此激励用地企业提高建设用地利用集约度。

2.4.2 加强节约集约用地工作的监管,提高土地利用率

国土有关部门要持续开展用地情况的执法检查,重点查处严重破坏、浪费、闲置土地资源的违法违规案件,依法追究有关人员的责任。要将企业违法用地、闲置土地等信息纳入有关部门信用信息基础数据库。金融机构对房地产项目超过土地出让合同约定的动工开发日期满一年的,完成土地开发面积不足 1/3 或投资不足 1/4 的企业,应审慎贷款和核准融资;对违法用地项目不得提供贷款和上市融资,违规提供贷款和核准融资的,要追究相关责任人的责任,从而达到提高土地利用率的目的。

【补充阅读】

1 我国比较成功的城市节地模式

随着近年来我国城市化进程的加快,汽车快速增长,在促进经济发展和社会进步的同时,也带来了城市交通拥堵严重、城市运行效率低下、挤占大量耕地、严重污染环境等一系列问题,对城市乃至整个经济社会的可持续发展构成严峻挑战。这引起了学术界、各级政府和城市建设部门的关注。各地都在积极探索行之有效的节地方法和模式。其中较为成功的是 2004~2005 年,董国良等提出的节地城市发展模式(JD 模式),该模式是资源节约的城市模式,与现行城市模式相比,可节约土地、交通燃油、交通和市政建设投资 70%左右。

长沙 JD 模式是一种城市建设的立体开发模式,是人车分流、整合地上地下立体空间资源的城市建设节地模式。这种新模式的基本原理就是巧妙地利用地上空间,根据地形高差,有效整合空间资源,将城市的平面恶性扩张变为立体可持续发展,实现地下、地面、地上空间资源的有效整合和土地集约利用。通过建立立体交通系统,坚持立体布局、立体开发,实行人车竖向分离,既可避免交通拥堵,又可提高单位土地面积的承载能力(建筑容积率、开发强度),从而极大地节约土地。

长沙 JD 模式在节地上取得的效益是显著的,也在全国各地掀起了节地的热潮。不少城市根据各地特点因地制宜地探索节地模式,取得了不小的成绩。其中,比较有名的武汉"城市圈"节地模式、佛山"三旧改造"节地模式、衡阳节地模式、台州"点土成金"节地模式都较为成功,可以为今后全国其他地区更广泛地开展城市节地模式的探索实践提供宝贵经验,提供指导和借鉴。

2 城镇建设的若干节地模式

模式是解决某一特定问题的一种科学思维方法。城镇建设用地节地模式,也就是解决城镇建设中的土地资源不足和空间扩展受限问题,实现城镇建设科学发展的手段、方式和途径的理论概括与总结。根据节地的侧重点和角度的不同,可将我国城镇建设用地的节地模式总结和归纳为 3 种模式,即平面节地型(向地面要密度)、立体开发节地型(向立体空间要地,实行地上地下立体利用)和时间节地型(抓好开发时序,让闲地活起来),供各地因地制

宜地进行节地型城镇建设时借鉴和参考,如表 10-2 所示。

表 10-2　我国城镇建设用地若干节地模式分析简表

节地模式		具体方法实例
平面节地型	建筑节地	合理选用群体最佳朝向,压缩日照间距,提高建筑密度
		采用先进的新型建造技术,如大开间楼结构技术、新型墙体与结构技术、复合地基与桩基技术等高科技技术
		工业园区厂房“零地”改造技术,厂房加层,基础设施共享
		加强重视节约的建筑观念
	优化结构,合理布局	“退二进三”
		城市中心区分层分流
空间节地型	地上空间的利用	地上空间的利用方式主要有高层建筑、高架桥以及立交桥等
	地下空间的利用	城市地下交通:地铁、轨道交通、地下快速路、越江和越海湾隧道
		其他设施:地下停车场、地下街、地下商场、地下储库、污水处理厂、地下民居
时间节地型	优化开发时序,保障重点和急需用地,防止新的土地闲置	严格审查项目的性质、规模、选址和开竣工时间,合理确定项目的用地规模和时序,防止低效用地和圈而不用、圈而待用的现象发生
	盘活闲置土地	摸清家底,查明闲置原因,落实处置措施
		政府嫁接项目,帮助一些实力不足、用地有余的企业
		暂时不能开发的闲置土地,可改为临时绿地
		废弃的工厂,长期不用的仓库可改造成具有特点的旅游景点或是建立艺术家的聚焦区
	根据“季节差”有效利用季节性闲地	北方城市冬季枯水期,此时季节性河流消失,会出现大量的闲地可供利用
		冬季冻结的水面,可以利用结冰期将河面开发为冰场等娱乐用途

2.1　平面节地型——向地面要密度

就平面节地型而言,主要是通过提高地面土地利用的集约率实现,提高用地紧凑度与优化城市结构,合理布局用地。紧凑意味着高效、集中,即城镇的集中性发展,这就要求合理确定各项建设建筑密度、容积率、绿地率、提高公共建筑和基础设施项目共享度,杜绝“摊大饼”,应由外延扩张向内涵挖潜转变。合理布局用地,杜绝“见缝插针”,对城镇中各种不同性质建设用地进行功能配置的转换,从而提高城镇土地的利用效率。

2.2　立体开发节地型——向立体空间要地,实行地上地下立体利用

立体空间的多维利用是指利用土地的地面、上空和地下进行各种建设。在当前我国城镇用地紧张、城镇建设与保护耕地矛盾突出的严峻形势下,城镇建设用地的立体开发利用将

成为可持续发展的基本方向。地上空间的利用方式主要有高层建筑、高架桥以及立交桥等。地下空间的开发利用主要是指把城市交通(地铁和轨道交通、地下快速路、越江和越海湾隧道)尽可能转入地下,把其他一切可能的设施(如停车库、污水处理厂、商场、餐饮、休闲娱乐用地等)尽可能建于地下,从而实现土地的多重利用,提高土地利用效率,达到节地的要求。

2.3 时间节地型——抓好开发时序,让闲地活起来

时间节地型实质上是指优化开发的时序,充分利用由于时间造成的闲地。其中包括三点:一是,在土地的开发和建设时切实抓好开发时序优化,保障每一期建设的重点用地和急需用地,在时间上节地、提高土地利用效率,并防止出现土地闲置现象;二是,盘活由于各种原因已经闲置的土地,对批而未用的土地进行全面摸底,再逐块落实处置措施;三是,根据"季节差"有效利用季节性闲地。

3 城镇建设的节地措施体系

城镇建设用地的节约利用是中国建设环境友好型社会、保障土地资源安全和推进可持续发展战略的客观需要。为保证我国城镇建设用地节约利用,需要根据各地的实际情况,切实考虑各地的土地利用情况和城市化、工业化的特点,分别从法律法规、行政管理、经济、社会监督和技术等方面的基本措施,构筑实施城镇建设用地节约利用的保障措施体系,为科学地推进我国土地的可持续利用和经济社会的可持续发展战略服务,我国城镇建设用地节地措施体系简表如表 10-3 所示。

表 10-3 我国城镇建设用地节地措施体系简表

第一层次	第二层次	第三层次
我国城镇建设用地节地措施体系	1.法律法规措施	(1)进一步完善城市土地节约用地利用法律制度,使节地有法可依
		(2)严格实施土地用途管制制度,建设用地扩展边界控制
	2.行政管理措施	(1)认真组织、科学编制土地利用规划,使节地有纲可循
		(2)建立城镇土地节约利用执法监察制度,加大行政执法力度
		(3)严格实行土地利用规划许可制度
		(4)建立节地型土地利用目标的行政首长任期目标责任制
	3.经济措施	(1)积极发挥政府经济支持作用,通过税收政策和财政补贴支持节地
		(2)充分发挥市场机制作用的同时合理规范土地价格
		(3)建立城市土地节约利用公益基金,使节地可持续发展
	4.社会监督措施	(1)积极宣传城市节地观念,强化大众的节地意识
		(2)实行节地型土地利用规划公示制度
		(3)建立节地型土地利用规划管理公开制度
	5.技术措施	(1)利用遥感技术进行城镇土地节约利用动态监测
		(2)建立城镇土地节约利用管理信息系统
		(3)积极开发创新节地工程化技术
		(4)建设节地型土地利用规划与管理队伍建设

任务 2　我国建设用地节约集约利用实践

【任务目标】

1.了解国外土地集约利用现状；

2.熟悉我国建设用地集约利用现状；

3.了解国土资源节约集约模范县(市)创建案例。

【学习过程】

1.课件演示

2.分组讨论

3.视频播放(孟津县节约集约用地专题片)

【案例导入】

建成区土地资源节约集约利用

——西城区节约集约用地成效显著

西城区位于首都功能核心区,下辖 15 个街道,总面积为 50.33 km^2。西城区的土地从所有权性质上讲全部是国有土地,土地的利用没有增量的空间,主要只能靠存量挖潜。西城区坚持走节约集约用地之路,探究存量土地的挖潜利用,创新土地管理模式,力争全面提升土地资源保护与开发利用水平,提高土地资源对经济社会可持续发展的保障能力。

第一,全面掌握分析可利用土地资源状况。深入调查全区八类土地,即"城中村"、土地储备开发、出让批后监管、边角地、地铁站口周边、工矿仓储、公交场站和菜市场用地情况,切实摸清可利用土地资源底数,为提升区域空间承载力提供准确的数据支撑。在此基础上,立足首都功能核心区的定位和区域经济社会发展规划,深入分析存量土地开发利用途径,将深化资源挖潜与优化产业布局、推进功能区建设相结合,提出土地利用开发规划意见和目标。如在天桥演艺区土地资源专项调查的基础上,为该功能区的土地利用规划提出可行性建议和意见,促进区域品质提升和可持续发展。

第二,通过产业结构调整,重点保障以金融业为核心的高端产业发展需求,增加单位用地面积产出,降低土地消耗,提高土地利用效益。

第三,在功能区建设中,通过局部更新、调整和置换等方式,调整土地使用功能,优化土地资源配置,充分发挥用地效能在促进优势产业集聚上的重要作用,促进各功能区特色突出、优势互补。

第四,合理确定不同区域的土地利用强度。比如说,对于以金融街为代表的高建筑密度、高容积率的高端产业承载区,通过高强度开发,实现单位土地面积经济效益最大化;而对于以什刹海为代表的历史文化保护区,以风貌生态保护为重点,以改善人居环境为目标,不以片面追求土地利用强度为目标,寻找实现土地资源节约集约利用的创新途径,寻求最佳集约度。

第五,立体规划,纵深发展。充分利用地下空间资源,逐步推进适度、高效、合理的开发利用,解决区域交通、停车等问题。我区地下空间的开发利用在中心城区开展较早,金融街建成了全长 2.3 km 的地下交通走廊,连接 11 座大厦地下车库的 8 000 多个车位,实现地面、地下车辆分流,大大缓解了地面交通压力。

【背景知识】

我国建设用地节约集约利用实践概述

1　国外土地集约利用研究现状

国外对于城市土地集约利用的研究和探索从未间断,随着土地供求矛盾的日益尖锐,这一领域的研究也显得越发重要,研究的深度和广度也进一步拓展。第二次世界大战后,许多资本主义发达国家经济开始复苏,国内的经济结构、产业结构、就业结构发生了巨大变化,由于土地管理政策方面的薄弱,造成城市和郊区的无序延伸与盲目扩张,城市土地资源的稀缺性和大量闲置并存的现象在城市的发展过程中日渐突出,城市面临着新一轮的更新与改造。因此,各国政府以及经济学、社会学、地理学和规划学界,都提出了一些新的城市管理对策,旨在促进土地利用方式尽快由粗放型向集约型转变。发达国家的代表性做法如下:

英国:1938 年成立"绿带法",通过在城市周边设置"绿带"来限制城市的无序扩展和小城镇的集中连片,其目的:一是防止土地的外延扩张;二是保护生态用地,促进城市用地的合理布局。

美国:土地利用规划中的"理性发展理念"和"城市发展边界的设定"。理性发展理念是美国政府针对目前城市发展不是很理性的现状提出的。20 世纪 80 年代以后,随着美国新经济时代的到来,美国部分地区的城市开始快速扩张,并侵占了大量农业用地,出现了所谓的城市蔓延趋势。解决城市无限制低密度蔓延所带来的各种环境、社会、经济问题,过分依赖市场自我调解不行,但光靠政府的政策控制也不是最好的办法,因为如果政府的决策缺乏理性,那城市发展也不可能是理性的,由此会带来一系列的不良后果。因此,必须使市场调节和政府控制相结合,实现城市土地的合理利用,防止城市蔓延。理性发展指的是以综合规划为手段,对社区进行管理、规划、发展、复兴和建设,以实现社会、经济、环境、健康、住房和交通等各方面的共同协调发展,实现更为紧凑的城市发展格局。具体到土地而言,就是通过加强土地利用规划,以控制城市蔓延,提高城区建筑密度,实现现有城区土地利用效率的最大化,实现城市的理性发展。

城市发展边界(UGB)是指城市土地和农村土地的分界线,该分界线既是土地利用计划的核心及关键组成部分,也是整个规划的基础。城市发展边界的基本功能是协助管理城市发展,目的是通过把城市发展限制在一个明确定义的、地理上相连的地域内来制止城市无计划蔓延,同时满足城市发展的需要。需要指出的是,这种城市发展边界不是一成不变的,是随着城市的发展逐渐变化、不断调整的。

2　国内建设用地集约利用研究现状

国内建设用地集约利用领域的研究首推我国台湾和香港地区，由于其土地资源极为稀缺，可以说是寸土寸金，因此对于存量土地的内涵挖潜和严格保护取得的成效大；在我国大陆地区，由于历史上主观因素的影响和制约，在城市土地利用上遗留的问题很多，土地管理及城市土地利用中所面临的问题有其一定的特殊性，因此相对于国外和港台地区来说，该领域研究起步较晚，并且在城市土地集约利用方面还有许多新的领域需要进行研究和探讨。

台湾：台湾地区土地的集约利用主要体现在土地重划及空地和荒地的强制使用上。其土地由于历经继承、买卖等分割而造成土地细碎分散、形状不齐，或是交通不便，不符合经济使用等情况。针对这一弊端，其土地立法除规定最小面积土地单位，禁止再分割外，对已经细分的土地则以土地重划或区段征收的方式予以解决。台湾的土地重划有市地重划和农地重划两种，其土地立法对土地重划的原因、适用范围、实施方式及举办主体、市地重划的程序及方法、民间自办市地重划的程序及方法、农场重划的程序及方法均有详文规定，从而促进了土地的有效和集约利用，实现了地尽其利的目的；而其对空地和荒地等闲置土地则采用强制手段来划定区域、限期使用、加征空地税或荒地税或照价收买等，并以立法具体规定加征空地税、荒地税或照价收买的标准，以促进土地的高效利用 。

香港：香港地区的土地市场管理经验较丰富，在土地使用制度上，香港地区采用的是有限年期及有偿使用的土地批租制度；在土地市场的运作上，香港地区政府有效控制十地开发和供应量，控制土地开发是采用城市规划和地契条款两种措施同时进行的，以防止土地浪费。

大陆：我国大陆地区学者对土地利用和管理进行了广泛的研究与深入的探讨，提出了诸多的政策措施，归纳起来，主要有四个方面：城市土地利用规划、土地用途管制、城市土地利用置换、城市土地的收购储备制度。在借鉴国外城市土地集约化利用成功经验的基础上，提出了以城市土地利用规划为指导，进行土地利用分区或区地重划，实行土地用途管制和城市土地利用置换，并运用土地收购储备制度来控制城市用地的盲目扩张、优化城市土地资源的配置和促进城市土地集约化利用的基本思路，对我国城市土地集约化利用和耕地保护产生了深远的影响。其中地处长江三角洲地区的两省一市走在了土地集约利用实践研究的前列。

江苏、浙江和上海这两省一市人口众多、土地稀缺，在土地资源利用方面也经历过各类开发区大量圈地、粗放用地等阶段，供地压力不断增大。为此，江浙两省以保护资源、保障发展为出发点，提出要通过加强用地管理，提高建设用地集约利用效率和水平、控制建设项目用地标准、提升土地资源对招商引资和经济建设的承载力，来促进土地管理部门的科学管理。根据本省实际情况和省内不同地区的经济水平等因素，在全国还没有统一可行的建设项目用地标准的情况下，分别研究制定了《江苏省建设用地指标体系（试行）》、《浙江省建设项目用地控制指标（试行）》，均于 2004 年 9 月印发，作为审定用地规模的重要依据，要求各地在项目审批、用地供应等工作中按照相关指标规定执行。

1999 年以来，国土资源部先后部署开展了 4 次城市节约集约用地评价试点。第一批 9 个试点城市于 1999 年部署，第二批于 2011 年对 16 个省会城市（直辖市）进行评价，第三批 2012 年涵盖 14 个省会城市（直辖市），第四批 2013 年涵盖 20 个小城市。经过多年的试点推进，初步建立了城市节约集约用地评价的技术体系，形成了行业标准《建设用地节约集约利用评价规程》。

国土资源部自 2006 年以来还组织开展了 3 轮开发区节约集约用地评价。各类节约集约用地评价体系的建立和完善,为提出城市建设用地规模挖潜、结构调整和布局优化的政策措施,促进城市土地利用与城镇化发展相协调起到了重要作用。

国土资源部于 2010 年 6 月正式启动国土资源节约集约模范县(市)创建活动。通过创建活动,因地制宜,探索创新,涌现出一批资源节约集约利用的好典型、好模式、好机制。

3 国土资源节约集约模范县(市)创建纪实

3.1 山东国土资源节约集约纪实

3.1.1 低效地盘活,零增地技改

兖州市为缓解用地矛盾,在全省率先建立以投资强度、产出水平、亩产税收等指标为基础的考核体系,对工业用地严格准入审查、加强履约管理、建立奖惩制度,推进工业项目用地集约利用。

该市在全省首次设定单宗工业建设用地规模上限,制定了闲置土地认定标准和处置办法,实施园区企业用地退出机制,鼓励兴建多层厂房。截至 2012 年 6 月,兖州市已对 18 个重点工业建设项目核减意向用地 1 824 亩,取消 6 个投资强度较低的工业项目供地 395 亩,7 家企业建设多层厂房节约土地 590 亩,盘活闲置空闲低效土地 650 亩。

科大鼎新公司、经典重工公司两个项目原计划分别用地 300 亩和 200 亩,通过引导企业建设多层厂房,仅用地 80 亩和 70 亩,节余指标累计 350 亩,实现了节约投资、节余用地双赢。迪一电子科技公司通过政府协调利用原凌峰科技公司闲置土地进行多层厂房建设,既满足了企业发展需求,又盘活了存量资产。

在太阳纸业厂区,孔祥金副经理指着眼前的高标准厂房告诉记者,企业不断挖掘自身潜力、盘活存量土地,淘汰了 10 万 t 涂布白板纸生产线及制浆线,在原址与世界 500 强之一的美国国际纸业合资新建了年产 60 万 t 高档食品包装白卡纸项目,原厂房一层改四层,节约土地近 200 亩。在用地“零增长”的情况下,实现了规模和效益的双提升。

3.1.2 向废弃矿坑、未利用地要空间

青州市国土资源工作面临两大难题:一是新增建设用地有限供给与经济社会发展对土地的需求之间的矛盾日益尖锐;二是历史遗留的 10 万亩废弃矿坑未利用地带来的环境和安全隐患亟待整治。

从 2007 年开始,青州市尝试整治部分损毁山体和废弃矿坑,2012 年 6 月 28 日,该市被批准为全国低丘缓坡未利用地综合开发利用试点县后,全市上下高度重视,全力推进低丘缓坡等未利用土地的开发利用,累计整治、开发未利用地 1.35 万亩。

在整治的基础上,青州市调整城市建设功能布局,规划了利用废弃矿坑的三个特色区片:一是以工业为主,区域面积 50 km^2 的猛山经济发展区。二是以教育、旅游和社区建设为主,区域面积 39 km^2 的文化旅游发展区。三是区域面积 31 km^2 的新农村建设和旅游设施发展区。

猛山周边原有三个大采石坑,高差达七八十米,镇政府投入 200 多万元炸山整平。猛山片区内原有 59 个矿坑,目前已整治利用废弃矿坑 6 781 亩,开发未利用地3 200亩。引进工业项目后,政府出面解决了矿山关停时存留的村集体土地上附着物补偿问题,出资改善了村

民生产生活条件,增加了当地村民就业机会。

3.1.3 建设工业综合体,打造集约用地新平台

高密市通过整合各类生产要素,以重点产业园区为平台建设了城北高新工业综合体,将其作为壮大提升产业集群,搭建转方式、调结构和提升区域发展综合竞争力的重要载体。

工业综合体项目规划建设用地 500 亩,预计总投资约 8 亿元。项目规划为南北两个区,北区定位于轻工和高新电子产业,以六层标准化厂房为主;南区定位于先进机械加工制造业,以个性化单层厂房为主。南北两区各设一个占地约 30 亩的配套区,为整个综合体提供服务。

目前正在实施的工程占地 219 亩,以六层标准化厂房为主,建筑面积 26 万 m^2,容积率 1.7,总投资额 5.2 亿元。

3.1.4 将矿产资源"吃干榨尽"不浪费

山东各地同样重视矿产资源的节约利用与二次开发。通过矿产资源整合,山东省大中型矿山占矿山总数的比例由 9%提高到 33.8%,煤、金、铁等重要资源回收率提高了 3%以上;饰面花岗岩矿山整合后采用轮锯切割先进技术开采,成荒率由原来的 30%~35%提高到 90%以上。全省累计投入 30 多亿元对破损山体、采矿塌陷、废弃矿井等历史遗留问题进行了治理。

被誉为"钢城煤都"的莱芜市通过矿产资源整合形成了东北部非金属、中部煤铁及南部建材三个矿业经济区的矿业开发格局,矿山企业规模化、集约化程度不断提高。垂阳铁矿在开采中科学运用先进填充技术进行开采作业,坚持即采即充填,不留矿柱,不留采空区,铁矿资源回采率达到 89.9%,比原先设计回采率 77%提高了 12.9 个百分点,每年增收铁矿资源 2.37 万 t。他们把尾矿用于井下充填料,保护了矿山安全生产及地质环境;将井下排出的废水替代选矿用水,一年节约用水 20 万 m^3,实现了废水零排放。

3.2 绍兴市深化"亩产论英雄"理念,坚持节约集约用地

绍兴市全面树立了以"亩产论英雄"理念为核心的节约集约用地新思路,走出了一条符合绍兴实际的科学用地之路,在有限的土地上创造无限的未来。

3.2.1 扶持产业升级,腾笼换鸟增土地

坚持发挥政策导向作用。明确停止向一般性传统行业项目供地,新增工业用地指标主要用于战略性新兴产业功能区和重点项目建设,同时加强对战略性新兴产业的项目督察和绩效评价,确保节约集约利用土地。这在一定程度上起到了利用有限土地资源的撬动作用,为促进经济转型升级提供了支撑。

率先在全省探索推进低效土地二次开发。明确了低效利用土地二次开发的三种方式,即退二还耕、退二优二、退二进三等方式。进一步提高存量土地利用效率,发挥土地的最大价值。同时,近三年共为 51 家工业企业办理了增加建筑面积处置手续,可增加建筑面积 414 851 m^2,按容积率 1.0 测算,可节约土地面积 622 亩。据统计,2010~2012 年 8 月底,全市共盘活存量建设用地 2.56 万亩,占同期土地供应总量的 36%。

3.2.2 加快二环内工业企业提转搬

为进一步提升城市品位,促进产业转型升级,绍兴市政府自 2008 年起实施推进二环线内工业企业提升转型搬迁工作,至 2011 年底,首批 66 家搬迁企业(涉及产权单位 38 家)已有 30 家产权单位签订了搬迁补偿协议,可收储土地面积 487 亩。截至目前,已累计有 20 家

企业转型发展,通过办理土地用途改变手续,退二进三,转型发展现代服务业,提供服务业发展用地 474 亩,补缴土地出让金 9.59 亿元。

3.2.3 提高用地效益,强化监管拓空间

"节流"与"挖潜"两手抓。"节流"即严把项目准入关,凡投资强度达不到 240 万/亩、容积率达不到 1.1 以上的坚决"一票否决"。"挖潜"就是严把技改指标关,2011 年,袍江开发区开展了节约集约用地试点工作,及时出台了"加强工业用地供应导向、鼓励企业提高建筑容积率、加强工业项目履约管理"等 6 条政策意见,试点当年实现挖潜盘活土地2 150亩,预计两年内可累计挖潜 3 850 亩、5 年累计挖潜 6 700 亩。

"上天"与"入地"双拓展。"上天"即鼓励提高项目容积率,向空中要土地,最大限度地提高土地有效利用率。"入地"则鼓励开发建设地下空间,向地下要土地,在新出让经营性用地规划设计条件中均明确了地下建筑面积和用途,在存量土地上增加地下建筑面积,需经规划批准,补缴出让金。近 3 年来,市本级已办理地下空间开发相关手续的项目 22 个,补缴出让金 3 627 万元,相应增加近 21.9 万 m^2 建筑面积,按容积率 1.0 折算相当于节约土地 328 亩。

"拆旧"与"建新"齐推进。"拆旧"即按照"人口向城镇和农村新社区集中、工业向集聚区和集聚点集中、农田向大户集中"的要求,推进"城中村"及"空心村"拆迁改造。"建新"则为加强农民住房建设规范化管理,大力推进农民公寓建设,推进农民集中居住,有效解决农民住房问题,促进节约集约用地。

3.2.4 运用经济手段,政策引导倡节地

强化市场调控。自 2011 年 1 月 1 日起,绍兴县工业用地原则上一律采取公开拍卖方式出让,变以前工业用地"定项目挂牌"为现在的"定产业拍卖"。市政府办公室转发的《关于开展节约集约用地试点工作若干政策意见(试行)的通知》中明确除市政府确定的战略性新兴产业重大工业项目和已经签订意向落户协议的项目继续实行公开"挂牌"出让外,开展对一般性新兴产业工业用地竞拍试点,报名不足 3 家的,不再转挂牌出让。

强化税收杠杆。在政策导向上改变以往以"规模"、"增幅"论英雄的发展理念。市本级以综合经济效益为指标进行企业排序,对排序在前的企业实行财政返还或税收减免。通过"提标准、稳基数、重激励"的办法,绍兴县适时提高土地使用税标准,从 2007 年平均 4.7 元/m^2 提高到目前的平均 7.3 元/m^2,增幅达 55%,倒逼企业减少粗放用地。同时,2010 年起对亩均税收、亩均产值和亩均销售均达到县统一标准或超 10%、20%、30%的工业企业及商贸三产企业,实缴土地使用税中因税额标准提高而增加的使用税县留成部分,分别按 30%、40%、50%、60%奖给企业所在镇(街),用于扶持企业进一步发展壮大。

强化合同约束。对工业用地通过签订落户协议、承诺协议等形式,以履约管理督促工业用地按期开发、投产,促进土地得到有效利用,并严把用地复核关。对改变用途或超容积率等违约行为依法严格进行土地资产处置,及时追缴土地出让金。2010 年以来,市本级先后对 42 宗项目用地在土地复核验收时进行依法处置,补缴出让金 3 861 万元。

3.2.5 坚持政府主导,加快消化促集约

绍兴市根据土地的未供成因不同,严格依法规范,按"先易后难"、"先晚后早"、"先大后小"的顺序,通过落实项目供应一批、异地置换盘活一批、完善手续办理一批等措施分类处置消化,加快已批准农转用城市分批次建设用地有效供应。据统计,全市 2009~2011 年共

消化转而未供土地 56 453 亩，每年均超额完成省国土厅下达任务且消化量逐年增长，其中 2009 年为 13 336 亩，2010 年为 21 480 亩，2011 年为 21 637 亩。

坚持节约集约用地，强化资源市场配置，优化土地利用布局，有利于提升科学管地水平，促进经济发展方式转变，实现经济社会科学发展。土地节约集约利用之路只有起点，没有终点。下一步，绍兴将拓宽工作思路，创新工作方法，加大工作力度，深入推进土地节约集约利用工作，努力开创国土资源管理工作的新格局。

3.3 南昌经济技术开发区多措并举构建节约集约用地机制

南昌经济技术开发区积极构建节约集约用地机制，为开发区经济社会发展提供有力的土地要素支撑。

大力盘活闲置用地。鼓励利用存量建设用地和未利用地搞建设，尽量不占或少占耕地；对批而未征土地，继续实施建设用地区位调整；对批而未供土地，加快供地，对新上项目首先推介存量地；对供多用少、投资强度不足的土地，鼓励土地使用者通过企业内部挖潜，提高单位面积投资强度，提升土地利用率；对低效利用且企业无力实施二次开发的土地，实行退出机制，由政府重新配置。

提高项目准入门槛。规定进入开发区内的工业项目用地投资强度必须达到每亩 300 万元以上、实现税收必须达到每亩 15 万元以上。所有招商项目入区前，必须经发改、财政、招商、国土等部门联合论证。对不符合产业政策、供地政策和节约集约用地要求的项目，实行一票否决制度。

严格控制供地规模。所有招商项目不仅要提供项目的投入产出情况，还须提供建筑总量及平面布置图，用于核定用地规模。对投资大、用地多的项目，分期进行供地，一期供地控制在 200 亩以内，并根据一期项目投资建设的产出效益，决定后期是否继续供地及其供地规模。一般产业项目单个供地规模，原则上控制在 50 亩以内。

加快工业项目集聚。按照“产业集聚、布局集中、用地集约”的原则，将工业项目用地集中安排在工业园区，提高资源共享效率。区投资控股公司启动标准厂房建设，对于投资较小、效益较好的项目，不独立供地，鼓励其先期租用区内厂房，后期进入标准厂房。出台优惠政策，鼓励和支持企业利用现有土地增加投资、扩大生产规模，鼓励企业多渠道投资、建设多层标准厂房，提高土地容积率。

【补充阅读】

日本国土空间集约利用对我国的启示

日本的国土面积只相当于我国的 1/25，人口密度是我国的 3 倍，所以日本十分重视国土空间的集约利用，国土规划在日本是体现国家战略的顶层规划，从土地利用、粮食安全、生态保护、防灾减灾，到矿产资源保障战略，都被纳入其中。日本国土规划有 50 年的历史，经历了一个从上升期、顶盛期到衰落期的完整过程，积累了大量的经验教训。其上升期所面临的问题正是我国当前面临的问题，其当前面临的问题也是我国未来可能发生及应避免的问题。因此，研究日本国土规划对我国空间集约利用工作具有问题导向性的重要启发意义。主要总结为以下三点。

1　在规划发展的同时也要规划危机

在发展阶段上，日本正处于后工业化和后城市化的经济衰退期，产业布局已定型，导致环境负荷严重的重化工业已从本土转移到了周边发展中国家，如我国的环渤海一带。经济社会发展相对平稳，老龄化社会医疗福利制度非常完善。而我国则正处于工业化和城镇化高速发展的中后期阶段，经济水平仍处在上升通道，产业和人口正在向发达地区过度集中，区域发展不均衡，正是聚集国家财富及奠定国际地位的时期。这正好是日本“第三、四全综”的发展时期。从经济总量等硬指标来看，我国的发达地区处于日本“四全综”的发展水平，而整体国民生活软环境和部分经济欠发达地区仍还处于日本“三全综”的发展水平。“三全综”是从1977年到1986年，日本逐步把重心由“经济建设”转向提高国民生活水平上，把农村建设为“田园定居圈”，为日本20年后的后城市化奠定了“人与自然和谐发展”的重要基础；在空间上调整了城市群落的产业科技布局，形成了“技术聚集型城市群”，这一时期的国土规划将农村和城市区分发展，取得了很好的效果；“四全综”是从1987年到1997年，正是日本国家经济实力强盛、急需奠定国际地位的时期。这一时期日本大兴土木进行城市之间的立体交通网路等基础设施建设，举办奥运会等大型国际活动，以增强国际交流，奠定日本的国际地位。为拉动内需，日本进行了“综合休闲娱乐区”项目建设。由于亚洲金融危机和“泡沫经济”崩溃，耗资巨大的娱乐区项目并没有像预期一样依靠消费拉动经济，而是造成了巨大的资金浪费，在日本国土规划史上是惨痛教训。

除借鉴日本农村及城市群落发展模式、借鉴日本对基础设施的重视及依靠大型国际活动奠定大国地位的思路外，另一个值得借鉴的经验是日本国土规划中对粮食安全的重视和保障。日本70%以上的国土被森林覆盖，人均耕地面积仅为我国的一半。因此，日本非常注重粮食安全。日本是吃大米的国家，其大米一直保持着接近100%的自给自足率。用0.8亿亩耕地，养活了1.27亿人口。日本的耕地保护政策与温总理提出的严保18亿亩土地红线基本国策不谋而合。我国的人均耕地面积同日本一样拮据，某些地方政府为了追求暂时的政绩不惜破坏耕地，这是破坏粮食安全生命线及动摇国家安全根基的行为，必须严令禁止。

在借鉴的同时，也应注意避免“综合休闲娱乐区”这种劳民伤财的失败项目。由于没有顶层国土规划的宏观指导，我国各地区各城市对自己在全国乃至整个亚洲的发展定位十分不明晰，很多地方政府为了追求政绩牺牲生态资源，更有很多娱乐项目重复上马，造成资源配置的极大浪费。比如，仅江苏省常州市一个400多万人口的中等规模地级市，就有嬉戏谷等大型梦幻主题公园三座，而距常州市仅260 km的安徽省芜湖市，投资18个亿兴建了雷同的方特大型梦幻主题公园，与此同时，在距常州仅180 km的上海市，也斥资244亿元正在兴建占地6 000亩的大型娱乐主题公园。这些大型娱乐项目不仅投资大，而且后续维护费用也很高昂。一旦我国经济进入下行通道，首先萧条的便是这些大型娱乐消费项目，所以应该引起警惕。

2　国土规划不应追求经济活动的均衡布局

当前，日本面临的最大难题首先是人口减少和老龄化所带来的地区发展引擎动力不足，其次是如何建立超强防灾的国土结构，最后是如何在全球进行资源战略布局，解决制约国民经济发展的资源能源瓶颈。其中地区经济发展引擎问题是重中之重。日本在最新国土规划中避开了与“过密过疏”问题的直接交锋,转而承认作为带动日本整体经济发展的超级大都市,东京的繁荣需要城市机能、资源和人口的高度集中,过去十年中促进资源从首都圈向地方圈分散的“一极四轴”国土结构无法实现,所以日本将注意力从解决东京一极问题,转向关注如何最大化地利用东京一极带动周边大区域整体发展,同时,这个广域地区中的各个小区还能独立发展。在这样的理念下,日本按照人口规模和城市机能将国土划分为十个广域地方圈。充分放权给各地方圈,让他们把自己放在整个亚洲的高度来挖掘什么是本地区的优势和特色,将自己区别于别人的优势特色作为本地区经济发展的引擎,在各个地区都各自独立发展的同时,再进行各地区之间的合作发展,先富带动后富,从而实现均富,提高日本的整体国际竞争力。

我国在 2030 年时也将逐步进入到老龄化社会。日本当前所面临的问题也正是我国未来所要面临的课题。日本经过 50 年的国土规划仍然是“东京一极”和“环太平洋一轴”的国土结构现状,人口、城市机能及社会资源向东京一极和日本列岛主轴集中的现象仍然没有改变。借鉴日本的经验,我们在制定国土规划时至少可以避免强求经济活动的均衡布局,在政府宏观调控过程中充分尊重市场经济和价值规律作用的结果。对于未来十年人口和社会资源继续向“北上广”三极集中的现象,要以疏导为主,顺势而为,将人口和资源的流动正好作为这些地区的经济发展引擎,从而对周边地区产生物资消费需求等连带作用,形成“经济软着陆”和“大北京圈”等广域地区。

3 国土资源管理部门应该在整个国土规划中发挥根本性作用

在管理体制上,日本国土规划的制定和管理部门一直是其国土交通省、国土规划局,保障规划实施的推行部门是各级地方政府。国土规划局在制定每轮国土规划前,首先是委托科研机构做大量细致的国土资源综合调查,将取得的基础数据纳入到日本 GIS 地理信息系统,基于这些数据,日本的国土规划可以精确到 1∶1 000 万比例尺,几乎精确到人们脚下的每一个地块,让国土寸土寸金。然后,国土规划局将做好的规划草案广泛征求产、学、研各界意见,理顺国土规划与经济规划等各级规划的关系,协调实施国土规划的各个主体部门之间的关系。之后再到中国、韩国、马来西亚等重要邻国的对口国土资源管理部门征求意见,最后形成草案,报国会审议。这个编制过程非常慎重,最长可达 45 个月。其中绝大部分时间都是用在协调上,这也是国土规划能否顺利落地并取得实效的最为关键的一环。

从日本 50 年的发展经验来看,国土规划虽然是一项国家顶层战略,但也要建立在土地面积的几何形态、地质属性、海洋文明、地下水和资源禀赋条件等数据基础上,而这些数据的管理基本上都掌握在国土资源部门。因此,我国国土资源部门应该在整个国土规划中发挥根本性的重要作用;应该负责我国国土资源情况的前期综合调查,广泛征求各界意见,协调国土规划与国家经济发展五年规划、与土地利用规划、城市规划、主体功能区规划等各规划之间的关系,明确上位规划与下位规划的层级与分工,建立保障国土规划实施的财政金融体系。而信息中心应该在整个国土规划中发挥着重要的数据支撑作用,“国土资源一张图和国土资源主干网”可以在国土规划的上游支撑国土规划纲要的编制,而“国土资源综合监管平台”则可以参与到国土规划的下游阶段,对规划的实施情况进行实时网络综合监管。这些工作将直接影响到我国国土规划能否顺利落地、能否体现出与我国地位相称的大国思维、能否构建合理的国土空间格局,从而使国土规划真正解决问题、取得效果。

思考题

1.什么是建设用地集约利用?

2.什么是城市建设用地节约集约利用评价?其目的是什么?

3.城市建设用地节约集约利用评价的内容包括哪些?

4.简述城市建设用地节约集约利用评价步骤。

5.论述当前我国城市土地利用存在的问题及城市用地集约利用对策研究。

附 录

附录一

集体土地征收、招拍挂办理指南

以郑州市为例,在符合城乡规划(总规、控规获得批复)条件下,进入以下办理程序:

1.用地单位提交用地申请及相关项目材料,申请办理规划设计条件通知单;

2.市局相关业务部门组织进行测量定界、地类分析,拟订土地征收方案、农用地转用方案,补充耕地方案,组织会审并签发征地告知书;

3.下发土地征收告知书和听证告知书,放弃听证的材料出具;

4.市国土局用地处代市政府起草土地征收方案并报市政府审核、签发;

5.省国土厅窗口受理转卷至用地处,组织相关处室会审并签意见、主管厅长及厅长签卷报省政府五处收;

6.省政府五处受理、审查、报秘书长和主管省长签批后下文转省国土厅;

7.省政府对市政府下发土地征收方案批复、市局拟定一次公告并经用地处、法规处会审后报经主管局长、局长签批;

8.报市政府秘书五处审核并经处长、秘书长、主管市长签批后进行一次公告;

9.公告期10个工作日,期满无异议的,区国土局拟订征收补偿安置方案,召开协调会,村里无意见后签字;

10.征收补偿安置方案报市局会审,经市国土局法规处、办公室、主管局长及局长签批后下发补偿安置方案,公告期10个工作日;

11.公告期满后,区土地储备中心及项目单位协助市土地储备中心完善土地征收协议的签订、补偿票据的提供等相关资料,完成土地征收的实施工作;

12.市局地籍处进行国有土地预登记;

13.根据城市规划成果委托测绘队测量定界、提供拟出让范围定界图;

14.市土地储备中心委托评估机构进行出让评估、房管局出具出让前置条件;

15.组织出让资料转市土地交易中心,拟订出让方案,经市局会审后报市政府批准;

16.市土地交易中心组织进行招拍挂;

17.签订土地成交确认书、国有建设用地使用权出让合同;

18.建设项目用地预审(仅限于经营性用地);

19.根据出让合同规定期限内缴纳出让金及其他税费;

20.办理国有土地登记、国有建设用地使用权证。

附录二

集体土地征收业务流程图

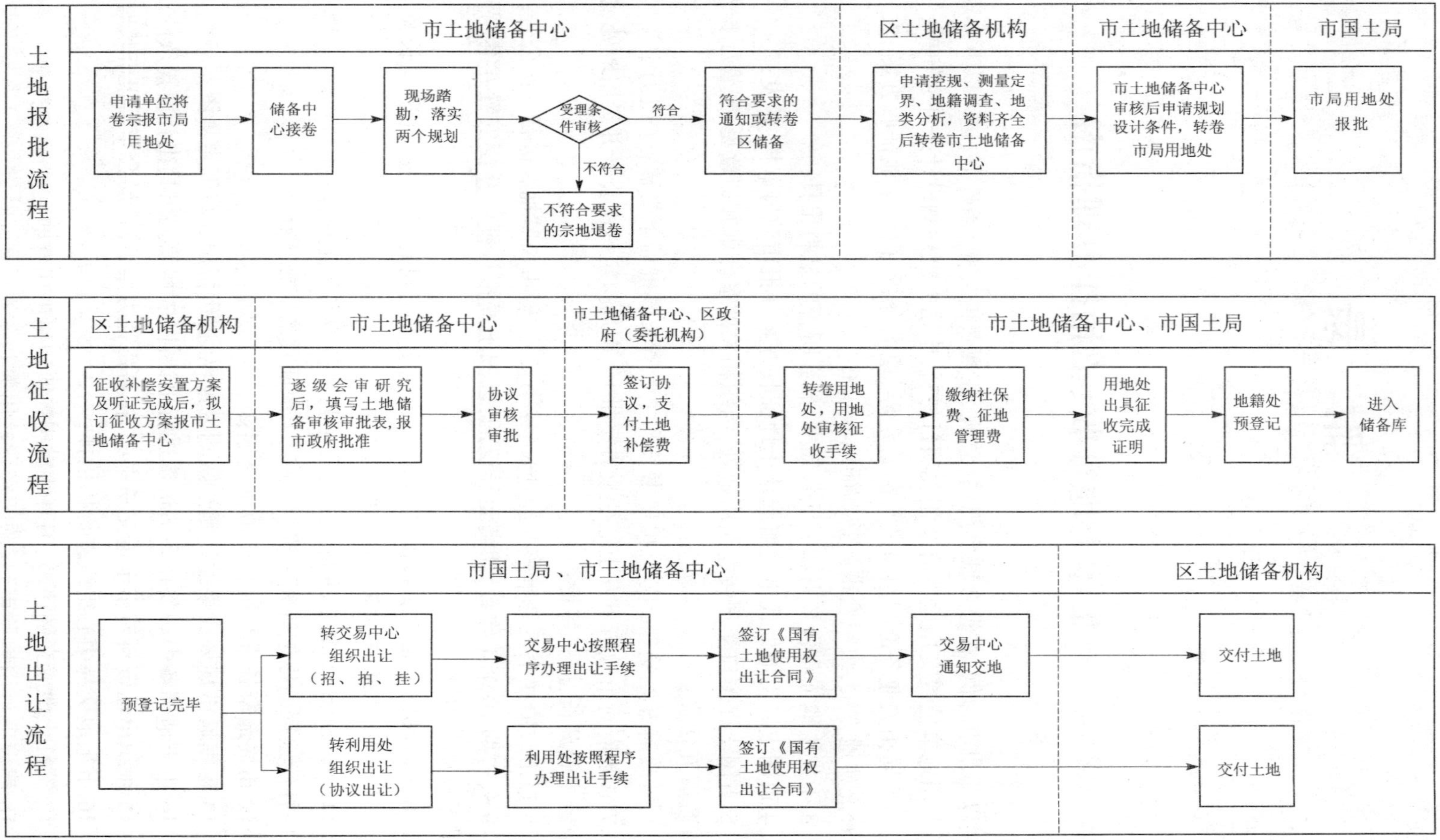

附录三

农用地转用方案

（格式）

编制机关（盖章）：

主管领导（签字）：

编制时间：　　　年　　月　　日

中华人民共和国国土资源部监制

填表说明

一、建设用地项目涉及农用地转用的,一般由县级人民政府土地行政主管部门负责编制本方案。直辖市或省辖市人民政府申请城市建设用地的,由直辖市或省辖市人民政府土地行政主管部门负责编制本方案。

二、本表中“拟占用土地在土地利用总体规划中确定的用途”是指申请占用的土地在县、乡级土地利用总体规划中确定的用途。

三、本表中“分配计划指标”是指上级土地行政主管部门告知县级土地行政主管部门当年可以使用的计划指标。

四、本表中“申请计划指标管理机关”是指控制计划指标的省级土地行政主管部门或国务院土地行政主管部门。

五、本表中“申请计划指标类型”是指单独选址建设项目农用地转用计划指标或城市(村镇)建设用地农用地转用计划指标。

六、需特殊说明的情况在“备注”栏中说明。

七、本方案数据须保留四位小数。

八、填写本方案须使用钢笔,并使用碳素或蓝黑墨水,字迹清晰工整。

九、无填写内容的表项应自左下角至右上角划线表示无填写内容。

<table>
<tr><td colspan="2">建设用地项目名称</td><td colspan="3"></td></tr>
<tr><td colspan="2">申请用地总面积</td><td>hm²</td><td>申请农用地转用面积</td><td>hm²</td></tr>
<tr><td colspan="2">被占用土地位置</td><td colspan="3"></td></tr>
<tr><td rowspan="8">土地利用现状</td><td>名称</td><td>合计</td><td>集体</td><td>国有</td></tr>
<tr><td>耕地</td><td>hm²</td><td>hm²</td><td>hm²</td></tr>
<tr><td>园地</td><td>hm²</td><td>hm²</td><td>hm²</td></tr>
<tr><td>林地</td><td>hm²</td><td>hm²</td><td>hm²</td></tr>
<tr><td>草地</td><td>hm²</td><td>hm²</td><td>hm²</td></tr>
<tr><td>农用水利用地</td><td>hm²</td><td>hm²</td><td>hm²</td></tr>
<tr><td>养殖水面</td><td>hm²</td><td>hm²</td><td>hm²</td></tr>
<tr><td>总计</td><td>hm²</td><td>hm²</td><td>hm²</td></tr>
<tr><td rowspan="2">被占用基本农田</td><td colspan="2" rowspan="2">hm²</td><td>集体</td><td>hm²</td></tr>
<tr><td>国有</td><td>hm²</td></tr>
<tr><td rowspan="5">土地利用总体规划</td><td colspan="2" rowspan="3">拟占用土地在土地利用总体规划中确定的用途</td><td>农用地</td><td>hm²</td></tr>
<tr><td>建设用地</td><td>hm²</td></tr>
<tr><td>未利用地</td><td>hm²</td></tr>
<tr><td colspan="2">是否符合当地土地利用总体规划中确定的用途</td><td colspan="2"></td></tr>
<tr><td colspan="2">是否需要修编当地土地利用总体规划</td><td colspan="2"></td></tr>
<tr><td colspan="5">拟开发区、块(项目)符合城市总体规划(城镇建设规划)情况概述:</td></tr>
<tr><td rowspan="8">农用地转用计划</td><td rowspan="2">分配计划指标</td><td>农用地</td><td></td><td>hm²</td></tr>
<tr><td>其中耕地</td><td></td><td>hm²</td></tr>
<tr><td rowspan="2">已使用计划指标</td><td>农用地</td><td></td><td>hm²</td></tr>
<tr><td>其中耕地</td><td></td><td>hm²</td></tr>
<tr><td rowspan="4">本项目需要使用的计划指标</td><td rowspan="2">数量</td><td>农用地</td><td>hm²</td></tr>
<tr><td>其中耕地</td><td>hm²</td></tr>
<tr><td>管理机关</td><td></td><td></td></tr>
<tr><td>指标类型</td><td></td><td></td></tr>
<tr><td colspan="5">备注</td></tr>
</table>

填表负责人: 审核负责人:

附录四

补充耕地方案

（格式）

编制机关（盖章）：

主管领导（签字）：

编制时间：　　　年　　月　　日

中华人民共和国国土资源部监制

填表说明

一、建设用地项目占用耕地的，一般由县级人民政府土地行政主管部门负责编制本方案。直辖市或省辖市人民政府申请城市建设用地占用耕地的，由直辖市或省辖市人民政府土地行政主管部门负责编制本方案。

本方案需附图：

1.开发整理规划图

2.基本农田位置图

上述图件一般应以1:10 000分幅土地利用现状图为底图，并标明界线。

二、本表中“补充耕地责任单位”是指申请建设用地的建设单位或县、市人民政府。

三、本表中“补充耕地实施单位”是指负责开垦耕地的企事业单位或土地行政主管部门。

四、本表中“缴纳耕地开垦费”是指预缴的开垦耕地的费用，在补充耕地验收合格后如数退还缴费者，或由于没有条件自行开垦，而委托土地行政部门开垦耕地应缴纳的费用。

五、本表中“签订耕地补充协议”是指耕地责任单位与土地行政部门签订的协议。

六、本表中“补充耕地地块规划选址”是指土地利用现状图的图斑号。

七、本表“补划基本农田地块补划位置”是指地块名称或编号。

八、需特殊说明的情况在“备注”栏中说明。

九、本方案涉及面积、资金有关数字须保留四位小数。

十、填写本方案须使用钢笔，并使用碳素或蓝黑墨水，字迹清晰工整。

十一、无填写内容的表项应自左下角至右上角划线表示无填写内容。

建设用地项目名称					
被占用耕地面积		hm²	其中基本耕地		hm²
补充耕地责任单位					
补充耕地实施单位					
已完成补充耕地情况	面积	合计	土地开发	土地整理	土地复垦
		hm²	hm²	hm²	hm²
	验收情况	验收单位			
		验收文号			
		验收意见			
拟完成补充耕地情况	面积	合计	土地开发	土地整理	土地复垦
		hm²	hm²	hm²	hm²
	保证措施	缴纳耕地开垦费			万元
		签订耕地补充协议			
		其他措施			
耕地耕作层剥离		剥离厚度			cm
		剥离面积			hm²
补充耕地计划	实施年度	完成面积		资金安排	
			hm²		万元
			hm²		万元
			hm²		万元
			hm²		万元
补充耕地地块	规划选址	利用现状		面积	
					hm²
					hm²
					hm²
					hm²
补划基本农田地块	补划位置	面积		管理单位	
			hm²		
			hm²		
			hm²		
			hm²		
备注					

填表责任人： 审核责任人：

附录五

征收土地方案

（格式）

编制机关（盖章）：

主管领导（签字）：

编制时间：　　　年　　月　　日

中华人民共和国国土资源部监制

填表说明

一、本方案一般由县级人民政府土地行政主管部门负责编制,本方案需另附以下内容。

(1)《征用土地情况调查表》。

(2)涉及收回国有土地使用权的,应附市、县人民政府土地行政主管部门填写的《收回国有土地使用权补偿安置情况表》。

(3)省、自治区、直辖市人民政府对耕地以外其他地类的土地补偿费和安置补助费标准的有关规定。

(4)用地单位对本方案的意见。

(5)迁建用地需征用土地的,可按本方案另行填写。

二、表中"耕地分类"可按《土地利用现状调查技术规程》规定的耕地二级分类标准划分。

三、表中"征前人均耕地"、"征后人均耕地"是指被征地各村(组)中最高人均耕地面积和最低人均耕地面积,以及平均后的人均耕地面积。

四、需特殊说明的情况在"备注"栏中说明。

五、本方案计量单位须保留四位小数。

六、填写本方案须使用钢笔,并使用碳素或蓝黑墨水,字迹清晰工整。

七、无填写内容的表项应自左下角至右上角划线表示无填写内容。

<table>
<tr><td colspan="2">建设用地项目名称</td><td colspan="7"></td></tr>
<tr><td colspan="2">申请用地面积</td><td colspan="7"></td></tr>
<tr><td colspan="2" rowspan="2">征收集体土地</td><td colspan="2" rowspan="2">hm²</td><td rowspan="2">其中</td><td colspan="2">耕地</td><td colspan="2">hm²</td></tr>
<tr><td colspan="2">基本农田</td><td colspan="2">hm²</td></tr>
<tr><td colspan="2">被征收集体土地位置</td><td colspan="7"></td></tr>
<tr><td colspan="2">被征收集体土地的权属基本情况</td><td colspan="7"></td></tr>
<tr><td rowspan="14">被征土地补偿标准</td><td rowspan="5">耕地</td><td>分类</td><td>面积（hm²）</td><td>前三年平均产值（万元/hm²）</td><td colspan="2">土地补偿费</td><td colspan="2">安置补助付费</td></tr>
<tr><td></td><td></td><td></td><td>倍数</td><td>标准</td><td>倍数</td><td>标准</td></tr>
<tr><td></td><td></td><td></td><td></td><td></td><td></td><td></td></tr>
<tr><td></td><td></td><td></td><td></td><td></td><td></td><td></td></tr>
<tr><td></td><td></td><td></td><td></td><td></td><td></td><td></td></tr>
<tr><td rowspan="9">其他土地</td><td colspan="2">名称</td><td>面积（hm²）</td><td colspan="2">土地补偿费标准</td><td colspan="2">安置补助费标准</td></tr>
<tr><td colspan="2">林地</td><td></td><td colspan="2"></td><td colspan="2"></td></tr>
<tr><td colspan="2">园地</td><td></td><td colspan="2"></td><td colspan="2"></td></tr>
<tr><td colspan="2">牧草地</td><td></td><td colspan="2"></td><td colspan="2"></td></tr>
<tr><td colspan="2">交通用地</td><td></td><td colspan="2"></td><td colspan="2"></td></tr>
<tr><td colspan="2">村庄工矿用地</td><td></td><td colspan="2"></td><td colspan="2"></td></tr>
<tr><td colspan="2">水域</td><td></td><td colspan="2"></td><td colspan="2"></td></tr>
<tr><td colspan="2">未利用土地</td><td></td><td colspan="2"></td><td colspan="2"></td></tr>
</table>

续表

<table>
<tr><td rowspan="8">被征土地其他费用标准</td><td colspan="4">费用名称</td><td colspan="3"></td></tr>
<tr><td colspan="4">青苗补偿费</td><td colspan="3"></td></tr>
<tr><td colspan="4">地上附着物补偿费</td><td colspan="3"></td></tr>
<tr><td colspan="4">新菜地开发建设基金</td><td colspan="3"></td></tr>
<tr><td colspan="4">耕地占用税</td><td colspan="3"></td></tr>
<tr><td colspan="4">临时用地补偿费</td><td colspan="3"></td></tr>
<tr><td colspan="4">征地管理费</td><td colspan="3"></td></tr>
<tr><td colspan="4">不可预见费</td><td colspan="3"></td></tr>
<tr><td rowspan="8">安置方案</td><td rowspan="5">被征土地单位经济状况</td><td colspan="6">征收土地前农业人口总数</td></tr>
<tr><td colspan="6">征收土地前人均收入</td></tr>
<tr><td colspan="3">征前人均耕地(亩)</td><td colspan="3">征后人均耕地(亩)</td></tr>
<tr><td>平均</td><td>最高</td><td>最低</td><td>平均</td><td>最高</td><td>最低</td></tr>
<tr><td></td><td></td><td></td><td></td><td></td><td></td></tr>
<tr><td rowspan="2">安置人数</td><td colspan="6">需安置的农业人口</td></tr>
<tr><td colspan="6">需安置的农业劳动力人数</td></tr>
<tr><td>安置途径</td><td colspan="6"></td></tr>
<tr><td colspan="2">备注</td><td colspan="6"></td></tr>
</table>

填表责任人：　　　　　　　　　　　　审核责任人：

征收土地情况调查表

<table>
<tr><td colspan="2">建设用地名称</td><td colspan="4"></td></tr>
<tr><td colspan="2">被征村组</td><td colspan="4"></td></tr>
<tr><td rowspan="6">被征地村（组）的基本情况</td><td>土地总面积</td><td colspan="4"></td></tr>
<tr><td>耕地</td><td colspan="4"></td></tr>
<tr><td>基本农田</td><td colspan="4"></td></tr>
<tr><td>人均年收入</td><td colspan="4"></td></tr>
<tr><td>农业人口</td><td colspan="4"></td></tr>
<tr><td>劳动力</td><td colspan="4"></td></tr>
<tr><td colspan="3" rowspan="2">征收土地总面积　　　　hm²</td><td rowspan="2">其中</td><td>耕地</td><td>hm²</td></tr>
<tr><td>基本农田</td><td>hm²</td></tr>
<tr><td colspan="2">耕地</td><td>人均耕地（亩）</td><td colspan="3">平均耕地（亩）</td></tr>
<tr><td colspan="2">征前</td><td></td><td colspan="3"></td></tr>
<tr><td colspan="2">征后</td><td></td><td colspan="3"></td></tr>
<tr><td rowspan="7">征收耕地</td><td>名称</td><td>面积（hm^2）</td><td colspan="3">前三年平均产值（万元/hm^2）</td></tr>
<tr><td>灌溉水田</td><td></td><td colspan="3"></td></tr>
<tr><td>望天田</td><td></td><td colspan="3"></td></tr>
<tr><td>水浇地</td><td></td><td colspan="3"></td></tr>
<tr><td>旱地</td><td></td><td colspan="3"></td></tr>
<tr><td>菜地</td><td></td><td colspan="3"></td></tr>
<tr><td>合计</td><td></td><td colspan="3"></td></tr>
<tr><td rowspan="8">征收其他土地</td><td>名称</td><td>面积（hm^2）</td><td colspan="3">产值（万元/hm^2）或补偿标准</td></tr>
<tr><td>林地</td><td></td><td colspan="3"></td></tr>
<tr><td>园地</td><td></td><td colspan="3"></td></tr>
<tr><td>牧草地</td><td></td><td colspan="3"></td></tr>
<tr><td>交通用地</td><td></td><td colspan="3"></td></tr>
<tr><td>村庄工矿用地</td><td></td><td colspan="3"></td></tr>
<tr><td>水域</td><td></td><td colspan="3"></td></tr>
<tr><td>未利用地</td><td></td><td colspan="3"></td></tr>
<tr><td rowspan="10">征收土地涉及</td><td>农业人口</td><td colspan="4"></td></tr>
<tr><td>劳动力</td><td colspan="4"></td></tr>
<tr><td>农业承包户</td><td colspan="4"></td></tr>
<tr><td rowspan="2">地上附着物</td><td colspan="4">房屋</td></tr>
<tr><td colspan="4">树木</td></tr>
<tr><td></td><td></td><td></td><td></td><td></td></tr>
<tr><td></td><td></td><td></td><td></td><td></td></tr>
<tr><td></td><td></td><td></td><td></td><td></td></tr>
<tr><td></td><td></td><td></td><td></td><td></td></tr>
<tr><td></td><td></td><td></td><td></td><td></td></tr>
<tr><td>备注</td><td></td><td colspan="4"></td></tr>
</table>

填表责任人：　　　　　　　　　　　　　　　　审核责任人：

附录六

市(县)人民政府征收土地方案公告

(格式)

[____(年)]第____号

______年____月____日,国务院(______省人民政府)根据《中华人民共和国土地管理法》第四十六条、《中华人民共和国土地管理法实施条例》第二十五条(和《______省土地管理法实施办法》)的有关规定,以[______(年)]______号批准征收集体土地______hm^2。现将经国务院(______省人民政府)批准的《征用土地方案》内容和有关事项公告如下。

一、建设用地项目名称

二、征收土地位置(四至范围,有条件的应附土地利用现状图)

三、被征地村(组)及面积

1.	乡(镇)	村(组)	hm^2	其中耕地 hm^2
2.	乡(镇)	村(组)	hm^2	其中耕地 hm^2
3.	乡(镇)	村(组)	hm^2	其中耕地 hm^2
4.	……			

四、土地补偿安置标准

(一)土地补偿费和安置补助费标准

地类名称		面积(hm^2)	土地补偿费标准	安置补助费标准
耕地				
林地				
园地				
牧草地				
水域				
交通用地				
村庄、工矿用地				
未利用土地				

(二)地上附着物补偿标准

(三)青苗补偿标准

五、被征收土地所涉及的农业人员安置办法

六、被征收土地四至范围内的土地所有权人、使用权人在本公告规定的期限内,持土地权属证书或其他有关证明材料,到指定的地点办理征地补偿登记,请相互转告。

凡从土地行政主管部门现场调查之日起,抢建、抢种的地上附着物不予办理补偿登记。

	登记时间	登记地点	复核时间
乡(镇) 村(组)	月 日至 月 日		
乡(镇) 村(组)	月 日至 月 日		
乡(镇) 村(组)	月 日至 月 日		

七、土地所有权人、使用权人在规定期限内不办理征地补偿登记将被视为放弃其应有的权益。

特此公告

[市(县)人民政府盖章]
年 月 日

附录七

征地补偿登记表

（格式）

一、土地补偿登记表

_____乡（镇）_____村（组） （盖章） 填表时间：_____年____月____日

地类		征地数量（hm²）		前三年平均产量（万元/hm²）				备注
		登记	复核	登记			复核	
				第一年	第二年	第三年		
耕地	水田							
	水浇地							
	旱地							
园地	果园							
	茶园							
	其他园地							
林地								
草地								
水域及水利设施用地								
交通用地								
住宅用地								
工矿仓储用地								
其他土地								
合计								

土地所有权人代表（签名）： 登记责任人（签名）： 复核责任人（签名）：

二、地上附着物补偿登记表

______乡(镇)______村(组)(盖章)　　　　填表时间:______年____月____日

序号	产权人	附着物名称	单位	规格	数量	复核	产权人代表签字	备注
1	____村(组)							
2	张××							

登记责任人:　　　　复核责任人:

三、青苗补偿登记表

______乡(镇)______村(组)(盖章)　　　　填表时间:______年____月____日

编号	姓名	农作物种类	位置	面积	生长期	平均产值	复核	签名	备注
1	张××								
2	李××								

登记责任人:　　　　复核责任人:

附录八

征地补偿安置方案

（格式）

________建设用地项目需征用________市（县）________乡（镇）、________乡（镇）、________乡（镇）、________乡（镇）集体土地。根据国务院（_____省人民政府）以_____［_____（年）］_____号批准的《征用土地方案》和_____省的有关规定，经对被征地村（组）征地补偿登记的复核，_____市（县）土地（国土）管理局会同_____、_____、_____（部门），拟订《征地补偿安置方案》如下。

一、土地补偿安置标准

<table>
<tr><th>编号</th><th>被征地村（组）</th><th colspan="2">征用的地类</th><th>面积（hm^2）</th><th>前三年平均产值（万元/hm^2）</th><th>土地补偿费标准</th><th>安置补助费标准</th></tr>
<tr><td rowspan="13">1</td><td rowspan="13">____乡（镇）____村（组）</td><td rowspan="4">耕地</td><td>水田</td><td></td><td></td><td></td><td></td></tr>
<tr><td>水浇地</td><td></td><td></td><td></td><td></td></tr>
<tr><td>旱地</td><td></td><td></td><td></td><td></td></tr>
<tr><td>合计</td><td></td><td></td><td></td><td></td></tr>
<tr><td rowspan="9">其他土地</td><td colspan="2">名称</td><td>面积（hm^2）</td><td>土地补偿费标准</td><td>安置补助费标准</td></tr>
<tr><td colspan="2">林地</td><td></td><td></td><td></td></tr>
<tr><td colspan="2">园地</td><td></td><td></td><td></td></tr>
<tr><td colspan="2">草地</td><td></td><td></td><td></td></tr>
<tr><td colspan="2">水域及水利设施用地</td><td></td><td></td><td></td></tr>
<tr><td colspan="2">交通用地</td><td></td><td></td><td></td></tr>
<tr><td colspan="2">住宅用地</td><td></td><td></td><td></td></tr>
<tr><td colspan="2">工矿仓储用地</td><td></td><td></td><td></td></tr>
<tr><td colspan="2">其他土地</td><td></td><td></td><td></td></tr>
<tr><td>2</td><td>____乡（镇）____村（组）</td><td></td><td colspan="2"></td><td></td><td></td><td></td></tr>
</table>

二、地上附着物补偿标准

编号	地上附着物名称	单位	规格	补偿标准

三、青苗补偿标准

编号	农作物种类	生长期	补偿标准

四、各被征地村(组)征地补偿安置费用

乡(镇)村(组)	土地补偿费	安置补偿费	地上附着物补偿费	青苗补偿费	合计
合计					

五、被征地农业人口安置办法

六、其他

1.承包土地调整。

2.农业税减免。

……

[市(县)土地(国土)管理局盖章]

______年____月____日

附录九

______市(县)国土资源局征地补偿安置方案公告

(格式)

[(____年)]第____号

根据国务院(______省人民政府)以____[____(年)]____号批准的《征收土地方案》,____市(县)国土资源局经对被征村(组)征地补偿登记的复核,拟订了《征地补偿安置方案》。根据《中华人民共和国土地管理法》第四十八条和《中华人民共和国土地管理法实施条例》第二十五条规定,现将《征地补偿安置方案》内容和有关事项公告如下。

一、土地补偿安置标准

二、地上附着物补偿标准

三、青苗补偿标准

四、各被征地村(组)征地补偿安置费用

五、被征地农业人口安置办法

六、其他

(以上内容同《征地补偿安置方案》)

七、被征收土地四至范围内的土地所有权人和土地使用权人对本方案内容如有不同意见,请于____月____日前以村委会(村集体经济组织)或村民小组为单位,以书面形式送达________、________、________[市(县)国土资源局指定地点]。

联系人: 联系电话:

八、本方案在征求意见后,报__________市(县)人民政府批准组织实施。根据《中华人民共和国土地管理法实施条例》第二十五条的规定,对批准后的《征地补偿安置方案》有争议,不影响组织实施。

特此公告

[市(县)国土资源局盖章]

年 月 日

附录十

划拨用地目录

中华人民共和国国土资源部令第 9 号

《划拨用地目录》,已经 2001 年 10 月 18 日国土资源部第 9 次部务会议通过,现予发布,自发布之日起施行。

部长(盖章)

二〇〇一年十月二十二日

划拨用地目录

一、根据《中华人民共和国土地管理法》和《中华人民共和国城市房地产管理法》的规定,制定本目录。

二、符合本目录的建设用地项目,由建设单位提出申请,经有批准权的人民政府批准,方可以划拨方式提供土地使用权。

三、对国家重点扶持的能源、交通、水利等基础设施用地项目,可以以划拨方式提供土地使用权。对以营利为目的,非国家重点扶持的能源、交通、水利等基础设施用地项目,应当以有偿方式提供土地使用权。

四、以划拨方式取得的土地使用权,因企业改制、土地使用权转让或者改变土地用途等不再符合本目录的,应当实行有偿使用。

五、本目录施行后,法律、行政法规和国务院的有关政策另有规定的,按有关规定执行。

六、本目录自发布之日起施行。原国家土地管理局颁布的《划拨用地项目目录》同时废止。

国家机关用地和军事用地

(一)党政机关和人民团体用地

1.办公用地。

2.安全、保密、通信等特殊专用设施。

(二)军事用地

1.指挥机关、地面和地下的指挥工程、作战工程。

2.营区、训练场、试验场。

3.军用公路、铁路专用线,机场、港口、码头。

4.军用洞库、仓库,输电、输油、输气管线。

5.军用通信、通信线路,侦察、观测台站和测量、导航标志。

6.国防军品科研、试验设施。

7.其他军事设施。

城市基础设施用地和公益事业用地

(三)城市基础设施用地

1.供水设施。包括水源地、取水工程、净水厂、输配水工程、水质检测中心、调度中心、控制中心。

2.燃气供应设施。包括人工煤气生产设施、液化石油气气化站、液化石油气储配站、天然气输配气设施。

3.供热设施。包括热电厂、热力网设施。

4.公共交通设施。包括城市轻轨、地下铁路线路、公共交通车辆停车场、首末站(总站)、调度中心、整流站、车辆保养场。

5.环境卫生设施。包括雨水处理设施、污水处理厂、垃圾(粪便)处理设施、其他环卫设施。

6.道路广场。包括市政道路、市政广场。

7.绿地。包括公共绿地(住宅小区、工程建设项目的配套绿地除外)、防护绿地。

(四)非营利性邮政设施用地

1.邮件处理中心、邮政支局(所)。

2.邮政运输、物流配送中心。

3.邮件转运站。

4.国际邮件互换局、交换站。

5.集装容器(邮袋、报皮)维护调配处理场。

(五)非营利性教育设施用地

1.学校教学、办公、实验、科研及校内文化体育设施。

2.高等、中等、职业学校的学生宿舍、食堂、教学实习及训练基地。

3.托儿所、幼儿园的教学、办公、园内活动场地。

4.特殊教育学校(盲校、聋哑学校、弱智学校)康复、技能训练设施。

(六)公益性科研机构用地

1.科学研究、调查、观测、实验、试验(站、场、基地)设施。

2.科研机构办公设施。

(七)非营利性体育设施用地

1.各类体育运动项目专业比赛和专业训练场(馆)、配套设施(高尔夫球场除外)。

2.体育信息、科研、兴奋剂检测设施。

3.全民健身运动设施(住宅小区、企业单位内配套的除外)。

(八)非营利性公共文化设施用地。

1.图书馆。

2.博物馆。

3.文化馆。

4.青少年宫、青少年科技馆、青少年(儿童)活动中心。

(九)非营利性医疗卫生设施用地

1.医院、门诊部(所)、急救中心(站)、城乡卫生院。

2.各级政府所属的卫生防疫站(疾病控制中心)、健康教育所、专科疾病防治所(站)。

3.各级政府所属的妇幼保健所(院、站)、母婴保健机构、儿童保健机构、血站(血液中心、中心血站)。

(十)非营利性社会福利设施用地

1.福利性住宅。

2.综合性社会福利设施。

3.老年人社会福利设施。

4.儿童社会福利设施。

5.残疾人社会福利设施。

6.收容遣送设施。

7.殡葬设施。

国家重点扶持的能源、交通、水利等基础设施用地

(十一)石油天然气设施用地

1.油(气、水)井场及作业配套设施。

2.油(气、汽、水)计量站、转接站、增压站、热采站、处理厂(站)、联合站、注水(气、汽、化学助剂)站、配气(水)站、原油(气)库、海上油气陆上终端。

3.防腐、防砂、钻井泥浆、三次采油制剂厂(站)、材料配制站(厂、车间)、预制厂(车间)。

4.油(气)田机械、设备、仪器、管材加工和维修设施。

5.油、气(汽)、水集输和长输管道、专用交通运输设施。

6.油(气)田物资仓库(站)、露天货场、废旧料场、成品油(气)库(站)、液化气站。

7.供排水设施、供配电设施、通信设施。

8.环境保护检测、污染治理、废旧料(物)综合处理设施。

9.消防、安全、保卫设施。

(十二)煤炭设施用地

1.矿井、露天矿、煤炭加工设施,共伴生矿物开采与加工场地。

2.矿井通风、抽放瓦斯、煤层气开采、防火灌浆、井下热害防治设施。

3.采掘场与疏干设施(含控制站)。

4.自备发电厂、热电站、输变电设施。

5.矿区内煤炭机电设备、仪器仪表、配件、器材供应与维修设施。

6.矿区生产供水、供电、燃气、供气、通信设施。

7.矿山救护、消防防护设施。

8.中心试验站。

9.专用交通、运输设施。

(十三)电力设施用地

1.发(变)电主厂房设施及配套库房设施。

2.发(变)电厂(站)的专用交通设施。

3.配套环保、安全防护设施。

4.火力发电工程配电装置、网控楼、通信楼、微波塔。

5.火力发电工程循环水管(沟)、冷却塔(池)、阀门井水工设施。

6.火力发电工程燃料供应、供热设施,化学楼、输煤综合楼,启动锅炉房、空压机房。

7.火力发电工程乙炔站、制氢(氧)站,化学水处理设施。

8.核能发电工程应急给水储存室、循环水泵房、安全用水泵房、循环水进排水口及管沟、加氯间、配电装置。

9.核能发电工程燃油储运及油处理设施。

10.核能发电工程制氢站及相应设施。

11.核能发电工程淡水水源设施,净水设施,污水、废水处理装置。

12.新能源发电工程电机,相变、输电(含专用送出工程)、变电站设施,资源观测设施。

13.输配电线路塔(杆),巡线站、线路工区,线路维护、检修道路。

14.变(配)电装置,直流输电换流站及接地极。

15.输变电、配电工程给排水、水处理等水工设施。

16.输变电工区、高压工区。

(十四)水利设施用地

1.水利工程用地。包括挡水、泄水建筑物,引水系统、尾水系统、分洪道及其附属建筑物,附属道路、交通设施,供电、供水、供风、供热及制冷设施。

2.水库淹没区。

3.堤防工程。

4.河道治理工程。

5.水闸、泵站、涵洞、桥梁、道路工程及其管护设施。

6.蓄滞洪区、防护林带、滩区安全建设工程。

7.取水系统。包括水闸、堰、进水口、泵站、机电井及其管护设施。

8.输(排)水设施(含明渠、暗渠、隧道、管道、桥、渡槽、倒虹、调蓄水库、水池等)、加压(抽、排)泵站、水厂。

9.防汛抗旱通信设施,水文、气象测报设施。

10.水土保持管理站、科研技术推广所(站)、试验设施。

(十五)铁路交通设施用地

1.铁路线路、车站及站场设施。

2.铁路运输生产及维修、养护设施。

3.铁路防洪、防冻、防雪、防风沙设施(含苗圃及植被保护带)、生产防疫、环保、水保设施。

4.铁路给排水、供电、供暖、制冷、节能、专用通信、信号、信息系统设施。

5.铁路轮渡、码头及相应的防风、防浪堤,护岸、栈桥、渡船整备设施。

6.铁路专用物资仓储库(场)。

7.铁路安全守备、消防、战备设施。

(十六)公路交通设施用地

1.公路线路、桥梁、交叉工程、隧道和渡口。

2.公路通信、监控、安全设施。

3.高速公路服务区(区内经营性用地除外)。

4.公路养护道班(工区)。

5.公路线路用地界外设置的公路防护、排水、防洪、防雪、防波、防风沙设施及公路环境保护、监测设施。

(十七)水路交通设施用地

1.码头、栈桥、防波堤、防沙导流堤、引堤、护岸、围堰水土工程。

2.人工开挖的航道、港池、锚地及停泊区工程。

3.港口生产作业区。

4.港口机械设备停放场地及维修设施。

5.港口专用铁路、公路、管道设施。

6.港口给排水、供电、供暖、节能、防洪设施。

7.水上安全监督(包括沿海和内河)、救助打捞、港航消防设施。

8.通信导航设施、环境保护设施。

9.内河航运管理设施、内河航运枢纽工程、通航建筑物及管理维修区。

(十八)民用机场设施用地

1.机场飞行区。

2.公共航空运输客、货业务设施。包括航站楼、机场场区内的货运库(站)、特殊货物(危险品)业务仓库。

3.空中交通管理系统。

4.航材供应、航空器维修、适航检查及校验设施。

5.机场地面专用设备、特种车辆保障设施。

6.油料运输、中转、储油及加油设施。

7.消防、应急救援、安全检查、机场公用设施。

8.环境保护设施。包括污水处理、航空垃圾处理、环保监测、防噪声设施。

9.训练机场、通用航空机场、公共航运机场中的通用航空业务配套设施。法律、行政法规规定的其他用地。

(十九)特殊用地

1.监狱。

2.劳教所。

3.戒毒所、看守所、治安拘留所、收容教育所。

附录十一

限制用地项目目录(2012年本)

一、党政机关新建办公楼项目

1.中央直属机关、国务院各部门、省(区、市)及计划单列市党政机关新建办公楼项目:须经国务院批准

2.中央和国家机关所属机关事业单位新建办公楼项目:须经国家发展改革委批准(使用中央预算内投资7 000万元以上的,须经国务院批准)

3.省直厅(局)级单位和地、县级党政机关新建办公楼项目:须经省级人民政府批准

4.地、县级党政机关直属单位和乡镇党政机关新建办公楼项目:须经地级人民政府(行署)批准

二、城市主干道路项目

用地红线宽度(包括绿化带)不得超过下列标准:小城市和建制镇40 m,中等城市55 m,大城市70 m。200万人口以上特大城市主干道路确需超过70 m的,城市总体规划中应有专项说明

三、城市游憩集会广场项目

用地面积不得超过下列标准:小城市和建制镇1 hm^2,中等城市2 hm^2,大城市3 hm^2,200万人口以上特大城市5 hm^2

四、住宅项目

1.宗地出让面积不得超过下列标准:小城市和建制镇7 hm^2,中等城市14 hm^2,大城市20 hm^2

2.容积率不得低于以下标准:1.0(含1.0)

五、农林业项目

1.普通刨花板、高中密度纤维板生产装置不得低于以下规模:单线5万 m^3/年

2.木质刨花板生产装置不得低于以下规模:单线3万 m^3/年

3.松香生产不得低于以下规模:1 000 t/年

4.一次性木制品与木制品包装的生产和使用:不得以优质林木为原料;木竹加工项目:木竹加工综合利用率不得偏低

5.胶合板和细木工板生产线不得低于以下规模:1万 m^3/年

6.根雕制造:不得以珍稀植物为原料

7.珍贵濒危野生动植物加工:不得以野外资源为原料

六、黄金项目

1.独立氰化不得低于以下标准:日处理金精矿100 t,原料自供能力50%

2.独立黄金选矿厂不得低于以下标准:日处理矿石200 t,配套采矿系统

3.火法冶炼不得低于以下规模:日处理金精矿100 t

4.独立堆浸场不得低于以下规模:东北、华北、西北地区年处理矿石10万 t,华东、中南、西南年处理矿石20万 t

5.采选不得低于以下规模:日处理岩金矿石 100 t

6.砂金开采不得低于以下规模:年处理砂金矿砂 30 万 m^3

七、其他项目

下列项目禁止占用耕地,亦不得通过先行办理城市分批次农用地转用等形式变相占用耕地:

1.机动车交易市场、家具城、建材城等大型商业设施项目

2.大型游乐设施、主题公园(影视城)、仿古城项目

3.大套型住宅项目(指单套住房建筑面积超过 144 m^2 的住宅项目)

4.赛车场项目

5.公墓项目

6.机动车训练场项目

附录十二

禁止用地项目目录(2012年本)

一、农林业

1.兽用粉剂、散剂、预混剂生产线项目(持有新兽药证书的品种和自动化密闭式高效率混合生产工艺除外)

2.转瓶培养生产方式的兽用细胞苗生产线项目(持有新兽药证书的品种和采用新技术的除外)

3.松脂初加工项目

4.缺水地区、国家生态脆弱区纸浆原料林基地建设项目

5.粮食转化乙醇、食用植物油料转化生物燃料项目

二、煤炭

1.在国家发布新的煤炭产业政策前,单井井型不得低于以下规模:山西、内蒙古、陕西120万t/年;重庆、四川、贵州、云南15万t/年;福建、江西、湖北、湖南、广西9万t/年;其他地区30万t/年

2.新建煤与瓦斯矿井不得低于以下规模:高瓦斯矿井30万t/年,煤与瓦斯突出矿井45万t/年(2015年前)

3.采用非机械化开采工艺的煤矿项目

4.设计的煤炭资源回收率达不到国家规定要求的煤矿项目

三、电力

1.除小电网外,单机容量30万kW及以下的常规燃煤火电机组

2.除小电网外,发电煤耗高于300克标准煤/kWh的湿冷发电机组,发电煤耗高于305克标准煤/kWh的空冷发电机组

3.直接向江河排放冷却水的火电机组

4.无下泄生态流量的引水式水力发电机组

四、石化化工

1.新建1 000万t/年以下常减压、150万t/年以下催化裂化、100万t/年以下连续重整(含芳烃抽提)、150万t/年以下加氢裂化生产装置

2.新建80万t/年以下石油裂解制乙烯、13万t/年以下丙烯腈、100万t/年以下精对苯二甲酸、20万t/年以下乙二醇、20万t/年以下苯乙烯(干气制乙苯工艺除外)、10万t/年以下己内酰胺、乙烯法醋酸、30万t/年以下羰基合成法醋酸、天然气制甲醇、100万t/年以下煤制甲醇生产装置(综合利用除外),丙酮氰醇法丙烯酸、粮食法丙酮/丁醇、氯醇法环氧丙烷和皂化法环氧氯丙烷生产装置,300t/年以下皂素(含水解物,综合利用除外)生产装置

3.新建7万t/年以下聚丙烯(连续法及间歇法)、20万t/年以下聚乙烯、乙炔法聚氯乙烯、起始规模小于30万t/年的乙烯氧氯化法聚氯乙烯、10万t/年以下聚苯乙烯、20万t/年以下丙烯腈/丁二烯/苯乙烯共聚物(ABS,本体连续法除外)、3万t/年以下普通合成胶乳-羧基丁苯胶(含丁苯胶乳)生产装置,新建、改扩建溶剂型氯丁橡胶类、丁苯热塑性橡胶类、

聚氨酯类和聚丙烯酸酯类等通用型胶粘剂生产装置

4.新建纯碱、烧碱、30 万 t/年以下硫磺制酸、20 万 t/年以下硫铁矿制酸、常压法及综合法硝酸、电石(以大型先进工艺设备进行等量替换的除外)、单线产能 5 万 t/年以下氢氧化钾生产装置

5.新建三聚磷酸钠、六偏磷酸钠、三氯化磷、五硫化二磷、饲料磷酸氢钙、氯酸钠、少钙焙烧工艺重铬酸钠、电解二氧化锰、普通级碳酸钙、无水硫酸钠(盐业联产及副产除外)、碳酸钡、硫酸钡、氢氧化钡、氯化钡、硝酸钡、碳酸锶、白炭黑(气相法除外)、氯化胆碱、平炉法高锰酸钾、大锅蒸发法硫化钠生产装置

6.新建黄磷,起始规模小于 3 万 t/年、单线产能小于 1 万 t/年氰化钠(折 100%),单线产能 5 000 t/年以下碳酸锂、氢氧化锂,单线产能 2 万 t/年以下无水氟化铝或中低分子比冰晶石生产装置

7.新建以石油(高硫石油焦除外)、天然气为原料的氮肥,采用固定层间歇气化技术合成氨,磷铵生产装置,铜洗法氨合成原料气净化工艺项目

8.新建高毒、高残留以及对环境影响大的农药原药(包括氧乐果、水胺硫磷、甲基异硫磷、甲拌磷、特丁磷、杀扑磷、溴甲烷、灭多威、涕灭威、克百威、敌鼠钠、敌鼠酮、杀鼠灵、杀鼠醚、溴敌隆、溴鼠灵、肉毒素、杀虫双、灭线磷、硫丹、磷化铝、三氯杀螨醇,有机氯类、有机锡类杀虫剂,福美类杀菌剂,复硝酚钠(钾)等)生产装置

9.新建草甘膦、毒死蜱(水相法工艺除外)、三唑磷、百草枯、百菌清、阿维菌素、吡虫啉、乙草胺(甲叉法工艺除外)生产装置

10.新建硫酸法钛白粉、铅铬黄、1 万 t/年以下氧化铁系颜料、溶剂型涂料(不包括鼓励类的涂料品种和生产工艺)、含异氰脲酸三缩水甘油酯(TGIC)的粉末涂料生产装置

11.新建染料、染料中间体、有机颜料、印染助剂生产装置(不包括鼓励类的染料产品和生产工艺)

12.新建氟化氢(HF)(电子级及湿法磷酸配套除外),新建初始规模小于 20 万 t/年、单套规模小于 10 万 t/年的甲基氯硅烷单体生产装置,10 万 t/年以下(有机硅配套除外)和 10 万 t/年及以上、没有副产四氯化碳配套处置设施的甲烷氯化物生产装置,新建、改扩建含氢氯氟烃(HCFCs)(作为原料用的除外),全氟辛基磺酰化合物(PFOS)和全氟辛酸(PFOA),六氟化硫(SF_6)(高纯级除外)生产装置

13.新建斜交轮胎和力车胎(手推车胎)、锦纶帘线、3 万 t/年以下钢丝帘线、常规法再生胶(动态连续脱硫工艺除外)、橡胶塑解剂五氯硫酚、橡胶促进剂二硫化四甲基秋兰姆(TMTD)生产装置

五、信息产业

1.激光视盘机生产线(VCD 系列整机产品)

2.模拟 CRT 黑白及彩色电视机项目

六、钢铁

1.未同步配套建设干熄焦、装煤、推焦除尘装置的炼焦项目

2.180 m^2 以下烧结机(铁合金烧结机除外)

3.有效容积 400 m^3 以上 1 200 m^3 以下炼铁高炉;1 200 m^3 及以上但未同步配套煤粉喷吹装置、除尘装置、余压发电装置,能源消耗大于 430 kg 标准煤/t、新水耗量大于 2.4 m^3/t 等

达不到标准的炼铁高炉

4.公称容量 30 t 以上 100 t 以下炼钢转炉；公称容量 100 t 及以上但未同步配套煤气回收、除尘装置，新水耗量大于 3 m^3/t 等达不到标准的炼钢转炉

5.公称容量 30 t 以上 100 t(合金钢 50 t)以下电炉；公称容量 100 t(合金钢 50 t)及以上但未同步配套烟尘回收装置，能源消耗大于 98 kg 标准煤/t、新水耗量大于 3.2 m^3/t 等达不到标准的电炉

6.1 450 mm 以下热轧带钢(不含特殊钢)项目

7.30 万 t/年及以下热镀锌板卷项目

8.20 万 t/年及以下彩色涂层板卷项目

9.含铬质耐火材料生产项目

10.普通功率和高功率石墨电极压型设备、焙烧设备和生产线

11.直径 600 mm 以下或 2 万 t/年以下的超高功率石墨电极生产线

12.8 万 t/年以下预焙阳极炭块、2 万 t/年以下普通阴极炭块、4 万 t/年以下炭电极生产线

13.单机 120 万 t/年以下的球团设备(铁合金球团除外)

14.顶装焦炉炭化室高度<6.0 m、捣固焦炉炭化室高度<5.5 m，100 万 t/年以下焦化项目，热回收焦炉的项目，单炉 7.5 万 t/年以下、每组 30 万 t/年以下、总年产 60 万 t 以下的半焦(蓝炭)项目

15.3 000 kVA 及以上，未采用热装热兑工艺的中低碳锰铁、电炉金属锰和中低微碳铬铁精炼电炉

16.300 m^3 以下锰铁高炉；300 m^3 及以上，但焦比高于 1 320 kg/t 的锰铁高炉；规模小于 10 万 t/年的高炉锰铁企业

17.1.25 万 kVA 以下的硅钙合金和硅钙钡铝合金矿热电炉；1.25 万 kVA 及以上，但硅钙合金电耗高于 11 000 kWh/t 的矿热电炉

18.1.65 万 kVA 以下硅铝合金矿热电炉；1.65 万 kVA 及以上，但硅铝合金电耗高于 9 000 kWh/t的矿热电炉

19.2×2.5 万 kVA 以下普通铁合金矿热电炉(中西部具有独立运行的小水电及矿产资源优势的国家确定的重点贫困地区，矿热电炉容量<2×1.25 万 kVA)；2×2.5 万 kVA 及以上，但变压器未选用有载电动多级调压的三相或三个单相节能型设备，未实现工艺操作机械化和控制自动化，硅铁电耗高于 8 500 kWh/t，工业硅电耗高于 12 000 kWh/t，电炉锰铁电耗高于 2 600 kWh/t，硅锰合金电耗高于 4 200 kWh/t，高碳铬铁电耗高于 3 200 kWh/t，硅铬合金电耗高于 4 800 kWh/t 的普通铁合金矿热电炉

20.采用间断浸出、间断送液的电解金属锰浸出工艺的项目；10 000 t/年以下电解金属锰单条生产线(一台变压器)，电解金属锰生产总规模为 30 000 t/年以下的项目

21.采用反射炉焙烧钼精矿工艺或虽未采用反射炉焙烧钼精矿工艺但未配备 SO_2 回收装置的钼铁生产线

22.采用反射炉还原、煅烧红矾钠、铬酐生产工艺的金属铬生产线

七、有色金属

1.新建、扩建钨、锡、锑开采、冶炼项目

2.新建、扩建钼金属资源量小于20万t、开采规模小于100万t/年的钼矿项目

3.稀土开采、选矿、冶炼、分离项目(在确保产能总量不增加的前提下,有利于布局优化和兼并重组的项目除外)

4.氧化锑、铅锡焊料生产项目

5.单系列10万t/年规模以下粗铜冶炼项目

6.电解铝项目(淘汰落后生产能力置换项目及优化产业布局项目除外)

7.铅冶炼项目(单系列5万t/年规模及以上,不新增产能的技改和环保改造项目除外)

8.单系列10万t/年规模以下锌冶炼项目(直接浸出除外)

9.镁冶炼项目(综合利用项目除外)

10.10万t/年以下的独立铝用碳素项目

11.新建单系列生产能力5万t/年及以下、改扩建单系列生产能力2万t/年及以下,以及资源利用、能源消耗、环境保护等指标达不到行业准入条件要求的再生铅项目

八、黄金

在林区、基本农田、河道中开采砂金项目

九、建材

1.2 000 t/日以下熟料新型干法水泥生产线,60万t/年以下水泥粉磨站

2.普通浮法玻璃生产线

3.150万m^2/年及以下的建筑陶瓷生产线

4.60万件/年以下的隧道窑卫生陶瓷生产线

5.3 000万m^2/年以下的纸面石膏板生产线

6.无碱、中碱玻璃球生产线、铂金坩埚球法拉丝玻璃纤维生产线

7.黏土空心砖生产线(陕西、青海、甘肃、新疆、西藏、宁夏除外)和黏土实心砖生产线

8.15万m^2/年以下的石膏(空心)砌块生产线、单班2.5万m^3/年以下的混凝土小型空心砌块以及单班15万m^2/年以下的混凝土铺地砖固定式生产线、5万m^3/年以下的人造轻集料(陶粒)生产线

9.10万m^3/年以下的加气混凝土生产线

10.3 000万标砖/年以下的煤矸石、页岩烧结实心砖生产线

11.10 000 t/年以下岩(矿)棉制品生产线和8 000 t/年以下玻璃棉制品生产线

12.100万m/年及以下预应力高强混凝土离心桩生产线

13.预应力钢筒混凝土管(简称PCCP管)生产线:PCCP-L型:年设计生产能力≤50 km,PCCP-E型:年设计生产能力≤30 km

十、医药

1.新建、扩建古龙酸和维生素C原粉(包括药用、食品用和饲料用、化妆品用)生产装置,新建药品、食品、饲料、化妆品等用途的维生素B_1、维生素B_2、维生素B_{12}(综合利用除外)、维生素E原料生产装置

2.新建青霉素工业盐、6-氨基青霉烷酸(6-APA)、化学法生产7-氨基头孢烷酸(7-ACA)、7-氨基-3-去乙酰氧基头孢烷酸(7-ADCA)、青霉素V、氨苄青霉素、羟氨苄青霉素、头孢菌素c发酵、土霉素、四环素、氯霉素、安乃近、扑热息痛、林可霉素、庆大霉素、双氢链霉素、丁胺卡那霉素、麦迪霉素、柱晶白霉素、环丙氟哌酸、氟哌酸、氟嗪酸、利福平、咖啡

因、柯柯豆碱生产装置

3.新建紫杉醇(配套红豆杉种植除外)、植物提取法黄连素(配套黄连种植除外)生产装置

4.新建、改扩建药用丁基橡胶塞、二步法生产输液用塑料瓶生产装置

5.新开办无新药证书的药品生产企业

6.新建及改扩建原料含有尚未规模化种植或养殖的濒危动植物药材的产品生产装置

7.新建、改扩建充汞式玻璃体温计、血压计生产装置、银汞齐齿科材料、新建2亿支/年以下一次性注射器、输血器、输液器生产装置

十一、机械

1.2臂及以下凿岩台车制造项目

2.装岩机(立爪装岩机除外)制造项目

3.3 m^3 及以下小矿车制造项目

4.直径2.5 m及以下绞车制造项目

5.直径3.5 m及以下矿井提升机制造项目

6.40 m^2 及以下筛分机制造项目

7.直径700 mm及以下旋流器制造项目

8.800 kW及以下采煤机制造项目

9.斗容3.5 m^3 及以下矿用挖掘机制造项目

10.矿用搅拌、浓缩、过滤设备(加压式除外)制造项目

11.低速汽车(三轮汽车、低速货车)(自2015年起执行与轻型卡车同等的节能与排放标准)

12.单缸柴油机制造项目

13.配套单缸柴油机的皮带传动小四轮拖拉机,配套单缸柴油机的手扶拖拉机,滑动齿轮换挡、排放达不到要求的50马力以下轮式拖拉机

14.30万kW及以下常规燃煤火力发电设备制造项目(综合利用热电联产机组除外)

15.电线、电缆制造项目(用于新能源、信息产业、航天航空、轨道交通、海洋工程等领域的特种电线电缆除外)

16.非数控金属切削机床制造项目

17.6 300 kN及以下普通机械压力机制造项目

18.非数控剪板机、折弯机、弯管机制造项目

19.普通高速钢钻头、铣刀、锯片、丝锥、板牙项目

20.棕刚玉、绿碳化硅、黑碳化硅等烧结块及磨料制造项目

21.直径450 mm以下的各种结合剂砂轮(钢轨打磨砂轮除外)

22.直径400 mm及以下人造金刚石切割锯片制造项目

23.P_0 级、直径60 mm以下普通微小型轴承制造项目

24.220 kV及以下电力变压器(非晶合金、卷铁芯等节能配电变压器除外)

25.220 kV及以下高、中、低压开关柜制造项目(使用环保型中压气体的绝缘开关柜除外)

26.酸性碳钢焊条制造项目

27.民用普通电度表制造项目

28.8.8 级以下普通低档标准紧固件制造项目

29.驱动电动机功率 560 kW 及以下、额定排气压力 1.25 MΩ 及以下，一般用固定的往复活塞空气压缩机制造项目

30.普通运输集装干箱项目

31.56 英寸及以下单级中开泵制造项目

32.通用类 10 MΩ 及以下中低压碳钢阀门制造项目

33.5 t/h 及以下短炉龄冲天炉

34.有色合金六氯乙烷精炼、镁合金 SF_6 保护

35.冲天炉熔化采用冶金焦

36.采用无再生的水玻璃砂造型制芯工艺的项目

37.盐浴氮碳、硫氮碳共渗炉及盐

38.电子管高频感应加热设备

39.亚硝酸盐缓蚀、防腐剂

40.铸/锻造用燃油加热炉

41.锻造用燃煤加热炉

42.手动燃气锻造炉

43.蒸汽锤

44.弧焊变压器

45.含铅和含镉钎料

46.新建全断面掘进机整机组装项目

47.新建万吨级以上自由锻造液压机项目

48.新建普通铸锻件项目

49.动圈式和抽头式手工焊条弧焊机

50.Y 系列(IP44)三相异步电动机(机座号 80~355)及其派生系列，Y2 系列(IP54)三相异步电动机(机座号 63~355)

51.背负式手动压缩式喷雾器

52.背负式机动喷雾喷粉机

53.手动插秧机

54.青铜制品的茶叶加工机械

55.双盘摩擦压力机

56.含铅粉末冶金件

57.出口船舶分段建造项目

58.新建风电装备整机制造厂项目

59.排放标准国三及以下的机动车用发动机

60.4 挡及以下机械式车用自动变速箱(AT)

十二、轻工

1.聚氯乙烯普通人造革生产线

2.年加工生皮能力 20 万标张牛皮以下的生产线，年加工蓝湿皮能力 10 万标张牛皮以下的生产线

3.超薄型(厚度低于 0.015 mm)塑料袋和超薄型(厚度低于 0.025 mm)塑料购物袋生产

4.新建以含氢氯氟烃(HCFCs)为发泡剂的聚氨酯泡沫塑料生产线、连续挤出聚苯乙烯泡沫塑料(XPS)生产线

5.聚氯乙烯(PVC)食品保鲜包装膜

6.普通照明白炽灯、高压汞灯

7.最高转速低于 4 000 针/分的平缝机(不含厚料平缝机)和最高转速低于 5 000 针/分的包缝机

8.电子计价秤(准确度低于最大称量的 1/3 000,称量≤15 kg)、电子皮带秤(准确度低于最大称量的 5/1 000)、电子吊秤(准确度低于最大称量的 1/1 000,称量≤50 t)、弹簧度盘秤(准确度低于最大称量的 1/400,称量≤8 kg)

9.电子汽车衡(准确度低于最大称量的 1/3 000,称量≤300 t)、电子静态轨道衡(准确度低于最大称量的 1/3 000,称量≤150 t)、电子动态轨道衡(准确度低于最大称量的1/500,称量≤150 t)

10.玻璃保温瓶胆生产线

11.3 万 t/年及以下的玻璃瓶罐生产线

12.以人工操作方式制备玻璃配合料及秤量

13.未达到日用玻璃行业清洁生产评价指标体系规定指标的玻璃窑炉

14.生产能力小于 18 000 瓶/时的啤酒灌装生产线

15.羰基合成法及齐格勒法生产的脂肪醇产品

16.热法生产三聚磷酸钠生产线

17.单层喷枪洗衣粉生产工艺及装备、1.6 t/h 以下规模磺化装置

18.糊式锌锰电池、镉镍电池

19.牙膏生产线

20.100 万 t/年以下北方海盐项目;新建南方海盐盐场项目;60 万 t/年以下矿(井)盐项目

21.单色金属板胶印机

22.新建单条化学木浆 30 万 t/年以下、化学机械木浆 10 万 t/年以下、化学竹浆 10 万 t/年以下的生产线;新闻纸、铜版纸生产线

23.元素氯漂白制浆工艺

24.原糖加工项目及日处理甘蔗 5 000 t(云南地区 3000 t)、日处理甜菜 3 000 t 以下的新建项目

25.白酒生产线

26.酒精生产线

27.5 万 t/年及以下且采用等电离交换工艺的味精生产线

28.糖精等化学合成甜味剂生产线

29.浓缩苹果汁生产线

30.大豆压榨及浸出项目(黑龙江、吉林、内蒙古大豆主产区除外);东、中部地区单线日处理油菜籽、棉籽 200 t 及以下,花生 100 t 及以下的油料加工项目;西部地区单线日处理油菜籽、棉籽、花生等油料 100 t 及以下的加工项目

31.年加工玉米30万t以下、绝干收率在98%以下玉米淀粉湿法生产线

32.年屠宰生猪15万头及以下、肉牛1万头及以下、肉羊15万只及以下、活禽1 000万只及以下的屠宰建设项目(少数民族地区除外)

33.3 000 t/年及以下的西式肉制品加工项目

34.2 000 t/年及以下的酵母加工项目

35.冷冻海水鱼糜生产线

十三、纺织

1.单线产能小于10万t/年的常规聚酯(PET)连续聚合生产装置

2.采用常规聚酯的对苯二甲酸二甲酯(DMT)法生产工艺的项目

3.半连续纺粘胶长丝生产线

4.间歇式氨纶聚合生产装置

5.常规化纤长丝用锭轴长1 200 mm及以下的半自动卷绕设备

6.粘胶板框式过滤机

7.单线产能≤1 000 t/年、幅宽≤2 m的常规丙纶纺粘法非织造布生产线

8.25 kg/h以下梳棉机

9.200钳次/min以下的棉精梳机

10.5万r/min以下自排杂气流纺设备

11.FA502、FA503细纱机

12.入纬率小于600 m/min的剑杆织机,入纬率小于700 m/min的喷气织机,入纬率小于900 m/min的喷水织机

13.采用聚乙烯醇浆料(PVA)上浆工艺及产品(涤棉产品,纯棉的高支高密产品除外)

14.吨原毛洗毛用水超过20 t的洗毛工艺与设备

15.双宫丝和柞蚕丝的立式缫丝工艺与设备

16.采用绞纱染色工艺项目

17.亚氯酸钠漂白设备

十四、烟草

卷烟加工项目

十五、消防

1.火灾自动报警设备项目

2.灭火器项目

3.碳酸氢钠干粉(BC)和环保型水系灭火剂

4.防火门项目

5.消防水带项目

6.消防栓(室内、外)项目

7.普通消防车(罐类、专项类)项目

十六、民爆产品

1.非人机隔离的非连续化、自动化雷管装配生产线

2.非连续化、自动化炸药生产线

3.高污染的起爆药生产线

4.高能耗、高污染、低性能工业粉状炸药生产线

十七、其他

1.别墅类房地产开发项目

2.高尔夫球场项目

3.赛马场项目

4.党政机关(含国有企事业单位)新建、改扩建培训中心(基地)和各类具有住宿、会议、餐饮等接待功能的设施或场所建设项目

5.未依法取得探矿权的矿产资源勘查项目

6.未依法取得采矿权的矿产资源开采项目

附录十三

建设用地项目供地方案

（格式）

编制机关（盖章）：

主管领导（签字）：

编制时间：　　　年　　　月　　　日

中华人民共和国国土资源部监制

填表说明

一、供地方案由项目用地所在地的县、市土地行政主管部门进行编制。

二、本表栏目中设计有“划拨供地”和“有偿供地”,编制单位应根据实际供地方式填写。

三、本表中“现状用途”是指该项目拟定用地范围内现状的实际用途;“规划用途”是指土地利用总体规划和城市规划确定的用途;“申请用途”是指建设用地单位申请的用途。

四、本表中“供地政策适用情况”是指适用允许、限制、禁止供地项目中的其中一类,并写明该类名称。

五、本表中“建设用地指标适用情况及说明”是指建设用地指标的适用情况,如果高于用地指标,说明其原因;如果是尚未颁布建设用地指标的项目,说明其用地规模确定的依据及理由。

六、在地价评估中,“土地评估资质等级”栏内填写由国土资源部省级土地行政主管部门评审认证的机构等级;报国务院和国土资源部审批的有偿项目须有A级机构参加;同一项目有两个或两个以上估价机构合作承担评估的,应填报主要机构和相应资质,其他合作机构和资质应在“其他需要说明的事项”栏内逐一说明;“备注”栏内填写需要补充解释的事项,如适用地域范围等。

七、本表“有偿供地”栏内列出了各种不同的有偿使用方式和提供方式,如同一项目用地中存在不同的有偿使用方式和提供方式,编制单位应根据项目用地的实际情况,分别在相应栏内填入面积、价格和用地年限。

以协议方式供地的,“拟议单价”和“拟议总价”应按草签的国有土地有偿使用合同初步达成的供地价格或租金额填写;以拍卖方式供地的,上述两项应按拍卖方案确定的起叫价填写,以招标方式供地的,可不填上述两项内容。

八、本方案应附以下相关资料和图件。

(一)项目用地界址图。

(二)项目用地总平面布置图。

(三)有偿方式供地的,应附草签的有偿使用合同(或招标、拍卖方案)和土地评估报告。

其他与《建设用地审查报批管理办法》规定的相关报批材料。

<table>
<tr><td colspan="2">建设用地项目名称</td><td colspan="2"></td></tr>
<tr><td colspan="2">建设用地单位名称</td><td colspan="2"></td></tr>
<tr><td colspan="2">现状用途</td><td colspan="2"></td></tr>
<tr><td colspan="2">规划用途</td><td colspan="2"></td></tr>
<tr><td colspan="2">申请用途</td><td colspan="2"></td></tr>
<tr><td colspan="2">项目用地预审意见</td><td colspan="2"></td></tr>
<tr><td colspan="2">供地计划指标情况</td><td colspan="2">使用　　年由　　　　　　　　　　下达　hm² 指标</td></tr>
<tr><td colspan="2">供地政策适用情况</td><td colspan="2"></td></tr>
<tr><td colspan="2" rowspan="4">拟供用地技术参数</td><td>建筑容积率</td><td></td></tr>
<tr><td>建筑密度</td><td></td></tr>
<tr><td>绿化覆盖率</td><td></td></tr>
<tr><td>其他</td><td></td></tr>
<tr><td colspan="3">建设项目计划开工时间</td><td>年　　月</td></tr>
<tr><td colspan="3">建设项目计划竣工时间</td><td>年　　月</td></tr>
<tr><td colspan="2" rowspan="4">申请用地面积</td><td>不分期建设项目申请用地</td><td>hm²</td></tr>
<tr><td rowspan="3">分期建设项目申请用地</td><td>第一期：　　hm²</td></tr>
<tr><td>第二期：　　hm²</td></tr>
<tr><td>第三期：　　hm²</td></tr>
<tr><td colspan="2">拟供地时间</td><td colspan="2"></td></tr>
<tr><td rowspan="7">本期拟供用地面积</td><td>总面积</td><td>hm²</td><td>其中划拨：　　hm²　　有偿：　　hm²</td></tr>
<tr><td>其中使用原国有余地</td><td colspan="2"></td></tr>
<tr><td>各功能分区名称</td><td colspan="2">用地面积</td></tr>
<tr><td></td><td colspan="2">hm²</td></tr>
<tr><td></td><td colspan="2">hm²</td></tr>
<tr><td></td><td colspan="2">hm²</td></tr>
<tr><td></td><td colspan="2">hm²</td></tr>
</table>

续表

<table>
<tr><td colspan="8">建设用地指标适用情况及说明：</td></tr>
<tr><td rowspan="2">规划用地</td><td colspan="2">编入划拨目录文件名称</td><td colspan="5"></td></tr>
<tr><td colspan="2">项目编号</td><td colspan="5"></td></tr>
<tr><td rowspan="15">有偿供地</td><td rowspan="8">土地评估情况</td><td colspan="2">评估机构全称</td><td colspan="2"></td><td>土地评估资质等级</td><td></td></tr>
<tr><td colspan="2">土地评估技术报告编号</td><td colspan="4"></td></tr>
<tr><td rowspan="2">评估结果</td><td>地价定义</td><td colspan="4">设定宗地外　通　平,宗地内　通　平,　用途,　年期,平均容积率　,估价期日　年　月　日,
（是否设定有关他项权利）
[公开市场、抵押、入股、出让、租赁等(选择其中适合项)]</td></tr>
<tr><td>土地使用权价格(租金)</td><td>单位</td><td>元/m²</td><td>总价</td><td>万元</td></tr>
<tr><td rowspan="3">宗地所在级别相应用途的基准地价</td><td>内涵</td><td colspan="4">通　平,　用途,　年期,　级地,容积率　,开始施行时间　年　月　日</td></tr>
<tr><td>价格水平</td><td>元/m²</td><td>调整幅度</td><td colspan="2">±%</td></tr>
<tr><td>备注</td><td></td><td></td><td colspan="2"></td></tr>
<tr><td colspan="2">使用方式</td><td>提供方式</td><td>拟供地面积(hm²)</td><td>拟议单价(元/m²)</td><td>拟议总价(万元)</td><td>用地年限</td></tr>
<tr><td colspan="2" rowspan="4">出让</td><td>招标</td><td></td><td></td><td></td><td></td></tr>
<tr><td>拍卖</td><td></td><td></td><td></td><td></td></tr>
<tr><td>挂牌</td><td></td><td></td><td></td><td></td></tr>
<tr><td>协议</td><td></td><td></td><td></td><td></td></tr>
<tr><td colspan="2" rowspan="4">租赁</td><td>招标</td><td></td><td></td><td></td><td></td></tr>
<tr><td>拍卖</td><td></td><td></td><td></td><td></td></tr>
<tr><td>挂牌</td><td></td><td></td><td></td><td></td></tr>
<tr><td>协议</td><td></td><td></td><td></td><td></td></tr>
<tr><td colspan="2">作价出资或入股</td><td>协议</td><td></td><td></td><td></td><td></td></tr>
<tr><td colspan="8">其他需要说明的事项</td></tr>
</table>

附录十四

国有土地使用权出让意向书

出让人:中华人民共和国______________省(自治区、直辖市)______________市(县)__________;

拟受让人:____。

出让人(甲方)与拟受让人(乙方)双方本着平等、自愿、有偿、诚实信用的原则,经过双方协商一致,达成以下用地意向。

第一条　甲方将位于__________的宗地使用权出让给乙方,宗地编号为__________,宗地面积(大写)__________m^2(小写______m^2)。宗地四至:东______,南______,西______,北______。

第二条　本用地意向书拟出让宗地的用途为______,土地使用权出让年期为______。

第三条　甲方同意在交付土地时该宗地应达到本条第____款规定的土地条件:

(一)达到场地平整和周围基础设施______通,即通______。

(二)周围基础设施达到______通,即通______,但场地尚未拆迁和平整,建筑物和其他地上物状况如下:______________________________________。

(三)现状土地条件______________________________________。

第四条　本用地意向书宗地的土地使用权出让金为每平方米人民币(大写)____________________________元(小写______元);总额为人民币大写________________________元(小写______元),付款方式________。

第五条　乙方在本用地意向书的宗地范围内新建建筑物的,应符合下列要求。

主体建筑物性质____________________________;

附属建筑物性质____________________________;

建筑容积率____________________________;

建筑密度____________________________;

建筑限高____________________________;

投资强度____________________________;

绿地比例____________________________;

其他土地利用要求____________________________。

第六条　乙方同意在本用地意向书的宗地范围内一并修建下列工程,并在建后无偿移交给政府。

第七条　乙方知悉本《国有土地使用权出让意向书》的内容需要在土地交易场所和中国土地市场网上公示____________日,并根据公示期满的反馈情况,按以下情况处理。

(一)公示期间,有异议且经审查发现确实存在违反法律法规行为的,协议出让程序终止,并严格依法处理。

（二）公示期满，无异议或虽有异议但经审查没有发现存在违反法律法规行为的，双方将按本意向书约定签订《国有土地使用权出让合同》。

第八条　符合本意向书第七条第二款规定条件的，双方同意于______年____月____日在________________________________签订《国有土地使用权出让合同》。

第九条　本意向书对双方具有同等法律效力。

第十条　本《国有土地使用权出让意向书》未尽事宜，可由双方约定后作为附件，与本意向书具有同等法律效力。

出让人（甲方）：	拟受让人（乙方）：
地址：	地址：
法定代表人（委托代理人）签字：	法定代表人（委托代理人）签字：
电话：	电话：
邮政编码：	邮政编码：

年　　月　　日

附录十五

划拨土地使用权准予转让通知书

_________(申请人名称)：

根据你方申请，报经_________市(县)人民政府批准，准予你方目前所使用的位于_________的国有划拨土地使用权转让。请持本通知书，按规定将该宗地使用权在土地有形市场公开交易，确定受让人和成交价款，并签订转让合同。你方与受让人达成交易后10日内，双方应持转让合同、原《国有土地使用证》、《划拨土地使用权准予转让通知书》、转让方和受让方的身份证明材料等，向我局申请办理土地出让手续，并由受让方与我局签订《国有土地使用权出让合同》，土地出让金不得低于每平方米(大写)____________________元(￥_________)。

本通知书有效期为_________。

_______________国土资源局(盖章)

年　　月　　日

附录十六

国有土地使用权出让合同

第一章　总　则

第一条　本合同当事人双方：

出让人：中华人民共和国________省（自治区、直辖市）________市（县）；

受让人：______________________________。

根据《中华人民共和国土地管理法》、《中华人民共和国城市房地产管理法》、《中华人民共和国合同法》和其他法律、行政法规、地方性法规，双方本着平等、自愿、有偿、诚实信用的原则，订立本合同。

第二条　出让人根据法律的授权出让土地使用权，出让土地的所有权属中华人民共和国。国家对其拥有宪法和法律授予的司法管辖权、行政管理权以及其他按中华人民共和国法律规定由国家行使的权力和因社会公众利益所必需的权益。地下资源、埋藏物和市政公用设施均不属于土地使用权出让范围。

第二章　出让土地的交付与出让金的缴纳

第三条　出让人出让给受让人的宗地位于________________，宗地编号为__________，宗地总面积大写______________m^2（小写________m^2），其中出让土地面积为大写____________________m^2（小写________m^2）。宗地四至及界址点坐标见附件《出让宗地界址图》。

第四条　本合同项下出让宗地的用途为________________。

第五条　出让人同意在____年____月____日前将出让宗地交付给受让人，出让方同意在交付土地时该宗地应达到本条第____款规定的土地条件。

（一）达到场地平整和周围基础设施____通，即通________。

（二）周围基础设施达到____通，即通________，但场地尚未拆迁和平整，建筑物和基础地上物状况如下：________。

（三）现状土地条件______________________________。

第六条　本合同项下的土地使用权出让年期为________，自出让方向受让方实际交付土地之日起算，原划拨土地使用权补办出让手续的，出让年期自合同签订之日起算。

第七条　本合同项下宗地的土地使用权出让金为每平方米人民币大写________元（小写________元）；总额为人民币大写________元（小写________元）。

第八条　本合同经双方签字后________日内，受让人须向出让人缴付人民币大写__________元（小写________元）作为履行合同的定金。定金抵作土地使用权出让金。

第九条　受让人同意按照本条第________款的规定向出让人支付上述土地使用权出

让金。

(一)本合同签订之日起____日内,一次性付清上述土地使用权出让金。

(二)按以下时间和金额分____期向出让人支付上述土地使用权出让金。

第一期　人民币大写__________元(小写__________元),付款时间____年____月____日之前。

第二期　人民币大写__________元(小写__________元),付款时间____年____月____日之前。

第三期　人民币大写__________元(小写__________元),付款时间____年____月____日之前。

分期支付土地出让金的,受让人在支付第二期及以后各期土地出让金时,应按照银行同期贷款利率向出让人支付相应的利息。

第三章　土地开发建设与利用

第十条　本合同签订后____日内,当事人双方应依附件《出让宗地界址图》所标示坐标实地验明各界址点界桩。受让人应妥善保护土地界桩,不得擅自改动,界桩遭受破坏或移动时,受让人应立即向出让人提出书面报告,申请复界测量,恢复界桩。

第十一条　受让人在本合同项下宗地范围内新建建筑物的,应符合下列要求。

主体建筑物性质____________________;

附属建筑物性质____________________;

建筑容积率____________________;

建筑密度____________________;

建筑限高____________________;

绿地比例____________________;

其他土地利用要求____________________。

第十二条　受让人同意在本合同项下宗地范围内一并修建下列工程,并在建成后无偿移交给政府。

(1)____________________;

(2)____________________;

(3)____________________。

第十三条　受让人同意在____年____月____日之前动工建设。

不能按期开工建设的,应提前 30 日向出让人提出延建申请,但延建时间最长不得超过 1 年。

第十四条　受让人在受让宗地内进行建设时,有关用水、用气、污水及其他设施同宗地外主管线、用电变电站接口和引入工程应按有关规定办理。

受让人同意政府为公用事业需要而敷设的各种管道与管线进出、通过、穿越受让宗地。

第十五条　受让人在按本合同约定支付全部土地使用权出让金之日起 30 日内,应持本合同和土地使用权出让金支付凭证,按规定向出让人申请办理土地登记,领取《国有土地使用证》,取得出让土地使用权。

出让人应在受理土地登记申请之日起 30 日内，依法为受让人办理出让土地使用权登记，颁发《国有土地使用证》。

第十六条　受让人必须依法合理利用土地，其在受让宗地上的一切活动，不得损害或者破坏周围环境或设施，使国家或他人遭受损失的，受让人应负责赔偿。

第十七条　在出让期限内，受让人必须按照本合同规定的土地用途和土地使用条件利用土地，需要改变本合同规定的土地用途和土地使用条件的，必须依法办理有关批准手续，并向出让人申请，取得出让人同意，签订土地使用权出让合同变更协议或者重新签订土地使用权出让合同，相应调整土地使用权出让金，办理土地变更登记。

第十八条　政府保留对本合同项下宗地的城市规划调整权，原土地利用规划如有修改，该宗地已有的建筑物不受影响，但在使用期限内该宗地建筑物、附着物改建、翻建、重建或期限届满申请续期时，必须按届时有效的规划执行。

第十九条　出让人对受让人依法取得的土地使用权，在本合同约定的使用年限届满前不收回；在特殊情况下，根据社会公共利益需要提前收回土地使用权的，出让人应当依照法定程序报批，并根据收回时地上建筑物、其他附着物的价值和剩余年期土地使用权价格给予受让人相应的补偿。

第四章　土地使用权转让、出租、抵押

第二十条　受让人按照本合同约定已经支付全部土地使用权出让金，领取《国有土地使用证》，取得出让土地使用权后，有权将本合同项下的全部或部分土地使用权转让、出租、抵押，但首次转让（包括出售、交换和赠与）剩余年期土地使用权时，应当经出让人认定符合下列第____款规定之条件。

（一）按照本合同约定进行投资开发，完成开发投资总额的百分之二十五以上；

（二）按照本合同约定进行投资开发，形成工业用地或其他建设用地条件。

第二十一条　土地使用权转让、抵押，转让、抵押双方应当签订书面转让、抵押合同；土地使用权出租期限超过六个月的，出租人和承租人也应当签订书面出租合同。

土地使用权的转让、抵押及出租合同，不得违背国家法律、法规和本合同的规定。

第二十二条　土地使用权转让，本合同和登记文件中载明的权利、义务随之转移，转让后，其土地使用权的使用年限为本合同约定的使用年限减去已经使用年限后的剩余年限。本合同项下的全部或部分土地使用权出租后，本合同和登记文件中载明的权利、义务仍由受让人承担。

第二十三条　土地使用权转让、出租、抵押，地上建筑物、其他附着物随之转让、出租、抵押；地上建筑物、其他附着物转让、出租、抵押，土地使用权随之转让、出租、抵押。

第二十四条　土地使用权转让、出租、抵押的，转让、出租、抵押双方应在相应的合同签订之日起 30 日内，持本合同和相应的转让、出租、抵押合同及《国有土地使用证》，到土地行政主管部门申请办理土地登记。

第五章　期限届满

第二十五条　本合同约定的使用年限届满，土地使用者需要继续使用本合同项下宗地

的，应当至迟于届满前一年向出让人提交续期申请书，除根据社会公共利益需要收回本合同项下土地的，出让人应当予以批准。

出让人同意续期的，受让人应当依法办理有偿用地手续，与出让人重新签订土地有偿使用合同，支付土地有偿使用费。

第二十六条　土地出让期限届满，受让人没有提出续期申请或者虽申请续期但依照本合同第二十五条规定未获批准的，受让人应当交回《国有土地使用证》，出让人代表国家收回土地使用权，并依照规定办理土地使用权注销登记。

第二十七条　土地出让期限届满，受让人未申请续期的，本合同项下土地使用权和地上建筑物及其他附着物由出让人代表国家无偿收回，受让人应当保持地上建筑物、其他附着物的正常使用功能，不得人为破坏，地上建筑物、其他附着物失去正常使用功能的，出让人可要求受让人移动或拆除地上建筑物、其他附着物，恢复场地平整。

第二十八条　土地出让期限届满，受让人提出续期申请而出让人根据本合同第二十五条之规定没有批准续期的，土地使用权由出让人代表国家无偿收回，但对于地上建筑物及其他附着物，出让人应当根据收回时地上建筑物、其他附着物的残余价值给予受让人相应补偿。

第六章　不可抗力

第二十九条　任何一方对由于不可抗力造成的部分或全部不能履行本合同不负责任，但应在条件允许下采取一切必要的补救措施以减少因不可抗力造成的损失。当事人迟延履行后发生不可抗力的，不能免除责任。

第三十条　遇有不可抗力的一方，应在____小时内将事件的情况以信件、电报、电传、传真等书面形式通知另一方，并且在事件发生后____日内，向另一方提交合同不能履行或部分不能履行或需要延期履行理由的报告。

第七章　违约责任

第三十一条　受让人必须按照本合同约定，按时支付土地使用权出让金。如果受让人不能按时支付土地使用权出让金的，自滞纳之日起，每日按迟延支付款项的____%向出让人缴纳滞纳金，延期付款超过6个月的，出让人有权解除合同，收回土地，受让人无权要求返还定金，出让人并可请求受让人赔偿因违约造成的其他损失。

第三十二条　受让人按合同约定支付土地使用权出让金的，出让人必须按照合同约定，按时提供出让土地。由于出让人未按时提供出让土地而致使受让人对本合同项下宗地占有延期的，每延期1日，出让人应当按受让人已经支付的土地使用权出让金的____‰向受让人给付违约金。出让人延期交付土地超过6个月的，受让人有权解除合同，出让人应当双倍返还定金，并退还已经支付土地使用权出让金的其他部分，受让人并可请求出让人赔偿因违约造成的其他损失。

第三十三条　受让人应当按照合同约定进行开发建设，超过合同约定的动工开发日期满1年未动工开发的，出让人可以向受让人征收相当于土地使用权出让金20%以下的土地闲置费；满2年未动工开发的，出让人可以无偿收回土地使用权；但因不可抗力或者政府、政府有关部门的行为或者动工开发必需的前期工作造成动工开发迟延的除外。

第三十四条 出让人交付的土地未能达到合同约定的土地条件的,应视为违约。受让人有权要求出让人按照规定的条件履行义务,并且赔偿延误履行而给受让人造成的直接损失。

第八章 通知和说明

第三十五条 本合同要求或允许的通知和通信,不论以何种方式传递,均自实际收到时起生效。

第三十六条 当事人变更通知、通信地址或开户银行、账号的,应在变更后15日内,将新的地址或开户银行、账号通知另一方。因当事人一方迟延通知而造成的损失,由过错方承担责任。

第三十七条 在缔结本合同时,出让人有义务解答受让人对于本合同所提出的问题。

第九章 适用法律及争议解决

第三十八条 本合同订立、效力、解释、履行及争议的解决均适用中华人民共和国法律。

第三十九条 因履行本合同发生争议,由争议双方协商解决,协商不成的,按本条第____________款规定的方式解决。

(一)提交__________仲裁委员会仲裁;

(二)依法向人民法院起诉。

第十章 附 则

第四十条 本合同依照本条第______款之规定生效。

(一)本合同项下宗地出让方案业经________人民政府批准,本合同自双方签订之日起生效。

(二)本合同项下宗地出让方案尚需经________人民政府批准,本合同自________人民政府批准之日起生效。

第四十一条 本合同一式____份,具有同等法律效力,出让人、受让人各执____份。

第四十二条 本合同和附件共____页,以中文书写为准。

第四十三条 本合同的金额、面积等项应当同时以大、小写表示,大、小写数额应当一致,不一致的,以大写为准。

第四十四条 本合同于____年____月____日在中华人民共和国________省(自治区、直辖市)________市(县)签订。

第四十五条 本合同未尽事宜,可由双方约定后作为合同附件,与本合同具有同等法律效力。

出让人(盖章):	受让人(盖章):
住所:	住所:
法定代表人(委托代理人)(签字):	法定代表人(委托代理人)(签字):

电话：	电话：
传真：	传真：
电报：	电报：
开户银行：	开户银行：
账号：	账号：
邮政编码：	邮政编码：

年　　月　　日

附录十七

国有土地使用权出让合同补充协议

根据____________市(县)国让(合)字(200_)第_____号《国有土地使用权出让合同》(以下简称《出让合同》)第四十五条的约定,出让人中华人民共和国____________省(自治区、直辖市)____________市(县)局,与受让人____________,双方就合同中有关土地开发利用等未尽事宜,约定如下。

第一条 受让人除按照《出让合同》第十三条第一款约定日期动工建设外,同意在_____年____月____日前完成项目施工建设,并申请竣工验收。

受让人按照《出让合同》第十三条第二款约定提出延建申请,并经出让人同意延建的,其项目竣工和申请竣工验收日期可按同意延建的时间相应顺延。

第二条 受让人同意《出让合同》项下受让宗地的投资总额不低于____万元人民币。属于工业建设项目的,受让人同意《出让合同》项下受让宗地的项目固定资产投资额不低于经批准或登记备案的____万元人民币,单位用地面积投资强度不低于每公顷____万元人民币,项目固定资产投资包括建筑物、构筑物、设备投资和地价款等。

第三条 受让人除按照《出让合同》第十一条各项约定履行外,同意该受让宗地容积率不低于____,建筑系数不低于____%。

第四条 属于工业建设项目的,受让人同意该受让宗地中用于企业内部行政办公及生活服务设施的用地不超过受让宗地面积的_____%,即不超过______hm^2。受让人不得在受让宗地范围内建造成套住宅、专家楼、宾馆、招待所和培训中心等非生产性设施。

第五条 受让人按照《出让合同》第十三条约定日期动工建设,但已开发建设面积占建设总面积比例不足三分之一或已投资额占总投资额不足25%,且未经批准中止开发建设连续满1年的,也视为土地闲置,出让人有权向受让人征收土地闲置费。

第六条 出让人、受让人双方同意将《出让合同》第三十三条约定的土地闲置费标准定为相当于出让宗地土地使用权出让金总额的____‰,即人民币____元。

第七条 受让人因自身原因终止该项目投资建设,向出让人提出终止履行《出让合同》并申请退还土地的,出让人报经原批准土地出让方案的人民政府或机关批准后,区分情况分别按以下约定退还除《出让合同》第八条约定的定金以外的全部或部分土地使用权出让金(不计利息),收回土地使用权,但该宗地范围内已建的建筑物、构筑物不予补偿,出让人还可要求受让人清除已建建筑物、构筑物,恢复场地平整。

(一)受让人在《出让合同》约定的动工建设日期届满一年前不少于60日向出让人提出申请的,出让人在扣除定金后退还受让人已支付的土地使用权出让金。

(二)受让人在合同约定的动工建设日期超过一年但未满二年,并在届满二年前不少于60日向出让人提出申请的,出让人应在扣除《出让合同》第八条约定的定金,并按照本补充协议第六条约定征收土地闲置费后,将剩余的已付土地使用权出让金退还受让人。

第八条 因自身原因减少项目投资规模，而导致部分建设用地空闲，且具备分割条件，并能重新用于开发建设的，受让人须在项目完成建设前90日向出让人提出退还相应面积建设用地申请。经市、县人民政府批准后，出让人与受让人签订土地使用权出让合同变更协议，由出让方收回相应部分的土地使用权，将所收回土地对应的土地出让金在扣除相应比例的定金后，退还给受让人。

第九条 受让人未能按照《出让合同》第十三条第一款约定日期或第二款同意延建所另行约定日期动工建设的，每延迟一日，应向出让人支付相当于土地使用权出让金总额_____‰的违约金；造成土地闲置的，还应当按照本补充协议第六条的约定支付土地闲置费。

第十条 受让人未能按照本补充协议第一条第一款约定日期或第二款同意延建所另行约定日期完成项目建设并申请竣工验收的，每延迟一日，应向出让人支付相当于土地使用权出让金总额____‰的违约金。

第十一条 在项目竣工验收后60日内，受让人应向出让人提供工程竣工验收资料及项目竣工决算审计报告等有关资料，由出让人按照《出让合同》第十一条及本补充协议第二条、第三条、第四条约定的投资额、投资强度、土地利用强度等指标，对该宗地的实际投资强度、土地利用强度等进行复核。

受让人实际投资强度、土地利用强度不能满足双方约定的指标的，属于违约，出让人有权收取违约金，并可要求受让人继续履约。

第十二条 项目投资总额、固定资产投资额和单位用地面积投资强度未达到本补充协议第二条约定标准的，出让人可以按照实际差额部分占约定投资总额和投资强度指标的比例，要求受让人支付相当于同比例土地使用权出让金的违约金。

第十三条 项目建筑容积率、建筑密度等任何一项指标低于《出让合同》第十一条和本补充协议第三条约定标准的，出让人可以按照实际差额部分占约定标准的比例，要求受让人支付相当于同比例土地使用权出让金的违约金。

第十四条 工业建设项目的绿化比例以及企业内部行政办公及生活服务设施用地所占比例等任何一项指标超过《出让合同》第十一条和本补充协议第四条约定标准的，受让人应当向出让人支付相当于土地使用权出让金总额______‰的违约金，并自行拆除相应的绿化和建筑设施。

第十五条 在出让期限内，受让人要求改变《出让合同》规定的土地用途等土地使用条件的，双方同意按照本条第____款规定办理。

（一）由出让人收回土地使用权后，依法重新出让。

（二）按照《出让合同》第十七条的约定办理改变土地用途和土地使用条件批准手续后，由受让人按照批准变更时新旧土地使用条件下该宗地的土地市场价格差额补交土地使用权出让金。

第十六条 ［其他事项］

出让人（盖章）： 受让人（盖章）：

法定代表人（委托代理人）签字： 法定代表人（委托代理人）签字：

年 月 日

附录十八

A. 国有土地使用权出让预申请书示范文本

国有土地使用权出让预申请书

________国土资源局：

我方现申请受让位于________________（位置）编号为________________的地块（地段中________m^2 的土地使用权，具体四至为：________）。该地块已列入你局公布的招标拍卖挂牌出让计划。我方愿意以_______元/m^2，总计人民币________万元（大写）（￥________）为最低出价，若获你局同意，我方愿意签订说明此意的承诺书，缴纳相应的保证金，并按要求参加你局组织的此宗地招标、拍卖、挂牌出让活动。

申请人：________________（加盖公章）

法定代表人（或授权委托代理人）签名：________________

联系人：______________________

地址：______________________

邮政编码：____________________

电话：______________________

申请日期：_____年____月____日

B. 国有土地使用权出让公告文本格式

1. 国有土地使用权招标出让公告格式

国土资源局国有土地使用权招标出让公告

告字[ ] 号

经__________人民政府批准,__________资源局决定以招标方式出让____(幅)地块的国有土地使用权。现将有关事项公告如下:

一、招标出让地块的基本情况和规划指标要求

编号	土地位置	土地面积(m^2)	土地用途	规划指标要求			出让年限(年)	投资强度要求	投标保证金	…
				容积率	建筑密度	…				

(其他需要说明的宗地情况)

……

二、中华人民共和国境内外的法人、自然人和其他组织均可申请参加,申请人应当(可以)单独申请(也可以联合申请)。

(申请人应具备的其他条件)

……

三、本次国有土地使用权招标出让按照价高者得的原则确定中标人(本次国有土地使用权招标出让按照能够最大限度地满足招标文件中规定的各项综合评价标准者得的原则确定中标人)。

四、本次招标出让的详细资料和具体要求,见招标出让文件。申请人可于______年____月____日至______年____月____日,到______________________________(地点)获取招标出让文件。

五、申请人可于______年____月____日至______年____月____日,到__________________________(地点)向我局提交书面申请。缴纳投标保证金的截止时间为______年____月____日____时。经审查,申请人按规定缴纳投标保证金,具备申请条件的,我局将在______年____月____日____时前确认其投标资格。

六、本次国有土地使用权招标出让活动定于______年____月____日____时至______年____月____日____时在________________(地点)投标,______年____月____日____时在______________________________(地点)开标。

七、其他需要公告的事项

本次招标不允许(允许)邮寄投标文件(但必须在投标截止时间前收到方为有效,具体

时间以我局收到投标文件的时间为准)。

……

八、联系方式与银行账户

联系地址:________________

联系电话:________________

联系人:________________

开户单位:________________

开户行:________________

账号:________________

________________国土资源局

______年____月____日

2.投标邀请书格式

____________国土资源局
国有土地使用权投标邀请书

__________(被邀请单位名称):

经______人民政府批准,______________________国土资源局决定采取邀请招标方式出让______(幅)地块的国有土地使用权,现邀请你单位参加投标。具体事项如下。

一、招标出让地块的基本情况和规划指标要求

编号	土地位置	土地面积(m^2)	土地用途	规划指标要求			出让年限(年)	投资强度要求	投标保证金	…
				容积率	建筑密度	…				

(其他需要说明的宗地情况)

……

二、投标人应具备以下条件

……

三、本次国有土地使用权招标出让按照能够最大限度地满足招标文件中规定的各项综合评价标准者得的原则确定中标人。

四、本次招标出让的详细资料和具体要求,见招标出让文件。你单位若愿意参加此次投标活动,可于____年____月____日至____年____月____日到______________________(地点)获取招标文件。

五、你单位可于____年__月____日至____年____月____日到______________________________________(地点)向我局提交书面申请。缴纳投标保证金的截止时间为____年____月____日____时经审查,你单位按规定缴纳投标保证金,具备申请条件的,我局将在____年____月____日____时前确认投标资格。

六、本次国有土地使用权招标出让活动定于______年____月____日____时至______年____月____日____时在______________________________(地点)投标,____年____月____日____时在______________________________(地点)开标。

七、其他需要注意的事项

本次招标不允许(允许)邮寄投标文件(但必须在投标截止时间前收到方为有效,具体时间以我局收到投标文件的时间为准)。

……

八、联系方式与银行账户

联系地址:____________________________

联系电话:____________________________

联系人:______________________________

开户单位:____________________________

开户行:______________________________

账号:________________________________

____________________国土资源局

______年____月____日

3.国有土地使用权拍卖出让公告格式

__________________国土资源局
国有土地使用权拍卖出让公告

告字[　　　　]　　　号

经____________人民政府批准,国土资源局决定以拍卖方式出让____(幅)地块的国有土地使用权。现将有关事项公告如下。

一、拍卖出让地块的基本情况和规划指标要求

编号	土地位置	土地面积(m^2)	土地用途	规划指标要求			出让年限(年)	投资强度要求	竞买保证金	…
				容积率	建筑密度	…				

(其他需要说明的宗地情况)

……

二、中华人民共和国境内外的法人、自然人和其他组织均可申请参加,申请人应当(可以)单独申请(也可以联合申请)。

(申请人应具备的其他条件)

……

三、本次国有土地使用权拍卖出让采用增价拍卖方式，按照价高者得的原则确定竞得人。

四、本次拍卖出让的详细资料和具体要求，见拍卖出让文件。申请人可于____年____月____日至____年____月____日到______________________(地点)获取拍卖出让文件。

五、申请人可于____年____月____日至____年____月____日到__________________(地点)向我局提交书面申请。缴纳竞买保证金的截止时间为_____年____月____日____时。经审查，申请人按规定缴纳竞买保证金，具备申请条件的，我局将在_____年____月____日____时前确认其竞买资格。

六、本次国有土地使用权拍卖会定于____年____月____日____时在__________________(地点)举办。

七、其他需要公告的事项

八、联系方式与银行账户

联系地址：______________________

联系电话：______________________

联系人：______________________

开户单位：______________________

开户行：______________________

账号：______________________

____________国土资源局

____年____月____日

4.国有土地使用权挂牌出让公告格式

____________国土资源局
国有土地使用权挂牌出让公告

告字[　　　　]　　号

经____________人民政府批准，国土资源局决定以挂牌方式出让____(幅)地块的国有土地使用权。现将有关事项公告如下。

一、挂牌出让地块的基本情况和规划指标要求

编号	土地位置	土地面积(m^2)	土地用途	规划指标要求			出让年限(年)	投资强度要求	竞买保证金	…
				容积率	建筑密度	…				

(其他需要说明的宗地情况)

……

二、中华人民共和国境内外的法人、自然人和其他组织均可申请参加，申请人应当(可以)单独申请(也可以联合申请)。

(申请人应具备的其他条件)

……

三、本次国有土地使用权挂牌出让按照价高者得的原则确定竞得人。

四、本次挂牌出让的详细资料和具体要求,见挂牌出让文件。申请人可于____年____月____日至____年____月____日到________________(地点)获取挂牌出让文件。

五、申请人可于____年____月____日至____年____月____日到________________(地点)向我局提交书面申请。缴纳竞买保证金的截止时间为____年____月____日____时。经审查,申请人按规定缴纳竞买保证金,具备申请条件的,我局将在____年____月____日____时前确认其竞买资格。

六、本次国有土地使用权挂牌地点为____________;各地块挂牌时间如下。

1.____号地块:____年____月____日____时至____年____月____日____时;

2.____号地块:____年____月____日____时至____年____月____日____时;

……

七、其他需要公告的事项

挂牌时间截止时,有竞买人表示愿意继续竞价,转入现场竞价,通过现场竞价确定竞得人。

八、联系方式与银行账户

联系地址:________________________

联系电话:________________________

联系人:________________________

开户单位:________________________

开户行:________________________

账号:________________________

____________国土资源局

____年____月____日

5.国有土地使用权公开出让公告格式

____________国土资源局
国有土地使用权公开出让公告

告字[ ] 号

经________________人民政府批准,________________国土资源局决定公开出让________(幅)地块的国有土地使用权。现将有关事项公告如下。

一、公开出让地块的基本情况和规划指标要求

编号	土地位置	土地面积(m^2)	土地用途	规划指标要求			出让年限(年)	投资强度要求	竞买保证金	…
				容积率	建筑密度	…				

（其他需要说明的宗地情况）

……

二、中华人民共和国境内外的法人、自然人和其他组织均可申请参加，申请人应当（可以）单独申请（也可以联合申请）。

（申请人应具备的其他条件）

……

三、我局将根据申请截止时的申请情况，在____年____月____日____时确定上述宗地公开出让的具体方式（招标、拍卖或挂牌），并告知所有申请人。本次国有土地使用权公开出让按照价高者得的原则确定受让人。

四、本次公开出让的详细资料和具体要求，见公开出让文件。申请人可于____年____月____日至____年____月____日到____________________（地点）获取出让文件。

五、申请人可于____年____月____日至____年____月____日到____________________（地点）向我局提交书面申请。缴纳投标、竞买保证金的截止时间为____年____月____日____时。经审查，申请人按规定缴纳投标、竞买保证金，具备申请条件的，我局将在____年____月____日____时前确认其投标、竞买资格。

六、公开出让的时间为____年____月____日____时，地点为____________________。

七、其他需要公告的事项

八、联系方式与银行账户

联系地址：____________________

联系电话：____________________

联系人：____________________

开户单位：____________________

开户行：____________________

账号：____________________

____________国土资源局

____年____月____日

C. 投标[竞买]申请书示范文本

投标(竞买)申请书

________________国土资源局:

经认真阅读编号为________地块的招标(拍卖)(挂牌)出让文件,我方完全接受并愿意遵守你局国有土地使用权招标(拍卖)(挂牌)出让文件中的规定和要求,对所有文件均无异议。

我方现正式申请参加你局于___年___月___日在______________________________(地点)举行的__________________地块国有土地使用权招标(拍卖)(挂牌)活动。

我方愿意按招标(拍卖)(挂牌)出让文件规定,缴纳投标(竞买)保证金人民币______________________万元(大写)(¥_______)。

若能中标(竞得)该地块,我方保证按照国有土地使用权招标(拍卖)(挂牌)出让文件的规定和要求履行全部义务。

若我方在国有土地使用权招标(拍卖)(挂牌)出让活动中,出现不能按期付款或有其他违约行为,我方愿意承担全部法律责任,并赔偿由此产生的损失。

特此申请和承诺。

附件1.______________________;

2.______________________;

……

申请人:________________(加盖公章)

法定代表人(或授权委托代理人)签名:__________

联系人:________________

地址:________________

邮政编码:________________

电话:________________

申请日期:___年___月___日

D. 投标[竞买]资格确认书示范文本

投标(竞买)资格确认书

__________________(投标(竞买)人名称):

你方提交的对________号地块的投标(竞买)申请书及相关文件资料收悉。经审查,你方已按规定缴纳了投标(竞买)保证金,所提交文件资料符合我方本次招标(拍卖)(挂牌)出让文件的规定和要求,现确认你方具备参加本次国有土地使用权投标(拍卖竞买)(挂牌竞买)资格。请持此《投标(竞买)资格确认书》参加我局于____年___月___日___时在________________________(地点)举行的国有土地使用权招标(拍卖)(挂牌)活动。

______________国土资源局

___年___月___日

E. 国有土地使用权招标出让投标书示范文本

国有土地使用权招标出让投标书

________国土资源局：

经认真阅读________号地块招标出让文件和现场踏勘，我方完全接受招标出让文件中的规定和要求，愿意以人民币________________万元(大写)(￥________)的价格竞投该地块国有土地使用权。按照招标文件规定，我方随本标书一同提交以下文件。

(1)________________；

(2)________________；

……

我方承诺，所提交的标书及相关文件真实准确。

我方已按招标出让文件的规定，缴纳了人民币________万元(大写)(￥______)的投标保证金。我方承诺，在接到你局发出的《中标通知书》后，将按约定及时签订《国有土地使用权出让合同》。如果我方未在规定期限内签订《国有土地使用权出让合同》，或不能按《国有土地使用权出让合同》约定交付全部中标价款，或违反招标文件的规定，或不履行本投标书承诺等，均可被视为违约，你局可不退还我方缴纳的投标保证金。

在《中标通知书》发出后、《国有土地使用权出让合同》签订及履行以前，本标书为你局与我方之间具有法律约束力的文件。

其他需要说明的事项：________________

投标人：________________(加盖公章)

法定代表人(或授权委托代理人)签名：________________

联系人：________________

地址：________________

邮政编码：________________

电话：________________

投标日期：______年____月____日

F. 国有土地使用权挂牌出让竞买报价单

挂牌出让竞买报价单示范文本

竞买人编号：

地块编号		由竞买人填写
竞买报价	人民币 __________万元(大写) (￥______________)	
竞买人	名称： (加盖公章)	
法定代表人(或授权委托代理人)	(签名)	
收到报价时间	年　月　日　时　分	由挂牌主持人填写
挂牌主持人	(签名)	
确认时间	年　月　日　时　分	

G. 授权委托书示范文本

授权委托书

<table>
<tr><td colspan="2">委托人</td><td colspan="2">受托人</td></tr>
<tr><td>姓名</td><td></td><td>姓名</td><td></td></tr>
<tr><td>性别</td><td></td><td>性别</td><td></td></tr>
<tr><td>出生日期</td><td></td><td>出生日期</td><td></td></tr>
<tr><td>工作单位</td><td></td><td>工作单位</td><td></td></tr>
<tr><td>职务</td><td></td><td>职务</td><td></td></tr>
<tr><td>证件号码</td><td>身份证(　　　　)
护　照(　　　　)</td><td>证件号码</td><td>身份证(　　　　)
护　照(　　　　)</td></tr>
<tr><td colspan="4">本人授权__________(受托人)代表本人参加_____年____月________日在________(地点)举办的编号为________地块的国有土地使用权招标(拍卖)(挂牌)出让活动,代表本人签订《国有土地使用权出让合同》等具有法律意义的文件、凭证等。
受托人在该地块招标(拍卖)(挂牌)出让活动中所做出的承诺、签署的合同或文件,本人均予以承认,并承担由此产生的法律后果。

委托人(签名):
____年____月____日</td></tr>
<tr><td>备注</td><td colspan="3">兹证明,本委托书确系本单位法定代表人亲自签署。

(单位公章)
____年____月____日</td></tr>
</table>

H. 中标通知书示范文本

中标通知书

____________(中标人名称)：

现确定你方为编号_____地块的国有土地使用权招标出让中标人,有关事项通知如下。

该地块中标单价为每平方米人民币______________________________元(大写)(¥__________),总价为人民币________________________________万元(大写)(¥____)。其中,出让金单价为每平方米人民币__________________________元(大写)(¥__________),总价为人民币________________________________万元(大写)(¥____)。

本《中标通知书》一经签发,即视为成交。你方缴纳的投标保证金,自动转作受让地块的定金。你方应当于_____年____月____日之前,持本《中标通知书》到_______________________________(地点)与____________国土资源局签订《国有土地使用权出让合同》。不按期签订《国有土地使用权出让合同》的,视为你方放弃中标资格,你方应承担相应法律责任。

本《中标通知书》一式____份,招标人执____份,中标人执____份。

特此通知

招标人:__________________(加盖公章)

____年____月____日

成交确认书示范文本

成交确认书

在____年____月____日__________________________(地点)举办的国有土地使用权拍卖(挂牌)出让活动中,________________(竞得人)竞得编号为_____地块的国有土地使用权。现将有关事项确认如下。

该地块成交单价为每平方米人民币__________________元(大写)(¥________),总价为人民币___________万元(大写)(¥________)。其中,出让金单价为每平方米人民币__________________________________元(大写)(¥__________),总价为人民币_________________________________万元(大写)(¥________)。

竞得人缴纳的竞买保证金,自动转作受让地块的定金。___________(竞得人)应当于____年____月____日之前,持本《成交确认书》到____________________________(地点)与___________________________国土资源局签订《国有土地使用权出让合同》。不按期签订《国有土地使用权出让合同》的,视为竞得人放弃竞得资格,竞得人应承担相应法律责任。

本《成交确认书》一式____份,拍卖(挂牌)人执____份,竞得人执____份。

特此确认。

拍卖(挂牌)人:___________________　　竞得人:__________________________

______年____月____日

附录十九

农村村民宅基地申请审批表

<table>
<tr><td>申请人姓名</td><td colspan="2"></td><td colspan="2">乡(镇)</td><td></td><td>村</td><td></td></tr>
<tr><td>现住址</td><td colspan="5"></td><td>联系电话</td><td></td></tr>
<tr><td>申请用地理由</td><td colspan="7">申请人(签字)：
(盖章)
___年___月___日</td></tr>
<tr><td rowspan="7">申请用地基本情况</td><td rowspan="7">申请人及家庭人员情况</td><td>姓名</td><td>性别</td><td>年龄</td><td>与申请人关系</td><td>职业</td><td>与老人及其他人员居住情况</td></tr>
<tr><td></td><td></td><td></td><td></td><td></td><td></td></tr>
<tr><td></td><td></td><td></td><td></td><td></td><td></td></tr>
<tr><td></td><td></td><td></td><td></td><td></td><td></td></tr>
<tr><td></td><td></td><td></td><td></td><td></td><td></td></tr>
<tr><td></td><td></td><td></td><td></td><td></td><td></td></tr>
<tr><td></td><td></td><td></td><td></td><td></td><td></td></tr>
<tr><td rowspan="3">现有住房情况</td><td>位置</td><td colspan="6"></td></tr>
<tr><td>面积(m^2)</td><td colspan="3"></td><td>间数</td><td colspan="2"></td></tr>
<tr><td>平面布置示意图</td><td colspan="6"></td></tr>
<tr><td colspan="2">其他情况</td><td>是否出卖过住房</td><td colspan="2"></td><td colspan="2">是否出租住房</td><td></td></tr>
<tr><td colspan="2">村民(代表)大会表决情况</td><td>应到人数</td><td></td><td>实到人数</td><td></td><td>同意人数</td><td></td></tr>
<tr><td colspan="2">张榜公布情况</td><td>公布时间</td><td></td><td>公布地点</td><td></td><td>村民意见</td><td></td></tr>
<tr><td colspan="2">村委会审核意见</td><td colspan="6">村主任(签字)：
(盖章)
___年___月___日</td></tr>
</table>

续表

<table>
<tr><td rowspan="5">拟批准占地情况</td><td rowspan="2">宅基地四至</td><td colspan="3">东至：　　　　　　南至：</td></tr>
<tr><td colspan="3">西至：　　　　　　北至：</td></tr>
<tr><td>宅基地</td><td>东西长(m)：
南北长(m)：</td><td>面积(m^2)</td><td></td></tr>
<tr><td>平面图</td><td colspan="3"></td></tr>
<tr><td colspan="5" style="display:none"></td></tr>
<tr><td colspan="2">乡(镇)人民政府审核意见</td><td colspan="3">主管领导(签字)：
(盖章)
____年____月____日</td></tr>
<tr><td colspan="2" rowspan="3">区(县)国土分局意见</td><td colspan="3">主管科室经办人：
(盖章)
____年____月____日</td></tr>
<tr><td colspan="3">主管科室负责人：
(盖章)
____年____月____日</td></tr>
<tr><td colspan="3">分局领导(签字)：
(盖章)
____年____月____日</td></tr>
<tr><td colspan="2">区(县)人民政府意见</td><td colspan="3">主管领导(签字)：
(盖章)
____年____月____日</td></tr>
</table>

附录二十

村民建房占地四至及建筑平面图

（需用红色笔标注四至范围、长宽尺寸并加盖乡镇政府、村两级公章）

村民建房申请人姓名	

注：1.标明与主要道路或村庄的方向、距离，

2.标明地块长、宽（m）；

3.标明建筑物的位置及用地四至；

4.标明方向；四至永久性参照物；正房、厢房按间数标明面积。

附录二十一

建设用地申请表

（单位：hm^2，万元）

建设用地申请单位(盖章)				
建设项目名称				
建设用地预审报告	预审机关		预审报告文号	
地质灾害危险性评估报告	预审机关		预审报告文号	
立项或可行性研究报告	批准机关	批准时间	批准文号	建设规模
工程初步设计	批准机关	批准时间	批准文号	工程概算
建设资金组成				
工程建设工期				
申请用地面积			其中:农用地	
功能分区	名称	用地面积	申请供地方式	容积率
补充耕地方式				
备　注				

附录二十二

建设用地项目呈报说明书

(　　)地呈字[　　　]第　　号

(格式)

编制机关(盖章):

主管领导(签字):

编制时间:　　　年　　　月　　　日

中华人民共和国国土资源部监制

填表说明

一、本表一般由县级人民政府土地行政主管部门负责填写，统一编号，报上级土地行政主管部门审查。直辖市或省辖市人民政府申请城市建设用地的，由直辖市或省辖市人民政府土地行政主管部门负责填写。

二、本表中“建设用地”包括在城市（村镇）土地利用总体规划确定的建设用地区 内为实施城市总体规划（村镇建设规划）需要分批申请农用地转用和单独选址建设项目需要使用土地两种类型。

三、本表中“项目批准文件”指项目可行性研究报告或项目建议书批准文件，“工程设计批准文件”指工程初步设计或工程总平面规划批准文件。

四、需特殊说明的情况在“备注”栏中说明。

五、本表应与《建设用地审查报批管理办法》规定的报批附件同时上报。

六、填写本表须使用钢笔，并使用碳素或蓝墨水，字迹清晰工整。

七、本表涉及面积、资金有关数字须保留四位小数。

八、无填写内容的表项应自左下角至右上角划线表示无填写内容。

<table>
<tr><td colspan="4">申请用地单位</td><td colspan="4"></td></tr>
<tr><td colspan="4">建设用地名称</td><td colspan="4"></td></tr>
<tr><td colspan="2" rowspan="2">被占用土地</td><td colspan="2">权属单位</td><td colspan="4"></td></tr>
<tr><td colspan="2">位置</td><td colspan="4"></td></tr>
<tr><td colspan="2" rowspan="7">申请用地面积</td><td colspan="3">总面积</td><td colspan="3">hm^2</td></tr>
<tr><td colspan="2" rowspan="2">按现状权属分</td><td>集体</td><td colspan="3">hm^2</td></tr>
<tr><td>国有</td><td colspan="3">hm^2</td></tr>
<tr><td colspan="2" rowspan="3">按现状地类分</td><td rowspan="2">农用地</td><td colspan="3">hm^2</td></tr>
<tr><td colspan="3">其中耕地：　hm^2</td></tr>
<tr><td>建设用地</td><td colspan="3">hm^2</td></tr>
<tr><td colspan="2"></td><td>未利用地</td><td colspan="3">hm^2</td></tr>
<tr><td colspan="4">供地方式</td><td colspan="4"></td></tr>
<tr><td colspan="2" rowspan="5">城市(村镇)建设用地</td><td colspan="2">申请依据</td><td colspan="4"></td></tr>
<tr><td>编号</td><td>拟开发区、块(项目)名称</td><td colspan="2">开发用途</td><td>用地规模</td><td>涉及农用地面积</td></tr>
<tr><td></td><td></td><td colspan="2"></td><td>hm^2</td><td>hm^2</td></tr>
<tr><td></td><td></td><td colspan="2"></td><td>hm^2</td><td>hm^2</td></tr>
<tr><td></td><td></td><td colspan="2"></td><td>hm^2</td><td>hm^2</td></tr>
<tr><td rowspan="16">单独选址项目建设用地</td><td colspan="3" rowspan="2">建设用地项目预审报告</td><td>预审机关</td><td colspan="3"></td></tr>
<tr><td colspan="4">预审意见：</td></tr>
<tr><td colspan="3" rowspan="2">地质环境评估报告</td><td>评估机关</td><td colspan="3"></td></tr>
<tr><td colspan="4">评估意见：</td></tr>
<tr><td colspan="3" rowspan="4">项目批准文件</td><td>文件名称</td><td colspan="3"></td></tr>
<tr><td>批准机关</td><td colspan="3"></td></tr>
<tr><td>批准文号</td><td colspan="3"></td></tr>
<tr><td>建设规模</td><td colspan="3"></td></tr>
<tr><td colspan="3" rowspan="4">工程设计批准文件</td><td>文件名称</td><td colspan="3"></td></tr>
<tr><td>批准机关</td><td colspan="3"></td></tr>
<tr><td>批准文号</td><td colspan="3"></td></tr>
<tr><td>工程概算</td><td colspan="3"></td></tr>
<tr><td colspan="3">功能分区名称</td><td colspan="4">用地规模</td></tr>
<tr><td colspan="3"></td><td colspan="4">hm^2</td></tr>
<tr><td colspan="3"></td><td colspan="4">hm^2</td></tr>
<tr><td colspan="3"></td><td colspan="4">hm^2</td></tr>
</table>

续表

县(市)人民政府审核意见	(公章) 主管领导：　　日期：
市(地、州)人民政府土地行政主管部门审查意见	(公章) 主管领导：　　日期：
市(地、州)人民政府审核意见	(公章) 主管领导：　　日期：
省人民政府土地行政主管部门审查意见	(公章) 主管领导：　　日期：
省人民政府审批意见	(公章) 主管领导：　　日期：
备注	

填表责任人：　　审核责任人：

附录二十三

国有土地划拨决定书

根据《中华人民共和国土地管理法》、《中华人民共和国城市房地产管理法》和《中华人民共和国土地管理法实施条例》的规定，本项建设用地业经依法批准，决定以划拨方式提供使用。

使用本项土地的单位或个人，必须遵守本决定书的规定。本项土地的划拨土地使用权依法进行登记后，受法律保护。

签发机关：

签发时间：　　　　　　　　　　　　　　　　　　　　年　　月　　日

摘要

批准机关：____；

批准文号：____；

土地使用权人：____________________________________；

建设项目名称：____________________________________；

土地位置：____；

地块编号：____；

宗地号：____；

土地四至：东__________、南__________、西__________、北__________（详见附图）

批准土地面积____m^2（____hm^2）；

其中公共用地____m^2（____hm^2）。

一般规定

一、本决定书项下的土地属国家所有。土地使用者只拥有划拨土地使用权。本项土地范围内的地下资源、埋藏物和市政公用设施均不属土地使用权划拨范围。

二、划拨土地使用权经依法登记后受法律保护，任何单位和个人不得侵占。

三、土地使用者必须按照本决定书规定的用途开发建设和使用土地。需改变土地用途的，必须持本决定书向当地市、县土地行政主管部门提出申请，报原批准划拨用地的人民政府批准，并按规定办理有关用地手续。

四、本决定书项下的划拨土地使用权未经批准不得擅自转让、出租、抵押。需转让、出租、抵押该土地的全部或部分土地使用权，或者转让、出租、抵押地上建筑物（构筑物）的，土地使用者必须持本决定书向当地市、县土地行政主管部门提出申请，按照有关法律、法规的规定，办理有关手续。

五、土地使用者组建或改组、改制为股份有限公司、有限责任公司和股份合作制、合伙制企业涉及本项划拨土地的，应按国家有关规定重新办理土地有偿使用手续。

六、土地界址和界桩,由市、县土地行政主管部门依据批准的用地范围和宗地图界址点所标示坐标,指定专职机构实地勘测划定和埋设。所需费用,由土地使用者支付。

七、土地使用者应妥善保护好该土地的界桩,不得擅自改动。界桩遭受破坏移动时,应立即向当地市、县土地行政主管部门提出书面报告,申请复界测量,恢复界桩。

八、政府根据需要,可要求划拨土地使用者承担部分公共道路或公共设施建设。

九、政府有关主管部门的工作人员有权进入划拨土地内进行检查,以确保土地用途和开发利用不违反本决定书的规定。

十、有下列情形之一的,经原批准划拨用地的人民政府批准,市、县人民政府可以收回土地使用权。

1.为公共利益需要使用土地的;

2.为实施城市规划进行旧城区改建,需要调整使用土地的;

3.自批准的动工开发建设日期起,逾期两年未动工开发建设的;

4.因用地单位撤销、迁移等原因,停止使用土地的。

特别规定

一、本决定书项下的土地只限于作____用途,用于建设____项目(根据工程项目名称填写)。划拨土地范围内兴建建筑物应符合下列要求:

1.____________________建筑物性质,建筑占地______m^2;

2.附属建筑物______,建筑占地__________m^2;

3.建筑容积率____________;

4.建筑密度____________;

5.建筑限高____________;

6.绿化比例____________;

7.其他有关规划参数以批准规划文件或者批准的可行性研究报告和初步设计文件为准。

二、土地使用者应在划拨土地范围内一并建筑下列公共、公益工程,并在建成后交还政府。

1.____;

2.____;

3.____。

三、土地使用者应允许政府规划的下列工程在划拨土地范围内建造或者通过而无需作任何土地补偿。

四、本决定书项下的建设项目应于____年____月之前开工建设,并于____年____月之前竣工;或者自开工之日起____天之内完成项目总投资额(不包括土地取得费用)的____%,或完成地上建筑面积不少于设计总面积____%的建筑工程量。不能按期开工建设的,应向市、县土地行政主管部门申请延期。但申请延期开工建设的期限最长不得超过一年。

五、划拨土地范围内的建筑物必须按照批准的工程设计图纸要求和本决定书一般规定第三条和特别规定第一条~第四条的规定进行建设。土地使用者应在开工前____天内向市、县土地行政主管部门报送一套工程设计图纸备查。

六、本项划拨土地使用权存续期内,土地使用者如对地上建(构)筑物进行改建或重建,需要改变本决定书所规定的土地利用条件的，必须向有关土地行政主管部门提出申请，重新调整决定书的相关内容。

七、土地使用者经批准改变土地用途或者转让、出租、抵押土地使用权(包括转让、出租、抵押地上建筑物)时，必须依法办理土地登记。

八、土地使用者应当无条件保证政府为公用事业需要而铺设的各种管道与管线从本项划拨土地范围内进出、通过。

涉及绿化、环境保护、消防安全、紧急救险以及设计、施工等方面，应遵守国家和地方政府的有关法规和规定。

九、土地使用者必须依法合理使用和保护好所划拨土地。土地使用者在本项划拨土地上的一切活动，不得损害或者破坏周围环境或设施，使国家或者他人遭受损失的，土地使用者应负责赔偿。

注：未尽事宜，市、县人民政府土地行政主管部门可依据土地管理法律、法规的有关规定另行规定，作为本决定书的附件。

北 ↑

附图粘贴线

比例尺 1:500

附录二十五

建设项目用地预审申请表

<table>
<tr><td>项目名称</td><td colspan="3"></td><td colspan="2">项目拟建地点</td><td></td></tr>
<tr><td>项目审批核准备案的机关</td><td colspan="3"></td><td colspan="2">项目拟投资规模(亿元)</td><td></td></tr>
<tr><td>项目依据的国家规划、行业规划、区域规划、省级有关规划等</td><td colspan="6"></td></tr>
<tr><td rowspan="3">项目拟用地总规模(hm²)</td><td rowspan="2">用地
总面积</td><td colspan="3">农用地</td><td rowspan="2">建设
用地</td><td rowspan="2">未利用
土地</td></tr>
<tr><td>合计</td><td colspan="2">其中:耕地(基本农田)</td></tr>
<tr><td></td><td></td><td colspan="2"></td><td></td><td></td></tr>
<tr><td>项目各组成部分(功能分区)用地情况</td><td colspan="6"></td></tr>
<tr><td>补充耕地资金标准和总额、补充耕地拟采取方式及措施</td><td colspan="6"></td></tr>
<tr><td rowspan="2">联系方式</td><td>联系单位</td><td colspan="5"></td></tr>
<tr><td>通信地址</td><td colspan="5"></td></tr>
<tr><td>联系人及电话</td><td colspan="3"></td><td colspan="3">邮政编码</td></tr>
<tr><td>备注</td><td colspan="3"></td><td colspan="3">建设单位(盖章)
年　　月　　日</td></tr>
</table>

附录二十六

建设项目用地预审受理凭证

<table>
<tr><td>建设项目名称</td><td colspan="3"></td></tr>
<tr><td>预审申请、初审材料报送时间</td><td colspan="3"></td></tr>
<tr><td>申请、初审材料审查情况</td><td colspan="3"></td></tr>
<tr><td>受理意见(选项打√)</td><td>受理</td><td>补充相关材料</td><td>不予受理</td></tr>
<tr><td>备注</td><td colspan="2"></td><td>建设项目用地预审专用章
年　　月　　日</td></tr>
</table>

参考文献

[1] 陆红生.土地管理学总论[M].北京:中国农业出版社,2002.
[2] 王万茂.土地利用规划学[M].北京:中国农业出版社,2002.
[3] 叶公强.地籍管理[M].北京:中国农业出版社,2009.
[4] 毕宝德.土地经济学(4)[M].北京:中国人民大学出版社,2001.
[5] 王凤彬,李东.管理学[M].北京:中国人民大学出版社,2000.
[6] 刘胜华,刘家彬.土地管理概论[M].武汉:武汉大学出版社,2006.
[7] 杨闳伟.案例导读《土地管理法及配套规定适应与解析》[M].北京:法律出版社,2013.
[8] 李遐桢.土地管理法配套解读与实例[M].北京:法律出版社,2014.
[9] 国土资源执法监察规范编委会.土地违法案件查处及典型案例评析(上下卷)[M].北京:中国科技文化出版社,2007.